21 世纪高等职业教育特色精品课程规划教材

高等职业教育课程改革项目研究成果

计算机网络基础

主　编　梅创社

副主编　刘省贤　雷冠军

参　编　张　晓　原建伟　王旭启　李燚琳

北京理工大学出版社

BEIJING INSTITUTE OF TECHNOLOGY PRESS

版权专有　侵权必究

图书在版编目（CIP）数据

计算机网络基础/梅创社主编. —北京：北京理工大学出版社，2009.8
ISBN 978 - 7 - 5640 - 2611 - 0

Ⅰ. 计… Ⅱ. 梅… Ⅲ. 计算机网络 – 专业学校 – 教材 Ⅳ. TP393

中国版本图书馆 CIP 数据核字（2009）第 141375 号

出版发行／北京理工大学出版社
社　　址／北京市海淀区中关村南大街 5 号
邮　　编／100081
电　　话／(010)68914775(办公室) 68944990(批销中心) 68911084(读者服务部)
网　　址／http://www. bitpress. com. cn
经　　销／全国各地新华书店
印　　刷／陕西省乾兴印刷厂
开　　本／787 毫米 × 1092 毫米　1/16
印　　张／14.5
字　　数／339 千字
版　　次／2009 年 8 月第 1 版　2009 年 8 月第 1 次印刷　　　　
印　　数／1～4000 册　　　　　　　　　　　　　　　责任校对／陈玉梅
定　　价／27.00 元　　　　　　　　　　　　　　　　责任印制／边心超

图书出现印装质量问题，本社负责调换

前　言

计算机网络是当前最为活跃的技术领域之一，网络化已经成为计算机发展的必然趋势，熟悉并掌握计算机网络与网络通信技术是 IT 行业对应用人才的需求之一。"计算机网络基础"是高职高专计算机及相关专业的学生应当学习和掌握的一门专业基础课，其理论性和实践性都较强，涉及的知识面也较广，但对高职学生来说应注重其应用和实践技能的培养，因此，本课程的目的是使学生在已有的计算机知识的基础上，对网络技术的应用有一个较全面、系统的理解或掌握。本课程的学习，能使学生具有简单计算机网络的安装、调试、使用、管理和维护的能力。本教材只重点讲述局域网应用系统的使用、安装、规划、管理和维护的基本知识。对目前使用较少或不是很流行的网络应用系统则采取少讲或不讲。力求做到理论和实践地密切结合。本书有以下几个特点。

（1）网络理论以够用为原则，以网络工程应用技术为重点。

（2）力求使学生学完本课程后即可自己动手组建和维护网络系统，碰到故障可查询解决方法。

（3）侧重于网络应用技术、组网技术、配置管理和相关操作技能的培养。

（4）以贯穿能力和技能培养于始终。

（5）增强针对性和实用性，使学生"学得快、用得上、记得牢、有兴趣"。

（6）使教科书和技术资料融为一体。

本书可作为高职院校计算机专业的教材，也可作为其他与计算机相关专业和工程技术人员的参考书。同时也给从事计算机工作的人员提供了一定的参考。

本书的编写大纲由陕西工业职业技术学院的梅创社老师提出，陕西邮电职业技术学院刘省贤老师编写了第 1、2 章，河南永城职业学院的雷冠军老师编写了第 3 章，陕西西京学院王旭启老师编写了第 5 章，陕西工业职业技术学院梅创社老师编写了第 4、6 章，张晓老师编写了第 7 章，原建伟老师编写了第 8、9 章，河南平顶山工业职业技术学院李　琳老师编写了第 10 章。全书由梅创社老师进行统一修改、审校并统稿。

本书在编写的过程中参考了大量国内外近年来出版的教材和参考文献，在此一并表示衷心的感谢。

由于编者水平有限，书中难免存在错误和不妥之处，恳请读者不吝批评指正。

编　者

目　录

第1章　计算机网络基础

计算机网络是计算机技术和通信技术相结合的产物，是目前计算机应用技术中空前活跃的领域。人们借助于计算机网络技术可以实现信息的交换和共享，使计算机网络成为信息存储、管理、传播和共享的有力工具，在当今信息社会中发挥着越来越重要的作用，计算机网络技术的发展深刻地影响并改变着人们的工作和生活方式。那么，究竟什么是计算机网络呢？

1.1　计算机网络概述

1.1.1　计算机网络的定义

什么是计算机网络呢？简而言之就是"将分布在不同地理位置上的功能独立的若干台计算机通过通信线路连接在一起，由网络管理软件进行管理，能实现资源共享的计算机系统"。

在网络定义里包含以下三层含义。

（1）必须有至少两台或两台以上具有独立功能的计算机系统相互连接起来，以共享资源为目的。这两台或两台以上的计算机所处的地理位置不同，相隔一定的距离，且每台计算机均能独立地工作，即不需要借助其他系统的帮助就能独立地处理数据。

（2）必须通过一定的通信线路（传输介质）将若干台计算机连接起来，以交换信息。这条通信线路可以是双绞线、电缆、光纤等"有线"介质，也可以是微波、红外线或卫星等"无线"介质。

（3）计算机系统交换信息时必须遵守某种约定和规则，即通常所说的"协议"。这些"协议"可以由硬件或软件来完成。

1.1.2　计算机网络的发展过程

计算机网络的形成和发展，大致可以分为以下几个阶段。

1. 计算机终端网络阶段

此阶段也可称为分时多用户联机系统阶段，可以追溯到 20 世纪 50 年代。那时，计算机系统规模庞大、价格昂贵。为了提高计算机的工作效率和系统资源的利用率，将多个终端通过通信设备和线路连接在计算机上，在通信软件的控制下，计算机系统的资源由各个终端用户分时轮流使用。不过，严格地讲，此时计算机网络只是雏形，还不是真正意义上的计算机网络。

当时，人们开始将各自独立发展的计算机技术和通信技术结合起来，开始了数据通信技术和计算机通信网络的研究，并且取得了一些有突破性的成果，为后来的计算机网络的产生和发展奠定了坚实的理论基础。

具有代表性的远程联机系统是 20 世纪 60 年代初在美国建成的全国性航空公司飞机订票

系统（SABRE），用一台中央计算机连接了 2 000 多个遍布全国的售票终端。

2. 计算机通信网络阶段

到了 20 世纪 60 年代，计算机开始获得广泛的应用。许多计算机终端网络系统分散在一些大型公司、事业部门和政府部门，各个系统之间迫切需要交换数据，进行业务往来。于是，将多个计算机终端设备连接起来，以传输信息为主要目的的计算机通信网络就应运而生了。

在计算机通信网络中，在终端设备到主计算机之间增加了一台功能简单的计算机，称为前端处理机（FEP）或通信控制处理机（CCP）。它主要用于处理终端设备的通信信息及控制通信线路，并能对用户的作业进行一定的预处理操作。而主机间的数据传输通过各自的前端处理机来实现。此时，全网缺乏统一的软件控制信息交换和资源共享，因此它还只是计算机网络的低级形式。

在 20 世纪 60 年代末，美国国防部高级研究计划局（ARPA）开始了分组交换技术的基本概念和理论的研究，并于 1969 年 12 月应用在 ARPAnet 上。此时，理论上在计算机网络定义、分类及网络体系结构与网络协议等方面取得了重大研究成果。

3. 计算机网络阶段

随着网络技术的发展及计算机网络的广泛应用，许多大的计算机公司纷纷开展计算机网络研究及产品的开发工作，也提出了各种网络体系结构与网络协议。20 世纪 70 年代中期，国际电报电话咨询委员会（CCITT）制定了分组交换网络标准 X.25。20 世纪 70 年代末，国际标准化组织制定了开放系统互联参考模型（OSI/RM），这为计算机网络走向国际标准化奠定了基础，并推动了网络体系结构理论的发展。

20 世纪 70 年代中期，国际上各种广域网、局域网、公用分组交换网发展十分迅速，到了 20 世纪 80 年代，局域网技术取得了突破性进展。在局域网领域中，主要是采用 Ethernet，Token Bus，Token Ring 等原理。在 20 世纪 90 年代，局域网技术在传输介质、局域网操作系统及客户机/服务器计算模式等方面取得了重要的进展。局域网操作系统 Windows NT Server，NetWare，IBM LAN Server 等的应用，标志着局域网技术进入了成熟阶段。在 Ethernet 网络中，发展了网络结构化布线技术，也促进了局域网络在办公自动化环境中的广泛应用。而 Internet 的普及则得益于 TCP/IP 协议的广泛应用。

4. 第四代计算机网络

第四代网络是随着数字通信的出现而产生的，其突出特点是综合化和高速化。综合化是将多种业务综合到一个网络中完成，现在已经可以将多种业务，如语音、数据、图像等信息以二进制代码的数字形式综合到同一个网络中来传送。网络的综合化发展与多媒体技术的迅速发展是分不开的。高速化是指随着近几年通信技术的不断进步和人们传输高速数据的要求，网络的数据传输速率在不断提高，网络带宽在不断增加。

1.1.3 计算机网络的组成

从计算机网络各部分实现的功能来看，计算机网络可分成通信子网和资源子网两部分，其中通信子网主要负责网络通信，它是网络中实现网络通信功能的设备和软件的集合；资源子网主要负责网络的资源共享，它是网络中实现资源共享的设备和软件的集合。从计算机网络的实际构成来看，网络主要由网络硬件和网络软件两部分组成。

1. 网络硬件

网络硬件包括网络的拓扑结构、网络服务器（Server）、网络工作站（Workstation）、传输介质和网络连接设备等。网络服务器是网络的核心，它为用户提供网络服务和网络资源。网络工作站实际上是一台入网的计算机，它是用户使用网络的窗口。网络拓扑结构决定了网络中服务器和工作站之间通信线路的连接方式。传输介质是网络通信用的信号线。网络连接设备是构成网络的一些部件。网络连接设备和传输介质也是组成网络的基本手段。

2. 网络软件

网络软件包括网络操作系统、通信软件和通信协议等。操作系统用于管理、调度和控制计算机的各种资源并为用户提供友好的操作界面。同样，计算机网络系统也需要一个相应的网络操作系统来支持其运行。网络操作系统也是唯一能跨微型机、小型机和大型机的系统。

目前计算机网络有三大主流操作系统：UNIX、Linux 及 Windows NT。Windows NT 是由微软公司推出的一种网络操作系统，可运行在微型机和工作站上，支持客户机/服务器结构（Client/Server）。

为了实现网络资源共享，需要使用网络操作系统对网络上的各种资源进行管理。该系统的主要部分存放在服务器上，负责服务器管理及通信管理，提供包括一般多用户多任务操作系统所具有的功能。通信软件和通信协议一般都包含在网络操作系统中。

网络软件除了网络操作系统外还有文件和打印服务、数据库服务、通信服务、信息服务、网络管理服务、实用工具等软件模块。

1.2　计算机网络的功能与服务

1.2.1　计算机网络的功能

计算机网络的功能可归纳为以下几点。

1. 资源共享

资源共享是网络的基本功能之一。计算机网络的基本资源包括硬件资源、软件资源和数据库资源。共享资源即共享网络中的硬件、软件和数据库资源。网络内多个用户可共享的硬件资源一般是指那些特别昂贵的或一些特殊的硬件设备，如海量存储器、绘图仪、激光打印机等设备。这样可提高网络的经济性。网络内用户可共享其他用户或主机的软件资源，避免在软件建设上的重复劳动和重复投资，这样可提高网络的经济性。可以共享的软件包括系统软件和应用软件及其组成的控制程序和处理程序。计算机网络技术可使大量分散的数据被迅速集中、分析和处理，同时也为充分利用这些数据资源提供了方便。分散在不同地点的网络内计算机用户可以共享网络内的大型数据库，而自己不必再去重新设计和构建这些数据库。

2. 信息传递

信息传递也是计算机网络的基本功能之一。在网络中，通过通信线路可实现主机与主机、主机与终端之间数据和程序的快速传输。

3. 实现实时的集中处理

在网络上可以把已存在的许多联机系统有机地连接起来，进行实时地集中管理，使各部件协同工作、并行处理，提高系统的处理能力。

4. 均衡负荷和分布式处理

广域网内包括很多子处理系统，当网内的某个子处理系统的负荷过重时，新的作业可通过网内的结点和线路分送给较空闲的子系统进行处理。当然，在进行这种分布式处理时，必要的处理程序和数据也必须同时送到空闲子系统。此外，在幅员辽阔的国家中，可以利用地理上的时差，均衡系统日夜负荷不均的现象，充分发挥网内各处理系统的负载能力。

5. 开辟综合服务项目

通过计算机网络可为用户提供更为全面的服务项目，如图像、声音、动画等信息的处理和传输。这是单个计算机系统所难以实现的。

1.2.2 计算机网络的服务

1. 文件与打印服务

文件服务可以有效地使用存储设备，管理文件的存储、复制、删除、共享等操作，并且能对关键数据进行备份等，它是计算机网络提供的主要服务之一。

打印服务用于对打印设备进行控制和管理，因而可以减少所需的打印机数量。通过打印队列的作业管理可减少计算机传送打印作业所需的时间，有效地共享特定的打印机。

2. 应用服务

应用服务是一种替代网络用户运行所需软件的网络服务。通过合理配置硬件及软件资源，可将应用程序配置在最为合适的平台上运行，这样既提高了网上关键硬件的处理效率，又能为网络用户提供高性能的应用服务。

3. 消息服务

消息服务内容包括对二进制数据、声音、图像以及视频数据的存储、访问和发送。消息服务的典型应用是网络电子邮件（E-mail）。随着国际互联网的广泛应用，各种 E-mail 服务已成为与其他计算机用户进行通信的最普遍的方法。

4. 数据库服务

采用数据库服务可提高数据处理的效率，减少网络传输负荷，实现数据共享，减少数据冗余。

5. 电子商务服务

计算机网络在现代商务活动中发挥着越来越重要的作用。电子商务以计算机网络为平台，通过网络完成产品订货、营销、宣传、交易及货币支付等贸易活动。电子商务与传统的商务活动不同，它不受时间和空间的限制，而且电子商务节省时间，也大大降低了成本。它具体包括网上管理、网上订货、网上银行、网上市场、网上竞拍、网上购物等。

6. 信息检索服务

随着全球 Internet 的普及，网上信息越来越多，也越来越全面。用户可以通过网络轻松地访问这些信息，真正做到"足不出户，便知天下事"。

7. 金融服务

在金融领域，证券交易、期货交易及信用卡等业务和计算机网络结合愈加紧密，许多金融业务都纷纷移植到网络上。人们通过 Internet 在家中就可以完成储蓄、买卖股票等业务。

1.3 计算机网络的分类

计算机网络从不同角度可以分为不同的类型。由于分类方法不同，可以得到各种不同类型的计算机网络。以下从多个不同角度简要介绍常见的计算机网络类型。

1.3.1 按传输技术分类

1. 点到点式网络（Point-to-Point Network）

点到点传播指网络中每两台主机、两台结点交换机之间或主机与结点交换机之间都存在一条物理信道，即每条物理线路连接一对计算机，机器（包括主机和结点交换机）沿某一信道发送的数据确定无疑地只有信道另一端的惟一一台机器收到。假如两台计算机之间没有直接连接的线路，那么它们之间的分组传输就要通过中间结点的接收、存储、转发直至目的结点。由于连接多台计算机之间的线路结构可能是复杂的，因此从源结点到目的结点可能存在多条路由，决定分组从通信子网的源结点到达目的结点的路由需要有路由选择算法。采用分组存储转发是点到点式网络与广播式网络的重要区别之一。

在这种点到点的拓扑结构中，没有信道竞争，几乎不存在访问控制问题。点到点信道无疑可能浪费一些带宽，因为在长距离信道上一旦发生信道访问冲突，控制起来是相当困难的，所以广域网都采用点到点信道，而用带宽来换取信道访问控制的简化。

2. 广播式网络

在广播式网络（Broadcast Network）中，所有联网计算机都共享一个公共通信信道。当一台计算机利用共享通信信道发送报文分组时，所有其他计算机都会接收到这个分组。由于发送的分组中带有目的地址与源地址，接收到该分组的计算机将检查目的地址是否与本结点的地址相同。如果被接受报文分组的目的地址与本结点地址相同，则接受该分组，否则丢弃。在广播式网络中，发送的报文分组的目的地址可以有单结点地址、多结点地址及广播地址 3 类。在广播信道中，由于信道共享可能引起信道访问冲突，因此信道访问控制是要解决的关键问题。

1.3.2 按覆盖范围分类

按网络覆盖的地理范围分类是最常用的分类方法，也是人们最熟悉的分类方法。按照网络覆盖的地理范围的大小，可以把计算机网络分为局域网、广域网和城域网 3 种类型。

1. 局域网

局域网（Local Area Network，LAN）是将较小地理区域内的计算机或数据终端设备连接在一起的通信网络。局域网覆盖的地理范围比较小，一般在几十米到几千米之间。它常用于组建一个办公室、一栋楼、一个楼群、一个校园或一个企业的计算机网络。局域网有以下几个主要特点。

（1）覆盖的地理区域比较小，仅工作在有限的地理区域内（0.1 km～20 km）。

（2）数据传输速率高（1 Mbps～10 Gbps），误码率低。

（3）拓扑结构简单，常用的拓扑结构有：总线状、星状、环状等。

（4）局域网通常归属一个单一的组织管理。

2. 广域网

广域网（Wide Area Network，WAN）是在一个广阔的地理区域内进行数据、语音、图像信息传输的通信网。广域网覆盖广阔的地理区域，通信线路大多借用公用通信网络（如 PSTN，DDN，ISDN 等），数据传输速率比较低，这类网络的作用是实现远距离计算机之间的数据传输和信息共享。广域网可以覆盖一个城市、一个国家甚至于全球。因特网是广域网的一种，但它不是一种具体独立的网络，它将同类或不同类的物理网络（局域网、广域网、城域网）互联，并通过高层协议实现各种不同类网络间的通信。

广域网主要有以下几个特点。

（1）覆盖的地理区域大，网络可跨越市、地区、省、国家甚至全球。

（2）广域网连接常借用公用网络。

（3）数据传输速率比较低，一般在 64 Kbps～2 Mbps，最高可达到 45 Mbps，但随着广域网技术的发展，广域网的数据传输速率正在不断地提高。目前通过光纤介质，采用 POS（光纤通过 SDH）技术，使数据传输速率达到 155 Mbps，甚至 2.5 Gbps。

（4）网络拓扑结构复杂。

3. 城域网

城域网（Metropolitan Area Network，MAN）是一种大型的 LAN，它的覆盖范围介于局域网和广域网之间，一般为几千米到几十千米，也就是说，城域网的覆盖范围通常在一个城市内。

1.3.3 按拓扑结构分类

按网络的拓扑结构，可以将网络分为：总线型网络、环型网络、星型网络、树型网络、网型网络和混合型网络。例如，以总线型物理拓扑结构组建的网络为总线型网络，同轴电缆以太网系统就是典型的总线型网络；以星型物理拓扑结构组建的网络为星型网络，交换式局域网以及双绞线以太网系统都是星型网络。

1.4　网络拓扑结构

1.4.1 网络拓扑

计算机网络设计的首要任务就是要解决在给定计算机的分布位置及保证一定的网络响应时间、吞吐量和可靠性的条件下，通过选择适当的传输线路、连接方式，使整个网络的结构合理，成本低廉。为了应付复杂的网络结构设计，人们引入了网络拓扑（Topology）的概念。

拓扑学是几何学的一个分支，它是从图论演变过来的。拓扑学中首先把实体抽象成与其大小、形状无关的点，将连接实体的线路抽象成线，进而研究点、线、面之间的关系。计算机网络的拓扑结构是指网络中的通信线路和各节点之间的几何排列，它用以表示网络的整体结构外貌，同时也反映了各个模块之间的结构关系。它影响着整个网络的设计、功能、可靠性和通信费用等，是研究计算机网络的主要内容之一。

1.4.2　拓扑结构的分类

常见的网络拓扑结构有总线型结构、星型结构、树型结构、环型结构等。

1. 总线型结构

总线型结构是用一条电缆作为公共总线。入网的节点通过相应接口连接到线路上。网络中的任何节点，都可以把自己要发送的信息送入总线，使信息在总线上传播，供目的节点接收。网上每个节点，既可接收其他节点发出的信息，又可发送信息到其他节点，它们处于平等的通信地位，具有分布式传输控制的特点。

在这种网络结构中，节点的插入或撤出非常方便，且易于对网络进行扩充，但可靠性不高。如果总线出了问题，则整个网络都不能工作，而且故障点很难查找。

2. 星型结构

在星型拓扑结构中，节点通过点到点的通信线路与中心节点连接。中心节点负责控制全网的通信，任何两个节点之间的通信都要通过中心节点。星型拓扑结构具有简单、易于实现及便于管理的优点，但是网络的中心节点是全网可靠性的瓶颈，中心节点的故障将会造成全网瘫痪。

3. 树型结构

在树型拓扑结构中，节点是按层次进行连接的，信息交换主要在上下节点之间进行，相邻节点以及同层节点之间一般不进行数据交换。

树型拓扑结构虽有多个中心节点，但各个中心节点之间很少有信息流通。虽然各个中心节点均能处理业务，但只有最上面的主节点具有统管整个网络的能力。所谓统管实际上还是通过各级中心节点进行分级管理。所以，树型拓扑结构的网络是一个在分级管理基础上的集中式网络，适宜于各种管理工作。

树型结构的优点是通信线路连接简单，网络管理软件也不复杂，维护方便。缺点是资源共享能力差，可靠性低。若中心节点出现故障，则和该中心节点连接的节点均不能工作。

4. 环型结构

在环型拓扑结构中，节点通过点到点的通信线路连接成闭合环路。环中数据将沿一个方向逐站传送。环型拓扑结构简单，控制简便，结构对称性好，传输速率高，应用较为广泛。但是环中每个节点与实现节点之间连接的通信线路都会成为网络可靠性的瓶颈，因为只要环中任何一个节点出现线路故障，都可能造成网络瘫痪。为保证环型网络的正常工作，需要较复杂的环的维护处理，环中节点的加入和撤出过程也比较复杂。

1.5 计算机网络的应用与发展

1.5.1 计算机网络的应用

随着现代信息社会的进步以及通信和计算机技术的迅猛发展，计算机网络的应用越来越普及，如今计算机网络几乎深入到社会的各个领域。Internet 已成为家喻户晓的计算机网络，它也是世界上最大的计算机网络，是一条贯穿全球的"信息高速公路主干道"。计算机网络主要提供以下一些服务。人们通过这些服务将计算机网络应用于社会的方方面面。

计算机网络的应用突出表现在以下几个方面。

1. 网络在科研和教育中的应用

通过全球计算机网络，科技人员可以在网上查询各种文件和资料，可以互相交流学术思想和交换实验资料，甚至可以在计算机网络上进行国际合作研究项目。

在教育方面可以开设网上学校，实现远程授课，学生可以在家里或其他可以将计算机接入计算机网络的地方利用多媒体交互功能听课，对不懂的问题可以随时提问和讨论。学生可以从网上获得学习参考资料，并且可通过网络交付作业和参加考试。

2. 网络在企事业单位中的应用

计算机网络可以使企事业单位和公司内部实现办公自动化，做到各种软硬件资源共享，而如果将内部网络联入 Internet，还可以实现异地办公。例如，通过 www 或电子邮件，公司就可以很方便地与分布在不同地区的子公司或其他业务单位建立联系，不仅能够及时地交换信息，而且实现了无纸办公。在外的员工通过网络还可以与公司保持通信，得到公司的指示和帮助。企业可以通过国际互联网，搜集市场信息并发布企业产品信息，取得良好的经济效益。

3. 网络在商业上的应用

随着计算机网络的广泛应用，电子数据交换（EDI）已成为国际贸易往来的一个重要手段，它以一种共同认可的资料格式，使分布在全球各地的贸易伙伴可以通过计算机传输各种贸易单据，代替了传统的贸易单据，节省了大量的人力和物力，提高了效率。又如网上商店实现了网上购物、网上付款的网上消费梦想。

随着网络技术的发展和各种网络应用的需求，计算机网络应用的范围在不断扩大，应用领域越来越宽，越来越深入。许多新的计算机网络应用系统不断地被开发出来，如工业自动控制、辅助决策、虚拟大学、远程教学、远程医疗、管理信息系统、数字图书馆、电子博物馆、全球情报检索与信息查询、网上购物、电子商务、电视会议、视频点播等。

1.5.2 计算机网络带来的问题

计算机网络的广泛应用已经对经济、文化、教育、科学的发展与人类生活质量的提高产生了重要影响，同时也不可避免地带来一些新的社会、道德、政治与法律问题。

计算机犯罪正在引起社会的普遍关注，而计算机网络是受攻击的重点。计算机犯罪是一种高技术犯罪，由于其犯罪的隐蔽性，对计算机网络安全构成了巨大威胁。国际上计算机犯罪案件正在以 100%的速率增长，在 Internet 上的"黑客"（Hacker）攻击事件则以每年 10 倍的速度增长，首例计算机病毒从 1986 年发现以来，现已有 4 万多种病毒，给计算机网络带来了很大威胁。国防网络和金融网络已成为计算机犯罪案犯的主攻目标。美国国防部的计算机系统经常受到非法闯入者的攻击，美国金融界为此每年损失近百亿美元。因此，网络安全问题引起了人们普遍的重视。

Internet 可以为科学研究人员、学生、公司职员提供很多宝贵的信息，使得人们可以不受地理位置与时间的限制，相互交换信息，合作研究，学习新的知识，了解各国科学和文化的发展。同时人们也对 Internet 上一些不健康的、违背道德规范的信息表示了极大的担忧。一些不道德的 Internet 用户利用网络发表不负责任或损坏他人利益的消息，或者窃取商业、研究机密，危及个人隐私，这类事件频繁发生，其中有一些已诉诸法律。人们将分布在世界各地的 Internet 用户称为"Internet 公民"，将网络用户的活动称之为"Internet 社会"的活动，这说明了 Internet 的应用已经在人类生活中产生了前所未有的影响。

由上可知，对于大到整个世界的 Internet，小到各个公司的企业内部网与各个大学的校园网，都存在着来自网络内部与外部的威胁。要使网络有序、安全地运行，必须加强网络使用方法、网络安全与道德教育，完善网络管理，研究和不断开发各种网络安全技术与产品，同时也要重视"网络社会"中的"道德"与"法律"，这对人类是一个新的课题。

1.5.3　计算机网络技术的发展

目前，计算机网络正处于高速发展阶段，其发展的特点是：Internet 的广泛应用与高速网络技术的迅速发展。

Internet 是覆盖全球的信息基础设施之一。对于广大 Internet 用户来说，它就像是一个庞大的计算机广域网。用户可以利用 Internet 实现全球范围的电子邮件、WWW 信息查询与浏览、电子新闻、文件传输、语音与图像通信服务等功能。Internet 是一个用路由器实现多个广域网和局域网互联的大型网际网，它对推动世界科学、文化、经济和社会的发展有着不可估量的作用。

在 Internet 飞速发展与广泛应用的同时，高速网络的发展也越来越引起人们的重视。高速网络技术的发展主要表现在宽带综合业务数据网（B-ISDN）、异步传输模式、高速局域网、交换局域网与虚拟网络上。

进入 20 世纪 90 年代以来，世界经济已经进入了一个全新的发展阶段。世界经济的发展推动着信息产业的发展，信息技术与网络的应用已成为衡量 21 世纪综合国力与企业竞争力的重要标志。在 1993 年 9 月，美国宣布了国家信息基础设施（National Information Infrastructure，NII）建设计划，NII 被形象地称为信息高速公路。美国建设信息高速公路的计划触动了世界各国，人们开始认识到信息技术的应用与信息产业的发展将会对各国经济发展产生重要的作用与影响，因此很多国家纷纷开始制定各自的信息高速公路的建设计划。对于国家信息基础设施建设的重要性已在各国形成共识。1995 年 2 月全球信息基础设施委员会（Global Information Infrastructure Committee，GIIC）成立，目的是推动与协调各国信息技术与信息服务的发展与应用。在这种情况下，全球信息化的发展趋势已不可逆转。

建设信息高速公路就是为了满足人们在未来能随时随地交换信息的需要，在此基础上人们相应地提出了个人通信与个人通信网（Personal Communication Network，PCN）的概念，它将最终实现全球有线网、无线网的互联；邮电通信网与电视通信网的互联；固定通信与移动通信的结合。在现有电话交换网（PSTN）、公共数据网、广播电视网的基础上，利用无线通信、卫星移动通信、有线电视网等通信手段，可以使任何人在任何地方、任何时间都能使用各种通信服务，并最终走向"全球一网"。

信息高速公路的服务对象是整个社会，因此它要求网络无所不在。未来的计算机网络将覆盖所有的企业、学校、科研部门、政府及家庭，其覆盖范围可能要超过现有的电话通信网。为了支持各种信息的传输，如网上电话、视频会议等应用对网络传输的实时性要求很高，所以未来的网络必须具有足够的带宽，更好的服务质量与完善的安全机制，以满足不同的需求。

本 章 小 结

计算机网络是把分布在不同地理位置上、具有独立功能的计算机、终端及其附属设备，用通信设备和通信线路连接起来，再配以功能完善的网络软件，以实现相互通信和资源共享为目标的系统。也可以简单理解为："计算机网络是通过通信媒体互连起来的自治的计算机集合"。

计算机网络是计算机技术与通信技术日益紧密结合的产物。它的发展经历了以单个计算机为中心的联机系统、计算机—计算机网、遵循网络体系结构标准建成的网络以及互联网四个阶段，并正向着开放性、多媒体、智能化方面快速发展，将一切连接起来。

从系统角度看，计算机网络主要由硬件系统、软件系统和网络信息资源三个部分组成。从逻辑结构上看，计算机网络又可以分为两部分，即负责数据处理、向用户提供各种网络资源和网络服务的资源子网和负责数据转发的通信子网。

计算机网络可以从不同的方面进行分类。按网络的覆盖范围可以分为广域网、局域网和城域网；按通信介质可以划分为有线网和无线网；按网络采用的传输技术可划分为点对点式网络和广播网络；按照信号频带占用的方式可将计算机网络划分为基带网络和宽带网络。

从拓扑学的观点看，计算机网络就是由一组节点和链路组成的，网络中节点和链路所组成的几何图形就是网络拓扑结构，它反映了网络中各实体间的结构关系。常见的计算机网络系统的拓扑结构主要有星型、树型、环型、总线型和网状型等几种。

习　　题

1. 什么是计算机网络？它有什么功能？
2. 计算机网络的发展可划分为几个阶段？每个阶段各有何特点？
3. 从逻辑结构上划分，计算机网络由哪几部分组成？各部分的功能是什么？
4. 计算机网络可从哪几方面进行分类？怎样分类？
5. 计算机网络常见的拓扑结构有哪几种？各有什么特点？

第 2 章　数据通信基础

在网络中任何两台计算机的信息交换都需借助于通信的手段来实现，通信的目的是实现单、双向传递信息。数据通信是指在两点或多点之间以二进制形式进行信息传输与交换的过程。同时，计算机之间的通信，必须要有一定的约定和通信规则。数据通信就是通过传输介质，采用网络、通信技术使信息数字化并传输这些数据的。本章将从计算机网络的角度出发，着重讲述有关数据通信的基本知识。

2.1　数据通信的基本概念

2.1.1　数据和信号

数据（Data）一般可以理解为"信息的数字化形式"或"数字化的信息形式"。狭义的"数据"是指具有一定数字特性的信息，如统计数据、气象数据、测量数据及计算机中区别于程序的计算数据等。但在计算机网络系统中，数据通常被广义地理解为在网络中存储、处理和传输的二进制数字编码。语音信息、图像信息、文字信息以及从自然界直接采集的各种自然属性信息均可转换为二进制数字编码在计算机网络系统中存储、处理和传输。网络中的数据通信、数据处理和数据库等通常就是指这种广义的数据。

数据有模拟数据和数字数据两种形式。

模拟数据是在一定时间间隔内连续变化的数据。因为模拟数据具有连续性的特点，所以它可以取无限多个数值。例如，声音、电视图像信号等都是连续变化的，都表现为模拟数据。

数字数据是表现为离散量的数据，只能取有限个数值。在计算机中常采用二进制形式，只有"0"和"1"两个数值。在数据通信中，人们习惯将被传输的二进制代码"0"和"1"称为码元。

信号（Signal）简单地讲就是携带信息的传输介质。在通信系统中经常使用的电信号、电磁信号、光信号、载波信号、脉冲信号、调制信号等术语就是指携带某种信息的、具有不同形式或特性的传输介质。CCITT（国际电话电报咨询委员会）在有关 Signal 的定义中也明确指出"信号是以其某种特性参数的变化来代表信息的"。信号的频谱宽度就称为该信号的带宽。

根据信号参量取值的不同，信号可分为数字信号和模拟信号，或称为离散信号和连续信号。例如，计算机输出的脉冲信号是数字信号，普通电话机输出的信号就是频率和振幅连续改变的模拟信号。

2.1.2　数据通信

数据通信的基本目的是在接收方与发送方之间交换信息，也就是将数据信息通过相应的传输线路从一台机器传输到另一台机器。这里所说的机器可以是计算机、终端设备以及其他任何通信设备。

　　数据在计算机中是以离散的二进制数字信号表示的，但在数据通信过程中，它究竟是以数字信号方式表示，还是以模拟信号方式表示，主要取决于选用的通信信道所允许传输的信号类型。如果通信信道不允许直接传输计算机所产生的数字信号，那么就需要在发送端先将数字信号变换成模拟信号再送入信道传输，在接收端再将收到的模拟信号还原成数字信号，这个过程称为调制和解调，相应的设备称为调制解调器。

　　数据的成功传输依赖于两个主要因素：被传输信号的质量和传输介质的性能。模拟或数字数据都是既能用模拟信号又能用数字信号进行传输的。但模拟信号在传输过程中会发生衰减、变形，尤其是在长距离传输后会发生严重的畸变。另外，数据传输的好坏，还与发送和接收设备的性能有关。

2.1.3　数据通信的主要技术指标

　　数据通信的主要技术指标是衡量数据传输的有效性和可靠性的参数。有效性主要由数据传输速率、调制速率、传输延迟、信道带宽和信道容量等指标来衡量；可靠性一般用数据传输的误码率指标来衡量。常用的数据通信的技术指标有以下几种。

1. 信道带宽和信道容量

　　信道带宽或信道容量是描述信道的主要指标之一，由信道的物理特性所决定。

　　通信系统中传输信息的信道具有一定的频率范围（即频带宽度），称为信道带宽。信道容量是指单位时间内信道所能传输的最大信息量，它表征信道的传输能力。在通信领域中，信道容量常指信道在单位时间内可传输的最大码元数（码元是承载信息的基本信号单位，一个表示数据有效值状态的脉冲信号就是一个码元，其单位为波特，即 Baud），信道容量以码元速率（或波特率）来表示。由于数据通信主要是计算机与计算机之间的数据传输，而这些数据最终又以二进制位的形式表示，因此，信道容量有时也表示为单位时间内最多可传输的二进制数的位数（也称作信道的数据传输速率），以位/秒（b/s）的形式表示，简称为 bps。

　　一般情况下，信道带宽越宽，一定时间内信道上传输的信息量就越多，则信道容量就越大，传输效率也就越高。香农（Shannon）定理描述了信道带宽与信道容量之间的关系，公式如下：

$$C=W\log_2\left(1+\frac{S}{N}\right),$$

式中：C 为信道容量；W 为信道带宽；N 为噪声功率；S 为信号功率。

　　当噪声功率趋于 0 时，信道容量趋于无穷大，即无干扰的信道容量为无穷大，信道传输信息的多少由带宽决定。此时，信道中每秒所能传输的最大比特数由奈奎斯特（Nyquist）准则决定，公式如下：

$$R_{max}=2W\log_2 L(bps),$$

式中：R_{max} 为最大速率；W 为信道带宽；L 为信道上传输信号可取的离散值的个数。

　　若信道上传输的是二进制信号，则可取两个离散电平"1"和"0"，此时 $L=2$，则 $\log_2 2=1$，所以 $R_{max}=2W$。如某信道的带宽为 3 KHz，则信道的数据传输速率不能超过 6 Kbps。若 $L=8$，则 $\log_2 8=3$，即每个信号传送 3 个二进制位。带宽 3 KHz 的信道数据传输速率最大可达 18 Kbps。

　　按信道频率范围的不同，通常可将信道分为 3 类：窄带信道（带宽为 0～300 Hz）、音频信道（带宽为 300～3 400 Hz）和宽带信道（带宽为 3 400 Hz 以上）。

2. 传输速率

传输速率有以下两种。

（1）数据传输速率（Rate）。数据传输速率是指通信系统单位时间内传输的二进制代码的位（比特）数，因此又称作比特率，单位用比特/秒表示，记作 b/s 或 bps。

数据传输速率的高低，由每位数据所占的时间决定，一位数据所占的时间宽度越小，则其数据传输速率越高。设 T 为传输的电脉冲信号的宽度或周期，N 为脉冲信号所有可能的状态数，则数据传输速率为

$$R=\frac{1}{T}\log_2 N(\text{bps}),$$

式中：$\log_2 N$ 是每个电脉冲信号所表示的二进制数据的位数（比特数）。如电信号的状态数 $N=2$，即只有"0"和"1"两个状态，则每个电信号只传送 1 位二进制数据，此时，$R=\frac{1}{T}$。

（2）调制速率。调制速率又称作波特率或码元速率，它是数字信号经过调制后的传输率，表示每秒传输的电信号单元（码元）数，即调制后模拟电信号每秒钟的变化次数，它等于调制周期（即时间间隔）的倒数，单位为波特（Baud）。若用 T(s)表示调制周期，则调制速率为

$$B=\frac{1}{T}(\text{Baud}),$$

即 1 波特表示每秒钟传送一个码元。

显然，上述两个指标有如下的数量关系

$$R=B\log_2 N(\text{bps}),$$

即在数值上"波特"单位等于"比特"的 $\log_2 N$ 倍，只有当 $N=2$（即双值调制）时，两个指标才在数值上相等。但是，在概念上两者并不相同，Baud 是码元的传输速率单位，表示单位时间传送的信号值（码元）的个数，波特速率是调制速率；而 bps 是单位时间内传输信息量的单位，表示单位时间传送的二进制数的个数。

3. 误码率

误码率是衡量通信系统在正常工作情况下传输可靠性的指标，也是指二进制码元在传输过程中被传错的概率。显然，它就是错误接收的码元数在所传输的总码元数中所占的比例。误码率的计算公式为

$$P_e=\frac{N_e}{N},$$

式中：P_e 为误码率；N_e 表示被传错的码元数；N 表示传输的二进制码元总数。上式只有在 N 取值很大时才有效。

在计算机网络通信系统中，要求误码率低于 10^{-6}。如果实际传输的不是二进制码元，需折合成二进制码元来计算。在通信系统中，系统对误码率的要求应权衡通信的可靠性和有效性两方面的因素，误码率越低，设备要求就越高。

需要指出的是：对于可靠性的要求，不同的通信系统要求是不同的。在实际应用中，常常由若干码元构成一个码字，所以可靠性也常用误字率来表示，误字率就是码字错误的概率。

有时，一个码字中错两个或更多的码元与错一个码元是一样的，因为都会使这个码字发生错误，所以，误字率与误码率不一定是相等的。有时信息还用若干个码字组成一组，所以还有误组率，它是传输中出现错误码组的概率。但常使用的还是误码率。

4. 传输延迟

信道的带宽是由硬件设备改变电信号时的跳变响应时间决定的。尽管电信号的传输速率为每秒 30×10^4 km，但由于发送和接收设备存在响应时间，特别是计算机网络系统中的通信子网还存在中间转发等待时间，以及计算机系统的发送和接收处理时间，所以，在系统的信息传输过程中存在着延迟（传输延迟）。信息的传输延迟时间由以下关系式确定。

传输延迟=发送和接收处理时间+电信号响应时间+中间转发时间+信道传输延迟。

在计算机网络中由于不同的通信子网和不同的网络体系结构采用不同的中转控制方式，因此，在通信子网中存在的中转延迟只能依网络状态而定。由电信号响应带来的延迟时间则是固定的。显然，响应时间越短，延迟就越小。也就是说，信道的带宽越大，延迟越小。

2.1.4 数据的传输方式

数据在通信线路上的传输是有方向的。根据数据在线路上传输的方向和特点，数据传输可分为单工通信（Simplex）、半双工通信（Half-Duplex）和全双工通信（Full-Duplex）3 种。

1. 单工通信

在单工通信方式中，数据只能按一个固定的方向传输，任何时候都不能改变数据的传输方向。如图 2-1（a）所示，A 端是发送端，B 端是接收端，任何时候数据只能从 A 端发送到 B 端，而不能由 B 端传回到 A 端。图中实线为主信道，用来传输数据；虚线为监测信道，用于传输控制信号，监测信息就是接收端对收到的数据信息进行校验后，发回给发送端确认及请求的信息。单工通信一般采用二线制。

2. 半双工通信

在半双工通信方式中，数据可以双向传输但必须交替进行，同一时刻一个信道只允许单方向传输数据。如图 2-1（b）所示，数据可以从 A 端传输到 B 端，也可以从 B 端传输到 A 端，但两个方向不能同时传送；监测信息也不能同时双向传输。半双工通信中，设备 A 和 B 都具有发送和接收数据的功能。半双工通信方式适用于终端之间的会话式通信，由于通信设备需要频繁地改变数据的传输方向，因此，数据传输效率较低。半双工通信一般也采用二线制。

3. 全双工通信

全双工通信可以双向同时传输数据，如图 2-1（c）所示，它相当于两个方向相反的单工通信方式的组合，通信的任何一方在发送数据的同时也能接收数据，因此，全双工通信一般采用四线制。因其数据传输效率高，控制简单，但组成系统的造价高，主要用于计算机之间的通信。

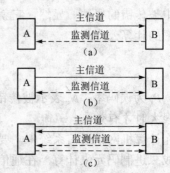

图 2-1 数据传输的 3 种通信方式

(a) 单工通信；(b) 半双工通信；

(c) 全双工通信

2.2　数据传输技术

2.2.1　基带传输

计算机或终端等数字设备产生的、未经调制的数字数据所对应的电脉冲信号通常呈矩形波形式，它所占据的频率范围通常从直流和低频开始，因而这种电脉冲信号被称为基带信号。基带信号所固有的频率范围称为基本频带，简称基带（Baseband）。在信道中直接传输这种基带信号的传输方式就是基带传输。在基带传输中整个信道只传输这一种信号。

由于在近距离范围内，基带信号的功率衰减不大，从而信道容量不会发生变化，因此，计算机局域网系统广泛采用基带传输方式，如以太网、令牌环网等都采取这种传输方式。基带传输是一种最简单、最基本的传输方式，它适合于各种传输速率要求的数据。基带传输过程简单，设备费用低，适合于近距离传输的场合。

2.2.2　频带传输

由于基带信号频率很低，含有直流成分，远距离传输过程中信号功率的衰减或干扰将造成信号减弱，使得接收方无法接收，因此基带传输不适合远距离传输；又因远距离通信信道多为模拟信道，所以，在远距离传输中不采用基带传输而采用频带传输的方式。频带传输就是先将基带信号调制成便于在模拟信道中传输的、具有较高频率范围的信号（这种信号称为频带信号），再将这种频带信号在信道中传输。由于频带信号也是一种模拟信号，因此频带传输实际上就是模拟传输。计算机网络系统的远距离通信通常都是频带传输。

基带信号与频带信号的变换由调制解调技术完成。

2.2.3　宽带传输

宽带是指比音频带宽更宽的频带，它包括大部分的电磁波频谱。利用宽带进行的传输称为宽带传输。宽带传输系统可以是模拟或数字传输系统，它能够在同一信道上进行数字信息和模拟信息的传输。宽带传输系统可容纳全部广播信号，并可以进行高速数据传输。在局域网中，存在基带传输和宽带传输两种方式。基带传输的数据传输速率比宽带传输速率低。一个宽带信道可以被划分为多个逻辑基带信道。宽带传输能把声音、图像、数据等信息综合到一个物理信道上进行传输。宽带传输采用的是频带传输技术，但频带传输不一定是宽带传输。

2.2.4　串行与并行通信

1. 串行通信

计算机中，通常用 8 位二进制代码表示一个字符。在数据通信中，人们可以将待传输的每个字符的二进制代码按照由低位到高位的顺序依次进行发送，到达对方后，再由通信接收装置将二进制代码还原成字符，这种工作方式称为串行通信。串行通信方式的传输速率较低，但只需要在接收端与发送端之间建立一条通信信道，因此费用较低。目前，在远程通信中，人们一般采用串行通信方式。

2. 并行通信

在并行通信中，人们可以利用多条并行的通信线路，将表示一个字符的 8 位二进制代码同时通过 8 条对应的通信信道发送出去，每次可发送一个字符代码。并行通信的特点是在通信过程中，收发双方之间必须建立并行的多条通信信道，这样，在传输速率相同的情况下，并行通信在单位时间内所能传输的码元数将是串行通信的 n 倍，n 为并行通信的信道数。但由于要建立多个通信信道，因此造价较高，一般主要用于近距离传输。

2.2.5　同步技术

在数据通信系统中，接收端收到的信息应与发送端发出的信息完全一致，这就要求在通信中收发两端必须有统一的、协调一致的动作。若收发两端的动作互不联系，互不协调，则收发之间就要出现误差，随着时间的增加，误差的积累将会导致收发"失步"，因而使系统不能正确传输信息。为了避免收发"失步"，使整个通信系统可靠地工作，需要采取一定的措施。将这种统一收发两端动作、保持收发步调一致的过程称为同步。因此，同步问题是数据通信中的一个重要问题。

常用的数据传输的同步方式有两种：异步传输方式和同步传输方式。

1. 异步传输方式

异步传输方式是一种计算机网络中常用的、也是最简单的同步方式，是指同一个字符内相邻两位的间隔是固定的，而两个字符间的间隔是不固定的，即所谓的字符内同步，字符间异步。在异步方式下，不传送字符时，线路一直处于高电平（"1"）状态。传送字符时，发送端在每个字符的首尾分别设置 1 位起始位（低电平，相当于数字"0"状态）和 1.5 或 2 位停止位（高电平，相当于数字"1"状态），分别表示字符的开始和结束。起始和停止位中间的字符可以是 5 位或 8 位二进制数，一般 5 位二进制数的字符停止位设为 1.5 位，8 位二进制数的字符停止位设为 2 位，而 8 位字符中包括 1 位校验位。发送端按确定的时间间隔（或位宽）或固定的时钟发送一个字符的各位。接收端以识别起始位和停止位并按相同的时钟（或位宽）来实现收发双方在一个字符内各位的同步。当接收端在线路上检测到起始位的脉冲前沿（从"1"到"0"的跃变）到来时，就启动本端的定时器，产生接收时钟，使接收端按与发送端相同的时间间隔顺序接收该字符的各位。当接收端一旦接收到停止位时，就将定时器复位，准备接收下一个字符代码。接下来若无字符发送，系统则连续以"1"电平填充字符的空间，直至下一个字符的到来。异步传输方式如图 2-2 所示。

由图可知，在异步方式中每个字符含相同的位数，字符每位的位宽相同，传送每个字符所用的时间由字符的起始位和停止位之间的时间间隔决定，为一个固定值。起始位起到一个字符内各位的同步作用，故异步方式又称为起止式同步。

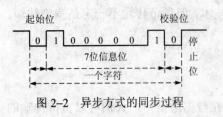

图 2-2　异步方式的同步过程

异步方式由于附加了起始位和停止位，并增加了传输开销，所以传输效率有所下降。但如果出现错误，只需重发一个字符即可，且这种方式控制简单、易实现，适于低传输速率场合。

2. 同步传输方式

同步传输不是以字符为单位而是以数据块为单位进行传输的。在传输中，字符之间不加起始位和停止位。为了使接收方容易确定数据块的开始和结束，需要在每个数据块的前后加上起始和结束标志，以便使发送方与接收方之间能建立起一个同步的传输过程，同时还可以用这些标志来区分与隔离连续传输的数据块。数据块起始和结束标志的特性取决于数据块是面向字符的还是面向比特的。在面向字符的方式中，数据块的内容是由若干个字符组成的，起始和结束标志由特殊的字符（如 SYN，EOT 等）构成，如图 2–3（a）所示；在面向比特的方式中，其数据块的内容不再是字符流，而是一串比特流。相应的首尾标志可以是某一特殊的位模式，如在面向比特的高级数据链路控制规程 HDLC 中用位模式 01111110 作为数据块的起始和结束标志。同步方式的同步结构如图 2–3（b）所示。

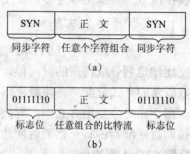

图 2–3　同步方式的同步过程

同步传输方式的传输效率高、开销小，但如果在传输的数据中有一位出错，就必须重新传输整个数据块，而且控制也比较复杂。

2.3　多路复用技术

一般情况下，在远程数据通信或计算机网络系统中，传输信道的传输容量往往大于一路信号传输单一信息的需求，所以为了有效地利用通信线路，提高信道的利用率，人们研究和发展了通信链路的信道共享和多路复用技术。多路复用器连接许多低速线路，并将它们各自所需的传输容量组合在一起后，仅由一条速度较高的线路传输所有信息。其优点是在远距离传输时，可极大地节省电缆的安装和维护费用，降低整个通信系统的费用，并且多路复用系统对用户是透明的，提高了工作效率。

多路复用技术通常分为两类：频分多路复用（Frequency Division Multiplexing，FDM）和时分多路复用（Time Division Multiplexing，TDM）。

2.3.1　频分多路复用

频分多路复用（FDM）的例子很多，如无线广播、无线电视中将多个电台或电视台的多组节目对应的声音、图像信号分别加载在不同频率的无线电波上，然后同时在同一无线空间中传播。接收者根据需要接收某种特定频率的信号进行收听或收看。同样，有线电视也是基于同一原理。总之，频分复用是把线路或空间的频带资源分成多个频段，并将其分别分配给多个用户，每个用户终端通过分配给它的子频段传输，这种方法主要用于电话和电缆电视系统。在频分多路复用中，各个频段都有一定的带宽，称为逻辑信道。为了防止相邻信道的信号频率相互覆盖从而造成干扰，须在相邻的两个信号的频率段之间设立一定的"保护"带，要求保护带对应的频谱没有被使用，以保证各个频带互相隔离不会交叠。

2.3.2 时分多路复用

时分多路复用（TDM）是将传输信号的时间进行分割，使不同的信号能在不同的时间内传输，即将整个传输时间分为许多时间间隔（称为时隙或时间片），每个时间片被一路信号占用。时分多路复用就是通过在时间上交叉发送每一路信号的一部分，来实现用一条线路传输多路信号。实际上，在时分多路复用线路上任一时刻只有一路信号存在，而频分却是同时传输若干路不同频率的信号。因为数字信号是有限个离散值，所以适合采用时分多路复用技术，而模拟信号一般采用频分多路复用技术。时分多路复用技术的实现有两种常用的方法。

1. 同步时分多路复用

同步时分多路复用（STDM）采用固定时间片的分配方式，即将传输信号的时间按特定长度连续地划分成特定的时间段，再将每一时间段划分成等长度的多个时间片，每个时间片再以固定的方式分配给各路数字信号，各路数字信号在每一时间段都顺序分配到一个时间片。

由于在时分复用方式中，时间片是预先分配且固定不变的，所以无论时间片的拥有者是否传输数据都要占有一定的时间片，这就造成了时间片的浪费，即时间片的利用率很低，为了克服 STDM 的缺点，引入了异步时分复用（ATDM）技术。

2. 异步时分多路复用

异步时分多路复用（ATDM）技术又被称为统计时分复用或智能时分复用（ITDM），它能动态地按需分配时间片，避免每个时间段中出现空闲的时间片。

ATDM 的实质是只有当某一路用户有数据需要发送时才把时间片分配给它。当用户暂停发送数据时就不给它分配线路资源（时间片），而是将线路的空闲时间片用于其他用户的数据传输，这样每个用户的传输速率可以高于平均速率（这是通过多占时间片来实现的），且最高可达到线路总的传输能力（即占有所有的时间片）。如线路总的传输能力为 28.8 Kbps，有 3个用户共用此线路，在 STDM 方式中，每个用户的最高速率为 9 600 bps，而在 ATDM 方式中，每个用户的最高速率可达 28.8 Kbps。

2.4 数据交换技术

交换即转接，是数据在两个设备之间的一种通信。但在实际运用中直接连接两个设备是不现实的，一般是通过有中间节点的网络把数据从源地发送到目的地，以实现通信。中间节点并不关心数据的内容，目的是提供一个交换设备。用这个交换设备把数据从一个节点传到另一个节点，直至到达目的地。

通常使用的数据交换技术有 3 种：电路交换、报文交换和分组交换。

2.4.1 电路交换技术

电路交换技术就是通过网络中的节点在两个站之间建立一条专用的通信线路。例如，常用的电话通信系统就是通过电路交换来实现的。

电路交换在进行数据通信的过程中，必须在两个站之间建立一条实际的物理连接。这种连接是节点之间的连接序列。在每条线路上，通道专用于连接。电路交换方式的通信包括以下 3 个阶段。

（1）线路建立：在数据传输前，必须建立端到端的线路连接。

（2）数据传送：线路一旦建立起来，就可以完成数据的传输，传输的数据信号可以是数字的也可以是模拟的。

（3）线路拆除：在数据传送结束后，就要结束线路连接，通常由两个端中的一个来完成线路的拆除。

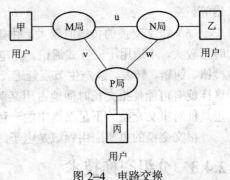

图 2-4　电路交换

电路交换具有以下几个特点。

（1）呼叫建立时间长且存在呼损。电路建立阶段，在两端建立一条专用通路需要花费一段时间，这段时间称为呼叫建立时间。电路建立过程中，由于交换网繁忙等原因可能使得建立失败，此时交换网就要拆除已建立的部分电路，而用户需要挂断重拨，这个过程称为呼损。

（2）电路交换对用户来说是"透明"的，即交换网对用户信息的编码方法、信息格式以及传输控制程序等都不加以限制，但对通信双方而言必须做到双方的收发速度、编码方法、信息格式、传输控制等都一致才能完成通信。

（3）数据传输速率固定。一旦线路建立起来后，除通过传输链路的传播延时外，不会再引入别的延时，因此非常适合进行实时大批量、连续的数据传输。

（4）线路利用率低。线路建立后，通道容量在连接期间为使用用户所专用，即使没有数据传送，别人也不能使用，故线路利用率较低。

2.4.2　报文交换技术

报文交换是网络通信的另一种方法。其不需要在两个站点之间建立一条专用通路。如果一个站点想要发送一个报文（发送信息的一个逻辑单位），只需要把目的地址附加在报文上，然后把报文通过网络中的各节点依次进行传送。网络中的每个节点接收整个报文，并先暂存起来，然后再转发到下一个节点。

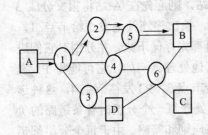

在电路交换的网络通信中，每个节点是一个电子或机电结合的交换设备。这种交换设备发送二进制位同接收二进制位一样快。报文交换节点通常是一台通用的小型计算机。它具有足够的存储容量来缓存进入的报文。一个报文在每个节点的延迟时间等于接收报文的所有位所需的时间加上等待时间和重传到下一个节点所需的延迟时间。

报文交换具有以下几个特点。

（1）发送端和接收端在通信时不需建立一条专用的通路。

（2）与电路交换相比，报文交换没有建立线路和拆除线路所需的等待时延。

（3）线路利用率高，节点间可根据线路情况选择不同的传输速率，从而能高效地传输数据。

（4）要求节点具有足够的存放报文数据的能力，节点一般由微机或小型机担当。

（5）数据传输的可靠性高，每个节点在存储转发的过程中都进行差错控制，如检错、纠错等。

（6）报文交换的传输时延大。由于对完整报文采用了存储转发的方式，因此节点转发的时延较大，不适用于交互式通信，如电话通信。由于每个节点都要把报文完整地接收、存储、检错、纠错、转发，会产生节点延迟，并且报文交换对报文的长度没有限制，报文可以很长，这样就有可能使报文长时间地占用某两个节点之间的链路，不利于实时交互通信。分组交换正是针对报文交换的不足而提出的一种改进方式。

报文交换的主要应用领域是电子邮件、电报、非紧急的业务查询和应答等。

2.4.3 分组交换技术

分组交换也称为包交换，该方式是把长的报文先分割成若干个较短的报文分组，再以报文分组为单位进行发送、暂存和转发。每个报文分组，除要传输的数据和地址信息外，还带有数据分组的编号。报文在发送端被分组后，各组报文可按不同的传输路径进行传输。经过节点时，同样要被存储、转发，最后在接收端将各报文分组按编号顺序再重新组装成完整的报文。

分组交换有以下几个特点。

（1）分组交换方式具有电路交换和报文交换的共同优点。

（2）由于报文分组较短，在传输出错时，检错容易并且重发时花费的时间较少，有利于提高存储转发节点的存储空间利用率与传输效率。

（3）报文分组在各节点间的传输比较灵活，且可自行选择各分组的路径，每个节点收到一个报文后，即可向下一个节点转发，不必等到其他分组到齐。

分组交换方式已经成为当今公用数据交换网中主要的交换技术，它的主要应用领域是快速查询和应答的场合，如电子转账、股票牌价等。

分组交换方式在实际应用中又可分为数据报和虚电路两种。

1. 数据报方式

数据报交换方式把任意一个分组都当作单独的"小报文"来处理，而不管它是属于哪个报文的分组。如图 2–5 所示，若要将报文从 A 站发送到 C 站，则应先在 A 站将报文分成 3 个分组（P1，P2，P3），按次序连续地发送给节点 1，节点 1 每接收一个分组都先存储下来，并分别对它们进行单独的路径选择和其他处理。例如，它可能将 P1 发送给节点 2，P2 发送给节点 3，P3 发往节点 4，这种选择主要取决于节点 1 在处理每一个分组时各条链路的负荷情况以及路径选择的原则和策略。由于每个分组都带有地址和分组编号，虽然它们不一定经过同一条路径，但最终都要通过节点 6 到达目的站。这些分组到达节点

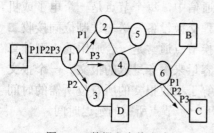

图 2–5 数据和交换方式

6 的顺序可能会被打乱，但节点 6 可以对分组进行排序和重装，当然目的站 C 也可以完成这些排序和重装工作。

上述这种分组交换方式简称为数据报传输方式，作为基本传输单位的"小报文"被称为数据报（Datagram）。

从以上讨论可以看出，数据报工作方式具有以下几个特点。

（1）同一报文的不同分组可经不同的传输路径通过通信子网。

（2）同一报文的不同分组到达目的节点时可能出现乱序、重复与丢失现象。

（3）每一个分组在传输过程中都必须带有目的地址与源地址。

（4）数据报方式的报文传输延迟较大，适用于突发性通信，不适用于长报文、会话式通信。

2. 虚电路方式

所谓虚电路就是两个用户的终端设备在开始互相发送和接收数据之前需要通过通信网络建立逻辑上的连接，这种连接一旦建立，将会一直保持，直到用户不再需要发送和接收数据时才被清除。

虚电路方式的主要特点是：所有分组都必须沿着事先建立好的虚电路传输，存在一个虚呼叫建立阶段和拆除阶段（清除阶段）。与电路交换相比，并不意味着在发送方与接收方之间存在着像电路交换方式那样的专用线路，而是选定特定路径进行传输，分组途经的所有节点都对这些分组进行存储转发，这是与电路交换在本质上的区别。

虚电路方式具有以下几个特点。

（1）每次发送报文分组之前，必须在发送方与接收方之间建立一条逻辑连接。

（2）一次通信的所有报文分组都从这条已建好的逻辑连接的虚电路上通过，因此报文分组不必带有目的地址、源地址等辅助信息，报文分组到达目的节点时不会出现丢失、重复与乱序的现象。

（3）报文分组通过每个虚电路上的节点时，节点只需要进行差错检测，而不需要进行路径选择。

（4）通信子网中每个节点都可以和其他任何节点建立多条虚电路连接。

由于虚电路方式兼有分组交换与线路交换两种方式的优点，因此在计算机网络中得到了广泛应用。如 X.25 网就支持虚电路交换方式。

2.4.4　ATM 技术

异步传输模式（ATM）实际上也是一种高速分组交换技术。区别在于，传统分组交换的基本数据传输单元是分组，而 ATM 的基本数据传输单元是信元，它将数字、语音、图像等所有的数字信息都分解为长度固定的信元（Cell）。信元由信元头和信息段组成，传输系统通过信元头识别通路。在 ATM 中规定每个信元有一个 5 B 的信元头和一个 48 B 的信息段，信元长度为 53 B。这样每个信元的传输时间相同，从而可以把信道的时间划分成一个时间片序列，每个时间片用于传输一个信元。当有信元发送时，便逐个时间片地把信元投入信道；接收时，若信道不空，也将逐个时间片地取得信元，时间片和信元一一对应，这样可极大简化对信元的传输控制，便于采用高速硬件对信头进行识别和交换处理。

2.5　差错控制技术

所谓差错就是在通信接收端收到的数据与发送端实际发出的数据不一致的现象。任何一条远距离通信线路，都不可避免地存在一定程度的噪声干扰，这些噪声干扰的后果可能导致差错的产生。为了保证通信系统的传输质量，降低误码率，需要对通信系统进行差错控制。

差错控制就是为防止由于各种噪声干扰等因素引起的信息传输错误或将差错限制在所允许的尽可能小地范围内而采取的措施。

2.5.1　差错产生的原因与类型

当数据从信源出发，经过通信信道时，由于通信信道总存在一定的噪声，在到达信宿时，接收到的信号将是传输信号与噪声叠加后的结果。在接收端，接收电路在取样时应先判断信号电平。如果噪声对信号叠加的结果在电平判决时出现错误，就会引起传输数据的错误。

通信信道的噪声主要有两类。

（1）热噪声，它是由传输介质导体的电子热运动产生的。特点是：一直存在，幅度较小，且强度与频率无关，是一种随机差错。

（2）冲击噪声，它是由外界电磁干扰引起的。特点是：幅度较大，是一种突发差错，也是引起传输差错的主要原因。

在通信过程中产生的传输差错，是由随机差错与突发差错共同形成的。

2.5.2　差错检测与控制

1. 差错检测

数据在通信线路上传输时，由于传输线路上的噪声或其他干扰信号的影响，往往使发送端发送的数据不能正确地被接收，这就产生了差错。差错可用误码率 P_e 来度量。

$$P_e=接收的错误码元数/接收的总码元数，$$

对于一般电话通信线路，当传输率在 $600\sim2\ 400$ Baud 时，其 P_e 在 $10^{-4}\sim10^{-6}$ 之间就可以满足对传输质量的要求，但在计算机与计算机之间传输数据时，则要求 P_e 低于 10^{-9}。为此，需采取相应措施来提高传输质量。

（1）选择好的通信线路，即改善通信线路的电气性能，使误差的出现概率降低到系统要求的水平。该方法要求通信线路的传输速率高，这样必然使线路的造价高，且不容易达到理想的效果。引起误差的噪声可能来自外部，也可能来自通信线路，因此，选择好的通信线路、采取有效的屏蔽措施、改善设备等，虽然可以减少差错，但受经济条件和技术条件的限制，不能做到完全消除差错。

（2）在通信线路上，设法检查错误，并采取措施对错误进行差错控制，即在数据传输时，采取一定的方法发现并纠正错误。

能够发现并自动纠正差错的有效方法是对传输的数据进行抗干扰编码，即给被传送的数据码元按一定的规则增加一些码元（这些码元称为冗余码），使冗余码元与被传送的信息码元之间建立一定的关系，这种关系就是抗干扰编码。发送时，冗余码与信息码一同发送，经信道传输后，接收端按照预先确定的编码规则进行译码，进而发现错误并纠正错误。能够发现错误的码称为检错码，能够纠正错误的码称为纠错码。

2. 差错控制方法

在数据通信系统中，差错控制包括差错检测和差错纠正两部分，具体实现差错控制的方法主要有以下几种。

（1）反馈重发检错法，又称自动请求重发（Automatic Repeat Request，ARQ）法，其工作原理是：由发送端发出能够发现错误（检错）的编码（检错码），接收端依据检错码的编码规则来判断编码中有无差错产生，并通过反馈信道把判断结果用规定的信号告知发送端。发送端根据反馈信息，把接收端认为有差错的信息再重新发送一次或多次，直至接收端接收正确为止。接收端认为正确的信息不再重发，而继续发送其他信息。因 ARQ 法只要求发送端发送检错码，接收端只要求检查有无错误，而无须纠正错误，因此，该法设备简单，容易实现。

（2）前向纠错法（Forward Error Correcting，FEC）是由发送端发出能纠错的码，接收端收到这些码后，通过纠错译码器不仅能自动地发现错误，而且还能自动地纠正传输中的错误，然后把纠错后的数据传送到接收端。

FEC 方式的优点是发送时不需要存储，也不需要反馈信道，适用于单向实时通信系统。其缺点是译码设备复杂，所选纠错码必须与信道干扰情况紧密对应。

（3）混合纠错法，是反馈重发检错和前向纠错两种方法的结合，是由发送端发出，同时具有检错和纠错能力的编码，接收端收到编码后检查差错情况，如差错在可纠正范围内，则自动纠正；如差错很多，超出了纠错能力，则经反馈信道送回发送端并要求重发。

前向纠错和混合纠错方法具有理论上的优越性，但由于对应的编码/译码相当复杂，且编码效率很低，因而很少被采用。

3. 信道编码

（1）垂直冗余校验码。垂直冗余校验是以字符为单位的校验法。一个字符由 8 位组成，其中低 7 位是信息码，最高位是冗余校验位。校验位可以使每个字符代码中"1"的个数为奇数或偶数。若字符代码中"1"的个数为奇数，则称为奇校验；若"1"的个数为偶数，则称为偶校验。例如，一个字符的 7 位代码为 1010110，有 4 个"1"（偶数个）；若为奇校验，则校验位为 1，即整个字符为 11010110。

同理，若为偶校验，则校验位应为 0，即整个字符为 01010110。

垂直冗余校验能发现传输中任意奇数个错误，但不能发现偶数个错误。

（2）水平冗余校验码。水平冗余校验把数个字符组成一组，对一组字符的同一位（水平方向）进行奇或偶校验，得到一列校验码。发送时，是一个接一个地发送字符，最后发送一列校验码。如：一组字符包括 5 个字符，见表 2-1，每个字符的信息代码是 7 位，传送时，是先顺序传送 0、1、2、3、4 五个字符的 $b_1 \sim b_7$ 位，最后传送校验位，假设水平校验采用偶校验。水平冗余校验能发现长度小于字符位数（现在为 7 位）的突发性错误。

表 2-1　水平冗余校验

	0 1 2 3 4	校验位
b_1	0 0 1 0 1	0
b_2	1 0 1 1 0	1
b_3	0 0 0 1 0	1
b_4	1 1 1 0 1	0
b_5	0 1 0 1 1	1
b_6	0 0 0 1 0	1
b_7	0 1 1 0 1	1

（3）水平垂直冗余校验码。同时进行水平和垂直冗余校验就得到了水平垂直冗余校验码。具体地说，就是对表 2–1 中的 5 个字符均再增加一位校验位 b_8，见表 2–2。b_8 是垂直校验位，每行的最右一位是水平校验位。它们可以是奇校验或偶校验。表 2–2 均是偶校验。水平垂直校验码也称方阵码，这种码有较强的检错能力，它不但能发现所有一位、二位或三位的错误，而且能发现某一行或某一列上的所有奇数个错误。方阵码广泛用于计算机网络通信及计算机的某些外部设备中。

表 2–2　水平垂直冗余校验

	0　1　2　3　4	校验位
b_1	0　0　1　0　1	0
b_2	1　0　1　1　0	1
b_3	0　0　0　1　0	1
b_4	1　1　1　0　1	0
b_5	0　1　0　1　1	1
b_6	0　0　0　1　0	1
b_7	0　1　1　0　1	1
b_8	0　1　0　0　0	1

（4）循环冗余校验码。循环冗余校验（Cyclic Redundancy Check，CRC）是一种较为复杂的校验方法。它利用事先生成的一个二进制校验多项式 $g(x)$ 去除要传送的二进制信息多项式 $m(x)$，得到的余式就是所需的循环冗余校验码。它相当于一个 n 位长的二进制串。采用循环冗余校验的信息编码是在要传送的信息位后附加若干个校验位，发送时，应将信息码和冗余码一同传送至接收端；接收时，先对传送来的码字用发送时的同一多项式 $g(x)$ 去除，若能除尽，则说明传输正确，否则说明传输出错。

循环冗余校验码的检错能力与校验码的位数有关，校验码位数越多，说明检错能力就越强。此外，产生循环冗余校验码的规则也影响检错能力。

本 章 小 结

计算机网络是现代计算机技术和通信技术相结合的产物，在学习计算机网络前必须对数据通信的基本原理有所了解。数据通信的目的是传输信息，信息的表现形式是数据。数据分模拟数据和数字数据。信号是数据的电编码或电磁编码，信号有模拟信号和数字信号两种。数据传输方式有基带传输与频带传输，在数据传输过程中需要保证收发双方同步并进行差错检测与控制；同步方式有同步传输与异步传输。为保证数据传输高效正确，要对数据进行抗干扰编码。本章主要是通过以上知识点的学习，使学生了解数据通信的基本知识。

习　　题

1. 消息、数据和信号三者的关系是什么？信号的类型有几种？

2. 什么是数据速率和调制速率？举例说明它们之间的关系。

3. 什么是基带传输？基带传输有几种数字编码？编码方式有什么特点？

4. 什么是频带传输？频带传输有几种数字信号的调制方式，各有什么特点？

5. 阐述频分多路复用技术和时分多路复用技术的区别。

6. 数据通信方式有几种？各有什么优缺点？

第3章 计算机网络体系结构与协议

网络体系结构和网络协议是计算机网络技术中最关键、最基本的概念。本章通过学习 OSI 参考模型和 TCP/IP 协议的结构，使初学者理解并接受 OSI 和 TCP/IP 协议的层次结构，区分二者的异同点，通过学习网络协议的应用，以及对 Windows 系统中的三个基本网络协议的使用，体会协议在不同网络中的设置。

3.1 计算机网络的体系结构

3.1.1 网络体系结构的概念

计算机网络利用多种通信介质将不同地域、不同机种、不同操作系统的计算机设备互相连接起来，使计算机的终端用户通过应用进程交换信息、共享资源。这种不同系统中的实体间的通信是一个复杂的过程。工程设计中往往采用结构化的设计方法，将一个比较复杂的问题分解成若干个容易处理的子问题。因此，分层往往是系统分解的好方法，将计算机网络划分成不同功能的若干层次，各层之间遵循不同的通信协议，从而实现不同的功能。

1. 层次结构的描述

在现实生活中，经常会遇到这样的问题：甲、乙两个不同国家的外交官要讨论外交事务，但甲、乙两个外交官都不懂对方的语言，因此他们都必须借助各自的翻译来转达对方的信息。这里不妨把外交官从事的外交领域称为外交官层；翻译从事的语言领域称为语言层；若两个外交官和彼此的翻译不在同一地方讨论问题，则彼此的翻译员把翻译的内容需交给通信系统——邮局来传递给对方，邮局之间便构成通信层。在这里，外交官、翻译员和邮局系统只需探讨各自领域的知识内容，外交官利用翻译员为他提供服务，翻译员利用邮局为他提供服务，如图 3-1 所示。

为了简化问题，减少协议设计的复杂性，现在计算机网络结构都采用类似外交官问题的层次化体系结构，这种层次结构具有以下性质。

（1）各层独立完成一定的功能，每一层的活动元素称为实体，对等层称为对等实体。

图 3-1　外交官的层次结构

（2）下层为上层提供服务，上层可调用下层的服务。

（3）相邻层次之间的界面称为接口，接口是相邻层之间的服务、调用的集合。

（4）上层须与下层的地址完成某种形式的地址映射。

（5）两个对等实体之间的通信规则的集合称为该层的协议。

网络的体系结构和层次模型如图 3-2 所示。

2．网络体系结构层次化的优点

（1）各层之间相互独立。高层只需通过接口向低层提出服务请求，并使用下层提供的服务，并不需要了解下层执行的细节。

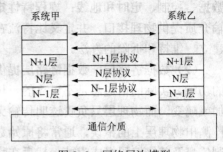

图 3-2　网络层次模型

（2）结构独立分割。各层独立划分，每层都可以选择最为合适的实现技术。

（3）灵活性好。如果某层发生变化，只要接口条件不变，则以上各层和以下各层的工作均不受影响，有利于技术的革新和模型的修改。

（4）易于实现和维护。由于整个系统被划分为多个不同的层次，因此，整个复杂的系统变得容易管理、维护和实现。

（5）易于标准化的实现。由于每一层都有明确的定义，因此，非常有利于标准化的实现。

3．网络体系结构的研究意义

计算机网络体系结构描述了网络系统的各个部分应完成的功能以及各部分之间的关系和联系。简单地概括一下，网络体系结构是指层与层之间提供的服务以及对等层之间遵循的协议的集合。

网络体系结构划分的原则是：把应用程序和网络通信管理程序分开；按照信息在网络中传输的过程，将通信管理程序分为若干个模块；把原来专用的通信接口转变为公用的、标准化的通信接口。这样，可以使网络系统具有更强的灵活性，使得网络系统的建设、改造和扩建工作极大简化。也使得网络系统的运行、维护成本极大降低，提高了网络系统的性能。

3.1.2　OSI 参考模型

国际标准化组织（ISO）于 1983 年推出了开放系统互联参考模型（Open System Interconnection Reference Model，OSI/RM），该模型是为解决异种机互连而制定的开放式计算机网络层次结构模型，它最大的特点是将服务、接口和协议这 3 个概念明确地区分开来。服务说明某一层提供什么功能，接口说明上一层如何调用下一层的服务，而协议说明如何实现该层的服务。各层采用什么样的协议是没有限制的，只要向上层提供相同的服务并且不改变相邻接口即可，因此各层之间具有很强的独立性。该模型把整个系统分为 7 层，从低到高分别为物理层、数据链路层、网络层、传输层、会话层、表示层和应用层，分别用 PH、DL、N、T、S、PR、A 来表示，如图 3-3 所示。

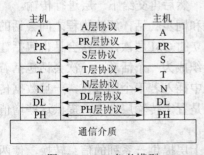

图 3-3　OSI 参考模型

（1）物理层。物理层与物理传输介质直接相关，它提供了在某一物理传输介质上进行透明的比特流传送的功能。该层协议定义了设备间的物理接口以及数字比特的传送规则。物理层协议有 4 个主要特性：机械特性、电气特性、功能特性和规程特性。机械特性定义了连接器的几何尺寸，插针和插孔的数量和排列方式，常用连接器有 25 芯、15 芯、34 芯和 37 芯插头插座；电气特性定义了信号电压幅度、比特宽度、噪声容限和负载阻抗等电气参数；功能特性定义了信号交换线路的数据、控制、定时和地线；规程特性定义了信号交换的时序和规则。其中，前两种特性为传输介质提供物理接口，并定义比特流在物理链路上的传输特性，后两种特性定义了物理链路建立、维持和拆除的方法。

（2）数据链路层。数据链路层提供了在相邻两节点之间的链路上无差错地传送一帧数据的功能。实际的信道总是不可靠的，传输过程中由于噪声的干扰常常会出现比特的丢失、增加或畸变。而物理层只负责透明传输无结构的原始比特流，不进行任何差错控制。为了便于检测出物理层上的错误，通常将原始数据分割成一定长度的数据单元，加上编号、地址、控制信息及差错编码组成为帧，然后在物理层上传输。在接收端以帧为单位接收，并对接收帧进行校验，检测有无传输差错。因此数据链路层必须提供差错控制功能，同时还需解决一系列传输问题，如帧的格式、差错编码方法、重传策略和流量控制等。

数据链路层协议主要有起止式异步通信协议、面向字符的同步通信协议（如 IBM 公司提出的二进制同步通信规程 BSC）、面向比特的同步通信协议（如 ISO 的高级数据链路控制规程（HDLC））等。

（3）网络层。网络层的任务是将数据分成一定长度的分组，将分组通过通信子网从信源送至信宿。因此网络层必须为到来的分组从各条可能的路由中选择一条合适的路由，所谓合适是指该路由能够较好地满足特定数据的传输要求，如最小延时、最短路径、最大吞吐率等，这就是网络层的路由选择功能。另外当太多的分组聚集在少量的路由上，或者大量数据涌入并超过网络容量时，会引起网络阻塞，使网络性能急剧下降，数据吞吐率几乎为零，因此，网络层必须进行拥塞控制，以预防或解决因拥塞而引起的网络性能下降的问题。当分组需要跨越多个网络才能到达目的地时，还要解决网络互联的问题，如数据速率、分组长度、编址方法、控制协议等的不同。网络层提供的服务使上层不需要了解网络中的数据传输和交换技术。

（4）传输层。传输层是第一个端-端（主机-主机）层。它利用低三层所提供的服务向高层提供独立于具体网络的、经济有效并可靠的端到端的透明数据传送。为保证数据传输的可靠性，传输层上必须实现流量控制和差错控制等功能；此外为了向用户提供最经济有效的传输服务，传输层上还提供了多路复用和分流的功能，即将发往相同目的节点的传输连接复用到同一条网络连接上，或者一条传输连接建立多条网络连接，并行传送数据。传输层中信息的传送单位是报文，当报文较长时先把它分成若干个分组，然后再交给下一层进行传输。

（5）会话层。会话层负责在两个进程之间建立、组织和同步会话，解决进程之间会话的具体问题，如会话管理、活动管理等。会话层作为一个独立的 OSI 层次，一次会话也包括建立连接、数据交换、释放连接 3 个阶段。一个文件传送组织成为一个活动，一次会话包括若干次活动。对于长时间的数据传输，会话层允许在数据流中插入若干个同步点，一旦数据传输因故中断，可从最近的一个同步点继续进行。会话层就是置于传输层之上，提供这些增值服务的。

（6）表示层。表示层负责定义信息的表示方法，并向上层提供一系列的信息转换，使两个系统使用共同的语言进行通信，即表示层要确保在应用程序之间交换的数据格式统一。表示层的主要服务有：信息压缩和解压、数据转换、数据加密和解密等。

（7）应用层。应用层是 OSI 参考模型的最高层，直接为用户（用户进程）访问 OSI 环境提供各种服务。应用层可以包含各种应用程序，其中有些应用由于使用比较普遍，人们逐渐对其进行了标准化，形成了应用层上的各种应用协议。应用层包括了各种公共应用程序，如电子邮件、文件传输、远程登录等，并提供网络管理功能。

从上面的讨论可以看出，OSI 参考模型规定的是两个开放系统进行互连所要遵循的标准。其中高 4 层定义了端到端对等实体之间的通信，低 3 层涉及到通过通信子网进行数据传送的规程。OSI 参考模型规定了各层次的划分及每层次的功能，不依赖于任何具体的协议，非常具有普遍性，适合于描述各类网络。

3.1.3 TCP/IP 的层次结构

TCP/IP 参考模型是基于网间互联的构造模型，它是计算机网络的祖父 ARPAnet 所开创的参考模型。ARPAnet 是由美国国防部赞助的军方研究网络，它逐渐地通过租用的电话线连接了数百所大学和政府部门。当无线网络和卫星出现以后，现有的协议在和它们相连的时候出现了问题，所以需要一种新的参考体系结构。这个体系结构在它的两个主要协议出现以后，被称为 TCP/IP 参考模型，模型的结构如图 3–4 所示。由于 Internet 的影响以及其自身的开放性和灵活性，TCP/IP 网络体系结构作为计算机网络层次结构的事实标准，已被广泛接纳和采用，并得到了全球计算机网络厂商的支持。

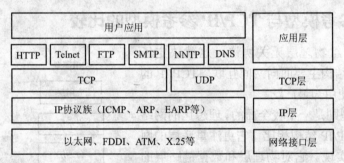

图 3–4　TCP/IP 参考模型及各层协议

TCP/IP 参考模型共有 4 层，自底向上分别是：网络接口层（IP 子网层）、IP 层、TCP 层和应用层。下面分别介绍各层的功能。

（1）网络接口层，又名 IP 子网层。它主要定义各种物理网络互连的网络接口。由于 IP 协议是一组物理层无关协议，因此，TCP/IP 参考模型没有真正描述这一部分，只是指出主机必须使用某种协议与网络互连。这一层相当于 OSI 参考模型中的数据链路层和部分物理层接口。

（2）IP 层。IP（网间互联协议）层是整个体系结构的关键部分。IP 层负责向上层（TCP 层）提供无连接的、不可靠的、"尽力而为"的数据报传送服务。IP 层的功能是使主机可以把数据包发往任何网络并使数据包独立地传向目标（可能经由不同的网络）。这些数据包到达的顺序和发送的顺序可能不同，因此如果需要按顺序发送和接收时，高层必须对数据包进行排序。

IP 层主要协议包括用来控制网络报文传输的 ICMP（网间控制报文协议）和用来转换 IP 地址和 MAC 地址的 ARP/RARP 协议。IP 层的主要功能就是把 IP 数据包发送到应该去的地方。路由和避免阻塞是该层主要的设计问题。IP 层和 OSI 参考模型中的网络层在功能上非常相似。

（3）TCP 层。TCP（传输控制协议）层位于 IP 层之上。它的功能是使源端和目标主机上的对等实体可以进行会话。TCP 层负责提供面向连接的端到端无差错报文传输。由于它下面使用的 IP 层服务的不可靠性，所以要求 TCP 能够进行纠错与连接的管理。在这一层定义了两个端到端的协议。

一个是传输控制协议（Transmission Control Protocol，TCP），它是一个面向连接的协议，允许从一台机器发出的字节流无差错地发往另一台机器。它将输入的字节流分成报文段并传输给 IP 层。TCP 还要处理流量控制，以避免快速发送方向低速接收方发送过多的报文而使接收方无法处理。

另一个协议是用户数据报协议（User Datagram Protocol，UDP），它是一个不可靠的无连接的协议，用于不需要 TCP 排序和流量控制能力而由自己完成这些功能的应用程序。

这一层相当于 OSI 参考模型中的传输层，还具有会话层的部分功能。

（4）应用层。在 TCP/IP 模型的最上层是应用层（Application Layer），它包含所有的高层协议。高层协议有虚拟终端协议（Telnet）、文件传输协议（FTP）、电子邮件传输协议（SMTP）、域名系统服务（DNS）、网络新闻传输协议（NNTP）和 HTTP 协议。

3.1.4　OSI 参考模型与 TCP/IP 参考模型的比较

IP 协议是一组物理层无关协议，这就决定了 TCP/IP 网络体系结构主要面向网间互联。TCP/IP 的效率并不高，但使用却最广泛。

OSI 参考模型则是一个较全面的、理想化的网络体系结构，与 TCP/IP 结构相比，它更注重底层的网络结构和通信的实现。它对物理层和数据链路层的描述尤为重要。

TCP/IP 模型比 OSI 模型大约早 10 年。它产生的时候，还是那些带有一大群哑终端的大型 UNIX 主机互连的时代，其概念与当前以独立 PC 和网络资源服务器为目的、以 C/S 为应用模式的 LAN 有很大不同。如 TCP/IP 协议中 Host（主机）的概念就带有这种痕迹。OSI 和 TCP/IP 层次模型的比较，如图 3-5 所示。

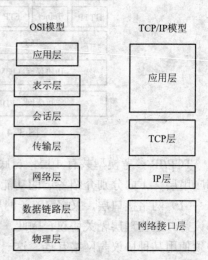

图 3-5　OSI 和 TCP/IP 参考模型的比较

3.2　计算机网络协议

3.2.1　协议的概念

计算机网络由计算机硬件系统和软件系统组成，其目标是实现网络系统的资源共享，因此，网络间必然要进行大量的数据传输和交换。但由于不同厂家使用不同标准的硬件设备，以及不同的系统使用不同的操作系统，使得不同的系统差异很大，要使不同的系统能够进行相互通信，通信双方就必须遵守共同一致的规则和约定，否则，通信双方很难进行交流并相互理解，通信也将失去意义。通常把网络系统中进行数据交换而建立的规则、标准或约定称为网络协议。网络协议主要有 3 个组成部分。

（1）语义：主要解决讲什么的问题。是对协议元素的含义进行解释，不同类型的协议元素所规定的语义是不相同的。例如需要发出何种控制信息、完成何种动作及得到的响应等。

（2）语法：主要解决如何讲的问题。将若干个协议元素和数据组合在一起用来表达一个完整的内容所应遵循的格式，也就是对信息的数据结构作一种规定。例如用户数据与控制信息的结构与格式等。

（3）时序：主要解决讲话的次序问题。即定义何时进行通信，先讲什么，后讲什么，讲话的速度等。例如在双方进行通信时，发送点发出一个数据报文，如果目标点正确收到，则回答源点接收正确；若接收到错误的信息，则要求源点重发一次。

由此可以看出，协议实质上是网络通信时所使用的一种语言。

3.2.2　协议的应用

网络协议是计算机之间通信的各种规定，只有双方按照同样的协议通信，把本地机的信息发出，对方才能接收。因此，每个计算机上都必须安装执行协议的软件。协议对网络是十分重要的，它是网络赖以工作的保证。如果通信双方无任何协议，就根本谈不上双方信息的传输和正确执行。针对网络中不同类型的问题可以制定出不同的协议。

1. Internet 网络协议

Internet 网络协议负责网络中的信息传输，主要包括以下几个协议。

（1）传输控制协议（Transmission Control Protocol，TCP），提供用户之间的可靠数据包投递服务。

（2）网际协议（Internet Protocol，IP），提供接点间的分组投递服务。

（3）TCP/IP 协议，传输控制协议和国际协议简称作 TCP/IP 协议，它规范了网络上的所有的通信设备，尤其是一个计算机与另一个计算机之间的数据传递格式以及传送方式。TCP/IP 是 Internet 的基础协议，也是一种数据打包和寻址的标准方法。

（4）网际报文控制协议（Internet Control Message Protocol，ICMP），传输差错控制信息以及计算机/路由器之间的控制电文。

（5）用户数据报协议（User Data gram Protocol，UDP），提供用户之间的不可靠无连接的数据报传递服务。

2. Internet 应用协议

（1）远程终端访问协议（Telnet）：允许一台机器上的用户登录到远程机器上并且进行工作。

（2）文件传输协议（File Transfer Protocol，FTP）：提供有效地将数据从一台机器上移动到另一台机器上的方法。

（3）超文本传送协议（HTTP）：可传输多媒体信息的协议。

（4）电子邮件协议（Simple Message Transfer Protocol，SMTP）：最初仅是一种文件传输，

但是后来为它提供了专门的协议。

（5）域名系统服务（Domain Name Service，DNS）：用于把主机名映射到网络地址。

（6）超文本传输协议（Hyper Text Transfer Protocol，HTTP）：用于在万维网（WWW）上获取主页、传输多媒体信息等。

3. 其他协议

（1）面向数据报的协议（Internet Packet Exchange，IPX）：是局域网 NetWare 的文件重定向模块的基础协议。

（2）连接协议（Sequenced Packet Exchange，SPX）：是一个会话层的面向连接的协议。

3.2.3　Windows 系统的三个基本协议

Windows 操作系统支持多种协议，其中包含对以下 3 种基本协议的支持。

1. IPX/SPX 兼容协议

IPX/SPX 兼容协议是针对 Novell NetWare 网络所使用的 IPX/SPX 协议而提供的兼容协议，该协议支持多种 Novell Netware 网络用户，并提供 NetWare 文件与打印机共享，也能够用来连接到装配 IPX/SPX 兼容协议的计算机上。

IPX 和 SPX 是两个协议，两者在一起取长补短。其中，IPX 协议提供用户网络层数据接口，使得应用程序在互联网上发送和接收数据包。SPX 及其所包含的网络驱动程序在物理层上使数据包传递具有最大可能性，但不能保证传递一定能实现。

2. TCP/IP 协议

TCP/IP 协议是被广泛地连接 Internet 的协议，并且作为众多公司网络的工业标准。在 Windows 操作系统中，TCP/IP 是在同一名称下组合起来的协议集。传输控制协议和网际协议只是其中的两个成员。TCP 协议提供所有的 TCP/IP 协议的数据包发送功能。

3. NetBEUI 协议

NetBEUI 协议是一种小而快的网络协议，对于具有 20～200 个用户的小型非路由网络比较实用。NetBEUI 支持基于连接与非连接的信息流，它协同建立到其他网络资源的连接，并提供与 Windows for Workgroups，Windows NT server，LAN Manager 以及其他网络的兼容性，在 Windows 对等网中使用 NetBEUI 协议。

本 章 小 结

本章通过对网络体系结构与协议的学习，使学生了解网络开放系统互联参考模型（OSI/RM）和 TCP/IP 网络模型的关系。对开放系统互联参考模型的 7 层协议有初步的了解，在此基础上加深对 TCP/IP 网络模型的 4 层协议的认识。对网络协议的设置和作用有一定的了解和应用技能，熟悉网络协议的概念、含义和功能。并且通过重点掌握局域网中 Windows 的网络设置和对等网的网络设置问题进一步加深对网络体系结构与协议的了解和认识。

习　题

1. OSI 网络参考模型与 TCP/IP 网络结构的产生有什么不同？
2. TCP/IP 网络结构的核心是什么？
3. 局域网和对等网在网络设置中有什么相同和不同？
4. 网络协议的作用和功能是什么？常用的协议类型有哪些？
5. Windows 98 对等网除使用 TCP/IP 协议外，还使用哪些协议？
6. 为什么要给计算机设置工作组？两台计算机不同工作组能否共享资源？

第4章 网络设备

在网络这个非常复杂的系统里，包括硬件与软件两大系统，要更好地实现网络中的各种各样的功能，仅仅靠硬件或者软件都是不可能完成的，两者缺一不可。本章主要介绍网络中的一些硬件设备，如服务器、工作站、交换机、路由器、网卡等网络设备以及用来连接各种网络设备的通信介质。

4.1 网络服务器

4.1.1 服务器在网络系统中的作用

作为硬件来说，服务器通常指那些具有较高计算能力，能够提供给多个用户使用的计算机。它的主要任务是运行网络操作系统和其他应用软件，为网络提供通信控制、管理和共享资源等。

服务器在网络系统中往往处于中心地位，主要功能是为网络上的其他计算机或设备提供信息服务。因此，服务器的性能会直接影响到网络的性能。服务器的基本任务是处理各个网络工作站提出的网络请求，如文件服务、打印服务、WWW 服务、电子邮件服务和 FTP 服务等。在客户机/服务器模型中，服务器主要负责数据的加工处理，工作站为客户从网络服务器获取请求服务；在对等网络模型中，网络中的任何一台计算机既可以作为服务器，同时也可以作为客户机使用，网络中任何两台机器间都可以相互通信并实现资源共享。

4.1.2 服务器的分类与特点

服务器按不同的功能有以下几种分类方法（服务器如图 4-1 所示）。

1. 按用途分类

（1）文件服务器，是计算机网络提供的主要服务器之一。其主要功能是为用户在网络上实现文件存储。服务器上有一个中心文件存储区域，可以方便地实现重要文件的备份和系统容错，如 Novell 网络的多级容错，Microsoft 公司的磁盘冗余、磁盘阵列系统等。用户可以通过客户机将文件存储到文件服务器的硬盘上，以后若有需要，就可以通过网络系统来访问服务器，从客户端实现文件的访问。在使用文件服务器时，工作站往往将服务器硬盘上的某一目录映射成工作站系统的一个虚拟盘符。

（2）打印服务器，用于对网络打印资源的管理与访问，使多个网络客户机能使用同一台打印机。减少了部门内打印机的数量，通过打印队列作业管理减少了计算机传送打印作业的时间，有效地实现了打印机资源的共享。

（3）应用服务器，因其用途不同可分为 Web 服务器、电子邮件服务器、FTP 服务器等。其中常用的 Web 服务器的典型功能有两个。第一，仅储存用于响应客户机 HTTP 请求的静态

HTML 文件；第二，用 CGI 程序或 ASP 脚本程序、Java 等服务端应用和 ISAPI 库，动态地生成 HTML 代码，或作为数据库中间服务器。前者的瓶颈在于缓存，如果可以预计用户的访问量很大，增大内存即可；后者则要求有较高的 CPU 处理能力，如果条件允许，可采用 SMP 多处理器结构的服务器。另外，Web 应用集中在数据查询和网络交流中，需要频繁读/写硬盘，这时硬盘的性能也将直接影响服务器的整体性能。

图 4-1　PC 服务器与机架式服务器

2. 按用户规模数量分类

根据服务的用户数量可以将服务器分为工作组级服务器、部门级服务器和企业级服务器。

（1）工作组级服务器。一般支持 1～2 个 CPU，配置了小型服务器所必备的各种特性，如采用 SCSI 总线的 I/O 系统，可选装 RAID、热插拔硬盘和热插拔电源等。可支持高达 1 024 MB 以上容量的 ECC 内存和增强服务器管理功能的 SM 总线。其功能全面、可管理性强、易于维护、可用性强，比较适合中小企业、中小学及大企业的分支机构。可满足 30～50 个网络用户的数据处理、文件共享、Internet 接入以及简单的数据库应用的需求。

（2）部门级服务器。一般支持 2～4 个 CPU（SMP 对称多处理器结构、P4 Xeon 处理器），具有较高的可靠性、可用性、可扩展性和可管理性。主板集成双通道 Ultra 160 SCSI 控制器，数据传输率最高可达 160 Mbps，可连接几乎所有类型的 SCSI 设备。通常，标准配置有热插拔硬盘、热插拔电源和 RAID。它具有大容量硬盘或磁盘阵列以及数据冗余保护，数据处理能力较强、易于维护管理，是面向大中型局域网的产品。部门级服务器不但可作为大中型局域网的应用服务器，也可作为中小型局域网的核心服务器，最适合做各种中小型数据库、Internet 和 Web 服务器等网络应用。部门级服务器还具有较强的扩充能力，适合于对可靠性要求较高的应用环境，结合 RAID 磁盘阵列还可以进一步提高数据的安全性。

（3）企业级服务器。通常支持 4～8 个 CPU（Intel Xeon 处理器）、集成双通道 Ultra 160（Ultra 320）SCSI 控制器，数据传输率最高达 160 Mbps（320 Mbps 可选），可连接所有类型的 SCSI 设备，使系统性能、系统连续运行时间均得到最大提升。其拥有独立的双 PCI 通道和内存扩展板设计，具有高内存带宽，大容量热插拔硬盘和热插拔电源，可支持高达 8 G 的 ECC 内存，具有超强的数据处理能力，同时系统的监控管理也得到很大简化。且具有良好的系统伸缩性，极大地保护了用户投资，适合运行在需要处理大量数据、高处理速度，以及对可靠性要求极高的金融、证券、交通、邮电和通信等行业中。

4.1.3　服务器的选择

网络服务器的选择可从以下几方面进行。

1. 服务器的技术指标

服务器的主要技术指标有：CPU 速度、内存大小、硬盘容量、接口类型和硬盘的结构形式（单个盘、镜像盘）以及 I/O 速度等。所有的服务器既要满足所安装的网络操作系统对硬件的要求又要满足网络规模的需要。

2. 选择服务器的注意事项

（1）应从用途出发。将服务器用作不同用途时对服务器的要求也不同，如文件服务器对CPU 的利用率不高，而且一般办公室网络对数据安全性的要求较低，即使硬盘发生故障，也可用前一次的备份盘予以恢复，因此买一台小型服务器即可。

（2）在客户机/服务器模式下，服务器的 CPU 利用率较高。如果网络中有几十个客户机，或者要求执行多媒体应用，这时应选择中档的双处理器服务器。

（3）关键部门要求具有很高的安全性，不允许丢失实时数据或要求能 24 小时连续工作时，服务器应具备磁盘阵列、热备份和热插拔功能，因此通常应选择中高档服务器。

4.2　网络工作站

工作站也称为客户机（Client），是接入网络并接受网络服务器管理和控制的供客户访问网络资源的计算机。

工作站能够运行独立的操作系统，是用户使用网络资源的接口设备，同时也是用户使用网络资源的真正平台。用户通过工作站进入网络，并通过工作站与服务器及其他工作站进行通信，以达到与其他用户共享网络资源的目的。

工作站分为有盘工作站和无盘工作站，所谓有盘工作站是指本身带有硬盘的工作站，脱离网络环境时可作为一般计算机使用，开机时可选择是否入网，也可在计算机运行状态下选择重新入网。无盘工作站是指本身不带有硬盘的工作站，其引导程序存放在网络适配器（网卡）的 EPROM 中，机器加电后自动执行，引导计算机与网络自动连接。无盘工作站造价低，但近年来随着计算机硬件成本的降低，网络系统中无盘工作站已很少采用。

4.3　传　输　介　质

4.3.1　双绞线

双绞线是由全程相互缠绕的一对或多对铜芯构成。如果铜芯电线靠近并同时传导电子信号时，不同电线可能相互干扰。为了减少电线之间的互相干扰，须将电线缠绕到一起。电线缠绕到一起后，从一根电线辐射出来的信号会与从另一根电线发出的信号抵消，从而保护它们不受外界的干扰。

双绞线使用的缠绕电线对是两根颜色不同的、相互缠绕的铜线。一根双绞线电缆由一个或多个缠绕在一起的双绞线对组成，所有电线均封闭在一个普通的塑料套子里面。双绞线电缆有两种类型：屏蔽双绞线（STP）和非屏蔽双绞线（UTP），目前，在网络中 UTP 的使用非常广泛。

1. 非屏蔽双绞线

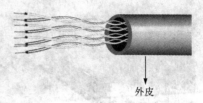

非屏蔽双绞线（Unshielded Twisted-pair，UTP）是由多个缠绕在一起的铜线对组成，而每根铜线又都封闭在一个简陋的塑料套子里，如图 4-2 所示。

"电子工业协会"（EIA）根据质量等级将非屏蔽双绞线分为几个不同的类别。每个类别的等级评定标准是导体的尺寸、电子特性以及每英尺的扭数。由此定义的 UTP 类别有以下几种。

图 4-2 非屏蔽双绞线（UTP）电缆

（1）一类和二类最初是针对语言通信定义的，只能运行较低的数据传送速率，小于 4 Mbps。不能将这种类别的非屏蔽双绞线用于高速数据通信。较早的电话网络使用的便是一类电缆。

（2）三类适用于大多数往来。采用某些创新设计后，可获得更高的数据传输速率。但是，普通的三类非屏蔽双绞线最高数据传输速率只能达到 16 Mbps。这一类的电缆是目前大多数电话公司进行线路安装的首要选择。

（3）四类提供的数据传输速率可达 20 Mbps。

（4）五类在三类的基础上有所增强，比如支持 Fast Ethernet（快速以太网）、更强的绝缘能力以及每英尺更多的扭数等。但是，五类电缆要求使用兼容设备以及更严格的安装程序。安装五类非屏蔽双绞线的时候，所有媒体、连接器以及连接设备都必须支持五类规范，否则性能会大打折扣。

由于 UTP 电缆最早是在电话系统中使用的，因此 UTP 的安装通常也类似于电话线的安装。故 UTP 电缆使用的连接器的外形与室内电话线常用的连接器很相似，这些连接器称作 RJ 连接器。对于不同的电缆类型，连接器的规格也不同。而对于四对电线的双绞线来说需要使用 RJ-45 连接器（俗称水晶头），连接器的一端可以连接在计算机的网络接口卡上，另一端可以连接集线器、交换机、路由器等网络设备。

2. 屏蔽双绞线

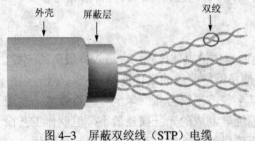

图 4-3 屏蔽双绞线（STP）电缆

屏蔽双绞线（Shielded Twisted-pair，STP）和非屏蔽双绞线的唯一区别在于 STP 电缆在电线与外部的塑料外套之间有一个屏蔽层。这个屏蔽层通常由铝金属和聚酯纤维做成，形成了一个防止电磁辐射进入或逸出的屏障。如图 4-3 所示。

4.3.2 同轴电缆

20 世纪 80 年代，DEC、Intel 和 Xerox 公司合作推出了以太网。最初设计以太网时，终端设备共享通信带宽，通过物理介质连接形成总线性拓扑网络。同轴电缆（Coaxial Cable）就是在当时普遍采用的传输介质，如图 4-4 所示。它共由 4 层组成：一根中央铜导线，包围铜线的绝缘层，一个网状金属屏蔽层以及一个塑料保护外皮。它的内部共有两层导体排列在同一轴上，所以称为"同轴"。相对于双绞线，同轴电缆的传输性能要优秀得多，但由于其成本高、安装难度大，所以逐渐被双绞线所取代。

同轴电缆具有不同的尺寸（RG）和电阻（通常以单位"Ω"表示）。下面列出了网络工

图4-4　细同轴电缆

程中使用的部分同轴电缆的类型。

（1）50 Ω，RG—8 和 RG—11，用于10BASE5（粗缆以太网）；

（2）50 Ω，RG—58，用于 10BASE2（细缆以太网）；

（3）75 Ω，RG—59，用于有线电视。

计算机与细缆连接要采用 BNC 连接器，也称 T 型接头。BNC 连接器直接连接在计算机的网卡上，它有 3 个接口，"T" 型底部连接到网卡上，另外两边连接细缆，以便允许

信号进入网卡，如图 4-5 所示。

在办公室环境下安装电缆时，要考虑到电缆的耐火标准。根据网络布线的地点和位置，决定适当的电缆等级。同轴电缆可分为两个级别：PVC（聚氯乙烯）和 Plenum。大多数同轴电缆都采用 PVC 材料做成内部和外部的绝缘层。Plenum 指的是建筑物中的人造天花板和地面之间的空间。

如果在办公室内的外露地方（如办公桌后、墙边等）铺设电缆，则可以使用 PVC 电缆。但由于 PVC 燃烧时会释放有毒气体，因

图4-5　BNC 连接器

此不宜在天花板、墙壁或地板下铺设 PVC 电缆。而 Plenum 电缆比较适合这种情况，它的绝缘层由耐火材料制成，燃烧时产生的烟量小，但不如 PVC 电缆易弯，而且价格相对较贵。

4.3.3　光纤

光纤传输的是光信号，而不是电信号。和其他网络传输媒体比较，它是效率最高的一种。如果条件许可（当然是指线缆的费用预算），光纤便是网络配线的最佳选择。

光纤是一根很细的可传导光线的纤维媒体，其半径范围仅为几微米至一二百微米。制造光纤的材料可以是超纯硅、合成玻璃或塑料。用超纯硅制成的光纤损耗最小，但制作工艺很难；合成玻璃制成的光纤虽然损耗相对较大，但更为经济，性能也不错；塑料光纤更便宜，可用于短距离、可接受较大损耗的场合。每根光纤都有自己的包层，一根或多根光纤再由外皮包裹构成光缆。如图 4-6 所示。

光纤既可以采用多模式，也可以采用单模式。单模式光纤只用一条单独光纤通路，典型情况是使用由固体激光器发出的激光进行信号传输。和多模式光纤比较，单模式光纤带宽更大，单段线缆的长度也可以长得多，但是它的成本更高，价钱更贵。在多模式光纤里，则可以使用多条光纤通路。多模式光纤的物理特点使不同部分的信号（来自不同通路的信号）可以同时到达。如果想省钱，不妨考虑多模式光纤，因为它能使用 LED（发光二极管），和激光比较起来，LED 是一种更经济的光源。表 4-1 列出了发光二极管和固体激光器的特性。

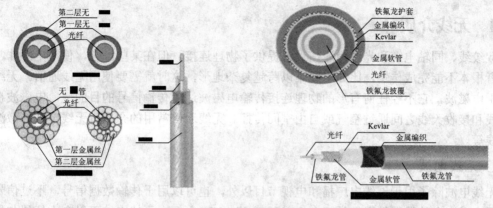

图 4-6　光纤示意图

表 4-1　发光二极管和固体激光器的特性

项目	发光二极管	固体激光器
数据速率	低	高
模式	多模	多模或单模
距离	短	长
生命期	长	短
温度敏感性	较小	较敏感
造价	低	高

在一个典型的 LAN 环境中，光纤的布线从一台带有光纤网卡的计算机或网络设备开始。这块网卡有一个输入接口及一个输出接口。利用特殊的光纤连接器（如图 4-7 所示）可以使接口与光纤直接连接。光纤的相反一端则连入一个连接设备或接合中心。如果要连接不带有与光纤兼容的设备的计算机，那么必须把计算机挂接到一台称为光纤驱动器的连接设备上。

图 4-7　光纤面板与光纤终端盒连接器

光纤接口设备能将电子信号转换成光信号，以便通过光纤进行传输。相反，光脉冲通过光纤到达目的地后，光纤接口设备能将它们还原成电子信号。对于单模式光纤来说，光脉冲是由"注入型激光二极管"（ILD）生成的，且它能生成品质更高的光信号。对于多模式光纤来说，则将发光二极管（LCD）当作光脉冲的发生器。

4.3.4　无线介质

双绞线、同轴电缆和光缆为通信设备提供了物理连接。但在某些场合，使用电缆非常困难或者根本不能完成传输，比如电缆难以跨越复杂地形，这时就需要使用无线通信。无线通信基于电磁波，它不经任何有形的物理连接传输电磁波达到传输信号的目的地，电磁波在发送天线和接收天线之间通过空气或自由空间传播。无线通信常用的介质有无线电波、微波和红外线等。

1. 无线电波

无线电波除了用于无线电广播和电视节目以外，也可以用于传输数据信号，不过信号频率要远高于电台的发射频率，频率在 10 kHz～30 MHz 之间。无线电波可以在大气层与地平线之间回弹，因此可沿着地球表面传播。传输信号时，每台计算机都有一个天线，经过它发送和接收信号。

无线电波的波长较短，而且强度较低。只适用于短距离的传输。传输数据速度一般在 2～6 Mbps 之间。与其他无线通信相比，无线电通信比较便宜而且易于安装。但是无线电通信也有其显而易见的缺陷，如下所述。

（1）不能满足高速网络通信的要求；

（2）使用的频率难以控制。如果有其他信号使用的频率与无线电通信的频率在相似范围之内，就会受到信号干扰；

（3）容易受自然环境的影响，如山峰会减弱或干扰信号的传输。

2. 微波

超出无线电和电视所用的频率范围的微波也可以用于传输信息，微波必须按直线穿行，即它们不能像特殊的无线电波那样反弹，故更容易受到大气条件或坚固物体的干扰，因此，采用微波传输的站必须安装在视线内，通常称这种方式为地面微波，其传输的频率为 4～6 GHz 和 21～23 GHz。微波系统还可以采用另一种方式：卫星微波。卫星在发送站与接收站之间反射信号。这类传输的频率范围为 11～14 GHz。由于运行在赤道上方 36 000 km 的高空，卫星导致相当长的端到端延迟，对于数据传输而言，延迟高达 250～300 ms。

通常，卫星通信用于跨国或在两个洲之间连接网络。相比低廉的无线电，微波安装和维护的成本很高。传输速度比无线电要快，两种类型的微波介质传输速度都可达 1～10 Mbps。但是，微波不能穿透金属结构，容易受到周围环境的影响，因此，绝大多数微波装置都设有高于周围建筑物和植被的高塔，并且其发送器都直接朝向对方高塔上的接收器。

3. 红外线

日常生活中，常见的家电设备如电视所使用的遥控器就是利用红外线进行通信的。红外光也可以用作网络通信的介质，相比其他无线通信技术而言，红外线设备成本通常更低，且不需要天线，然而，红外线技术也存在一些不足之处，红外线系统的特性是传输距离小于 2 km，限制在视线范围之内，一般局限于一个很小的区域（例如，在一个房间内）；另外，通常要求发送器直接指向接收器；且红外线不能穿墙。在使用电视遥控器换频道时就会发现这一点，即总是需要遥控器对准电视才能有效地控制电视，但是，走到隔壁房间，隔着墙壁再对电视进行控制，就不可能了。红外线的数据传输速率同样不高，在面向一个方向通信时，数据传输速率为 16 Mbps。如果选择数据向各个方向传输时，速度将不超过 1 Mbps。

4.4　网　　卡

4.4.1　概述

网卡（Network Adapter），又称网络适配器或网络接口卡。计算机通过网卡就可以相互连接、相互通信。网卡的主要功能是处理以计算机上发到网线上的数据，按照特定的网络协议将数据分解成适当大小的数据包，然后发送到网络上去。每块网卡都有一个唯一的网络节点地址，保存在网卡的 ROM 中。

目前市面上见到的低端网卡都是以太网网卡。按照工作方式可分为全双工网卡和半双工网卡，而全双工网卡的通信速度是半双工网卡的两倍。按照传输速度，网卡可分为 10 Mbps 网卡、10/100 Mbps 自适应网卡以及 1 000 Mbps 网卡。图 4-8 所示为一款 10/100 Mbps 自适应网卡。常用的是 10 Mbps 网卡和 10/100 Mbps 自适应网卡两种，10 Mbps 网卡价格一般在 50 元以下，10/100 Mbps 自适应网卡的价格一般在 100 元以下。虽然价格上相差不大，但 10/100 Mbps 自适应网卡在各方面都要优于 10 Mbps 网卡。1 000 Mbps 网卡主要用于高速服务器，生活中很少用到，在此不作过多介绍。

图 4-8　网卡

按照主板上的总线类型可将网卡可分为 ISA、PCI 等。ISA 网卡又可分为 8 位网卡和 16 位网卡两种。由于 ISA 网卡的传输速度最大只能达到 11 Mbps，所以已被淘汰。目前市场上 PCI 接口的网卡占了主流。PCI 网卡的理论带宽为 32 位数据线宽，传输速度最大可以达到 133 Mbps。PCI 网卡分为 10 Mbps PCI 网卡和 10/100 Mbps PCI 自适应网卡两种类型。10 Mbps PCI 网卡价格较便宜，在低端应用中被广泛采用。而 10/100 Mbps PCI 自适应网卡采用了"自动协商"管理机制，可以根据相连网卡的速率自动设定网卡速度（Speed Auto Detect），因而可升级性较强，是当今的主流产品，其价格也不贵，但功能上要比 10 Mbps PCI 网卡先进许多。10/100 Mbps PCI 自适应网卡可根据需要自动识别连接网络设备的传输速率，自动工作于 10 Mbps 或 100 Mbps 的网络带宽下，并且 PCI 总线网卡比 ISA 网卡的系统资源占用率低得多。

按其网线的接头插口类型可将网卡分为 RJ—45 水晶头接口、BNC 细缆接口、AUI（收发器）接口以及集成了这几种接口类型的 2 合 1、3 合 1 网卡。

RJ—45 接口是采用 10Base—T 双绞线的网络接口。它连接的一端是计算机网卡的 RJ—45 接口，另一端是集线器 Hub 上的 RJ—45 插口。BNC 接口则是采用 10Base2 同轴电缆的接口，它同带有螺旋凹槽的同轴电缆上的金属接头相连，如 T 型头等。AUI 接头很少用，在此不作过多介绍。

网卡的卡号（ID）在网络中具有非常重要的作用，由它负责与用户名的直接连接，进行网上用户识别。网卡的卡号是由全球唯一的一个组织来分配的，未经认证或授权的厂家无权生产网卡。每块网卡都有一个固定的卡号，并且任何一块网卡的卡号都不相同。

4.4.2　网卡的参数设置

网络中每台计算机都必须安装网卡，网卡插在计算机内部的 I/O 槽上。联网时，第一个决定可能就是购买哪种类型的网卡，是令牌环网卡还是以太网卡。现在市场上有多种不同厂商制造的网卡，它们都完成相同的基本操作：管理计算机与网络间信息的流动，都需要正确地进行配置，这些配置能保证网卡不与计算机内的其他适配卡冲突。在安装网卡时，要注意三个重要的参数：中断请求号（IRQ）、直接存储器访问通道（DMA）以及基本的 I/O 口地址。

1. 配置 IRQ

在网卡上有许多存储器芯片，当网卡传来的分组到达本计算机后，它们在传到计算机主存储器内处理之前需要先暂时存放起来。网卡上的存储器就起到了这种"暂存室"的作用。

而完成这种传递功能的 CPU 不知网卡存储器中何时有分组，则需要网卡在有分组到来的时候向 CPU 发出申请，这种申请称之为中断请求（IRQ）。每台计算机有 16 个不同的 IRQ，但不允许两个设备共享一个 IRQ 端口，且每个设备的 IRQ 必须是专用的，因此 IRQ 是计算机硬件资源中最宝贵的资源。设置 IRQ 时，必须知道计算机已使用了哪些 IRQ。

IRQ 有时也称为中断等级，这是因为它代表了中断的优先级。IRQ 的编号越低，优先级越高。因此，如果两个事件同时分别触发了 IRQ3 和 IRQ5，CPU 会先服务连接到 IRQ3 的设备。

由于 PC 中断控制器的连接方法中，从 8 到 15 号的 IRQ 优先级要高于从 3 到 7 号的 IRQ 的优先级。因此，IRQ 的优先级从高到低依次是：0、1、2、8、9、10、11、12、13、14、15、3、4、5、6、7。

可以利用上面的知识将高速设备连接第 8 到 15 号的 IRQ 上，将低速设备连接到第 3 到 7 号的 IRQ 上。如果可能，最好将网卡和磁盘控制器（或 SCSI 适配器）连接到具有较高优先级的第 8 到 15 号的 IRQ 上，而将低速设备，如调制解调器和打印机，连接到优先级低的 IRQ 上。

2. 配置 I/O 地址

网卡除了需要一个 IRQ 端口之外，还需要一个或多个 I/O 地址。I/O 地址比 IRQ 端口要多得多，但是还是应该保证分配的 I/O 地址不会与现有设备的资源冲突。

表 4–2 为 COM 与 PRINTER 端口、IRQ 与 I/O 口地址常见的设置，表 4–3 为一般网卡所提供的 I/O 端口地址。虽然每一组地址都包含多个地址，但是一般都以第一组地址代表该组

地址。例如，如果将 I/O 地址设为 378H，则表示其会使用 378H～37AH 这组地址。

表 4-2　COM PORT 与 PRINTER PORT 的一般设置

PORT	I/O	IRQ LEVEL
COM1	3F8H～3FFH	IRQ4
COM2	2F8H～2FFH	IRQ3
COM3	3E8H～3EFH	自行选择未用到的 IRQ
COM4	2E8H～2EFH	自行选择未用到的 IRQ
LPT1	378H～37AH	IRQ7
LPT2	278H～27AH	IRQ5

表 4-3　一般网卡常使用的 I/O 地址

一般网卡常使用的 I/O 地址	一般网卡常使用的 I/O 地址
200H～21FH	300H～31FH
220H～23FH	320H～33FH
240H～25FH	340H～35FH
260H～27FH	360H～37FH
280H～29FH	380H～39FH
2A0H～2BFH	3A0H～3BFH
2C0H～2DFH	3C0H～3DFH
2E0H～2FFH	3E0H～3FFH

3. 配置 DMA 通道分配

当一个分组从网络到达计算机后，它就被存放在网卡的存储器中，这时，网卡向 CPU 发出传输信息的请求。功能强大的 DMA 芯片就会来回地进行数据传输工作而不影响 CPU 的计算和信息处理工作。当 DMA 完成信息传输工作后，会通知 CPU 任务已完成，由于有了 DMA 芯片，CPU 避开了直接从系统 RAM 中读写数据，从而使计算机系统能够更有效、更快地处理信息。

在当前流行的主板上，一般有两块 DMA 芯片，每块管理 4 个 DMA 通道（这是信息传输的专用通道），因此主板上共有 8 条 DMA 通道，被定义为 DMA0 到 DMA7。DMA 通道也是计算机中较少的资源。同 IRQ 一样，每个设备必须使用唯一的 DMA 通道，这样才能避免拥塞和系统的冲突。

大多数计算机保留 DMA 通道 0 和通道 1 分别用于刷新 DRAM 和支持软盘驱动 DMA。一些计算机使用 DMA 通道 4 替代通道 0，余下的八个 DMA 通道可以用于内建和外加的设备。

4.4.3　网卡驱动程序

网卡驱动程序是 Windows 操作系统与网卡进行通信的软件接口，有了它，网卡才能在

Windows 操作系统中正常工作。

　　如果计算机配置的是即插即用型网卡，则在安装 Windows 时，安装程序会自动识别该网卡并进行配置，尽可能地减少了用户的干预。若是安装完 Windows 后才插入（即插即用型），Windows 在启动时也会自动检测出来，并提示插入 Windows 的安装盘，对其进行配置，以保证各设备之间不会发生配置冲突。如果所用的网卡不是即插即用型，则 Windows 98 的"添加新硬件向导"会指导用户一步步地进行设置，具体有以下几个步骤。

　　（1）在桌面上右击"网上邻居"图标，选择"属性"命令。弹出"网络"对话框（如图4–9 所示）。

　　（2）在弹出的"网络"对话框中，打开该窗口的"配置"选项卡，单击"添加"按钮，弹出"请选择网络组件"类型对话框。

　　（3）在"请选择网络组件类型"对话框中，选择"适配器"选项，并单击"添加"按钮。在弹出的"选择网络适配器"窗口的左半部分列表中选择网卡的生产厂商，然后在右边选择网卡的型号，单击"确定"按钮。如果找不到所使用的型号，则直接插入该网卡的生产厂商提供的驱动程序盘，并选择"从磁盘安装"选项，填入该磁盘的路径名即可。

　　（4）网卡的硬件设置窗口弹出，文件复制完毕后，单击"完成"按钮，Windows 98 会提示是否重新启动计算机，使设置生效，单击"是"即可（如图4–10 所示）。

　　至此，网卡的驱动程序安装完毕。

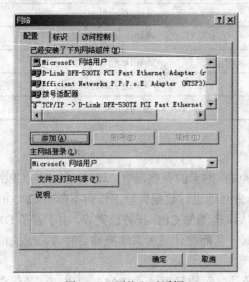

图4–9　"网络"对话框

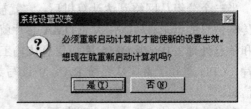

图4–10　系统提示是否重新启动计算机

4.5　集　线　器

4.5.1　集线器的工作原理

　　集线器（Hub）是计算机网络中连接多个计算机或其他设备的连接设备，是对网络进行集中管理的最小单元。英文 Hub 是中心的意思，像树的主干一样，它是各分支的汇集点。Hub

是一个共享设备，主要提供信号放大和中转的功能，它把一个端口接收的所有信号向所有端口分发出去。一些集线器在分发之前将弱信号加强后重新发出，一些集线器则排列信号的时序以提供所有端口间的同步数据通信。

集线器是中继器的一种，其区别仅在于集线器能够提供更多的端口服务，所以集线器又叫多口中继器。集线器主要是以优化网络布线结构、简化网络管理为目标而设计的。常见集线器的基本结构如图 4-11 所示，其外部结构比较简单。

图 4-11　集成器的基本结构

以集线器为节点中心的优点是：当网络系统中某条线路或某个节点出现故障时，不会影响网络中其他节点的正常工作，这就是集线器刚推出时与传统总线网络的最大的区别和优点，因为它提供了多通道通信，极大地提高了网络通信速度。

然而随着网络技术的发展，集线器的缺点也越来越突出，后来发展起来的一种技术更先进的数据交换设备——交换机逐渐取代了部分集线器的高端应用。集线器的主要不足体现在如下几个方面。

（1）用户带宽共享，带宽受限。集线器的每个端口并没有独立的带宽，而是所有端口共享总的背板带宽，用户端口带宽较窄，且随着集线器所接用户的增多，用户的平均带宽不断减少，不能满足当今许多对网络带宽有严格要求的网络应用，如多媒体、流媒体应用等环境。

（2）广播方式，易造成网络风暴。集线器是一个共享设备，它的主要功能只是信号的放大和中转，不具备自动寻址能力，即不具备交换作用，所有传到集线器的数据均被广播到与之相连的各个端口，容易形成网络风暴，造成网络堵塞。

（3）非双工传输，网络通信效率低。集线器在同一时刻的每一个端口只能进行一个方向的数据通信，而不能像交换机那样进行双向双工传输，网络执行效率低，不能满足较大型网络通信的需求。

正因为如此，尽管集线器技术也在不断改进，但实质上就是加入了一些交换机技术，目前集线器与交换机的区别越来越模糊了。随着交换机价格的不断下降，仅有的价格优势已不再明显，集线器的市场也越来越小，处于淘汰的边缘。尽管如此，集线器对于家庭或者小型企业来说，在经济上还是有一点诱惑力的。

4.5.2　集线器的应用

在局域网中，每个工作站都通过某种传输介质连接到网络上。一般情况下，每个文件服务器只有一个网络接口卡，不可能把每个工作站都直接连接到文件服务器上。为了解决这个问题，局域网会使用集线器，这是很常用的网络设备。

一般来说，当中继器作为星型拓扑结构网络的中心时，使用的网络设备一般都是一种比较特殊的中继器——集线器，集线器最重要的特性是：① 放大信号；② 通过网络传输信号；③ 无过滤功能；④ 无路径检测或交换功能；⑤ 被用作网络集中点。

集线器主要用于共享网络的组建，是解决从服务器直接到桌面最经济的方案。在交换式网络中，集线器直接与交换机相连，将交换机端口的数据传送到桌面。使用集线器组网灵活，它处于网络中的一个中心节点，对节点相连的工作站进行集中管理，使出问题的工作站不影响整个网络的正常运行，并且用户的加入和退出也很自由。

如果一个网络中的所有设备仅由一根电缆连接而成，或者网络的网段由集线器之类无过滤能力的设备连接而成，可能会不止一个用户同时向网络发送数据。如果多个节点试图同时发送数据，那么就会发生冲突。冲突发生时，从每个设备上发出的数据因相互碰撞而遭到破坏，数据包产生及发生冲突的网络区域叫做冲突域。解决网络上出现太多业务量及太多冲突的方法是使用交换机。

4.6 交 换 机

4.6.1 交换机的工作原理

在计算机网络系统中，交换机是针对共享工作模式的弱点而推出的。集线器是采用共享工作模式的代表，如果把集线器比作一个邮递员，那么这个邮递员是个不认识字的"傻瓜"——要他去送信，他不知道直接根据信件上的地址将信件送给收信人，只会拿着信分发给所有的人，然后让接收的人根据地址信息来判断是不是自己的！而交换机则是一个"聪明"的邮递员——其拥有一条高带宽的背部总线和内部交换矩阵。交换机的所有端口都挂接在这条背部总线上，当控制电路收到数据包以后，处理端口会查找内存中的地址对照表以确定目的 MAC（网卡的硬件地址）的 NIC（网卡）挂接在哪个端口上，通过内部交换矩阵迅速将数据包传送到目的端口。目的 MAC 若不存在，交换机才广播到所有的端口，接收端口回应后交换机会"学习"新的地址，并把它添加到内部地址表中。

可见，交换机在收到某个网卡发过来的"信件"时，会根据上面的地址信息，以及自己掌握的"常住居民户口簿"快速将信件送到收信人的手中。万一收信人的地址不在"户口簿"上，交换机才会像集线器一样将信件分发给所有的人，然后从中找到收信人。而找到收信人之后，交换机会立刻将这个人的信息登记到"户口簿"上，这样以后再为该客户服务时，就可以迅速地将信件送达了。图 4-12 所示为普通交换机与核心交换机。

图 4-12 交换机

4.6.2 交换机的应用

交换机工作在数据链路层上，不需要检查上层信息。交换机基于站点或 MAC 地址，将业务量分成几段并将其进行过滤，以减少网络上不必要的业务量并将冲突发生的可能性降到最低。

交换机仅通过查看 MAC 地址表来过滤网络业务量，所以它能够迅速转发代表任何网络层协议的数据，因为交换机仅注意 MAC 地址，它不关心协议。因此，交换机只关心传递数据包或不传数据包，这是基于数据包目的的 MAC 地址。交换机的重要特性是：① 比集线器更智能，分析收到的数据包并根据寻址信息来转发或丢弃；② 在两个网段之间收集和传递数据包；③ 控制网络的广播风暴；④ 维护地址表。

网络设计涵盖了许多方面的内容，从单独的一条线路到整个网络除要符合特定的环境要求外，一个成功的网络还应尽可能地发挥其性能优势。

实际使用中的网络可能各不相同，每一个网络都有其特定的设计思想和应用需求。下面举例说明交换机在网络中的应用，并为提升网络性能打下基础。图 4–13 所示的是一个 10 Mbps 共享式局域网的网络结构，一般情况下，共享式网络带宽的利用率只有 50%左右，集线器与服务器之间的数据流量一般只有 5 Mbps。按一个集线器实际连接 10 个用户计算，每个用户只能得到 0.5 Mbps 的速率。事实证明这时用户实际可利用的网络带宽很小。

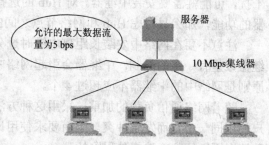

图 4–13　局域网络连接拓扑图

其实，优化这种网络的方法很简单，只需要用一台交换机更换掉原来的集线器，网络的性能就会被迅速提升。例如，当网络工作在交换式全双工模式下时，交换机与服务器之间的连接速率一般可以达到 19 Mbps，而且不管该交换机连接了多少个用户，每个用户都可以独享此带宽，实现了 19 Mbps 的连接速率。即使是在单纯的交换式方式下工作，服务器与交换机之间的连接速率也可以达到 8.5 Mbps，每个用户都可以独享 8.5 Mbps 的连接速率。

交换机一个比较重要的技术就是 VLAN（虚拟局域网）技术，它可以建立虚拟工作组，解决广播域过大、增强安全性等问题。例如，在企业网中，如果使用了 VLAN 技术，同一个部门的用户就好像在同一个 LAN 上一样，很容易互相访问和交流信息，同时，所有的广播包也都限制在该虚拟 LAN 上，而不影响其他 VLAN 的人。一个人如果从一个办公地点换到另外一个地点，而他仍然在该部门，那么，该用户的配置无须改变；同时，如果一个人虽然办公地点没有变，但他变换了部门，那么，只需网络管理员更改一下该用户的配置即可。另外，由于一个 VLAN 的数据包不会发送到另一个 VLAN，其他 VLAN 的用户在网络上是收不到任何该 VLAN 的数据包的，这样就确保了该 VLAN 的信息不会被其他 VLAN 的人窃听，从而实现了信息的保密。

4.7　网络其他互联设备

4.7.1　中继器

对所有传输媒体来说，电磁波在其中传输的时候，都会逐渐衰减（变弱）。另外，信号也容易被干扰，而且目的节点很难识别被干扰的信号。所以，衰减限制了媒体负载数据的距离。如果添加一个能对信号进行放大和整理的设备，便能使信号传到更远的距离，而且也扩张了

图 4-14　中继器示例

网络的规模。例如，假设准备连接的计算机间间隔了 100 m，且使用 10BaseT 电缆进行连接，那么就需要一个设备对信号进行放大，以确保数据正确无误地传输。用这种方式对信号进行放大的设备叫做"中继器"（Repeater）。图 4-14 所示便展示了一个中继器的连接情况。

　　根据网络中电缆的长度决定是否需要中继器。如果要延长电缆，或周围环境有许多外部干扰，可能就需要安装中继器。对 Hub 的选择也是一个考虑因素，如果 Hub 已经具备了中继器的功能，那么只考虑 Hub 和网络节点之间的电缆长度。

　　注意不要在网络中安装长距离电缆时过分依赖使用多个中继器。在一根电缆上使用的中继器数量有一定的限制，中继器会引起网络中数据传输的延迟，严重影响网络的性能。一般原则是网络中的中继器不应超过 4 个。

　　随着网络通信负载的加重，采用这种方法扩大网络往往会遇到许多困难，主要是大量用户使用同一带宽而发生冲突。因而要求使用比较智能的设备，以适应扩大网络的能力。在这种情况下，往往会选择使用网桥。

4.7.2　网桥

　　网桥（Bridge）比中继器更高级，同中继器一样，能够放大信号，把信号从一种类型的电缆传到另一种类型的电缆。如果网络的一个部分负载过大，或数据传输量过大，就会严重影响整个网络的性能，但可以用网桥把这一部分隔离。此外，可以使用网桥提高网络的可靠性和安全性。网桥能够把网络分成许多相互独立的段，任何一段出现问题，都不会影响网络的其他部分。而且，在网络上传输敏感的数据时，也可以把数据放在特殊的段，以减少泄漏的可能性。

　　网桥比中继器更理智，能够分析流过的数据。比如，在与网桥连接的网络段中，网桥能够建立和管理这一段的网络地址（每个节点的网络适配器都有各自唯一的网络地址）。只有传递到不同段的信息，网桥才允许其通过。有些传送被称为广播，目标是网络中的所有节点，网桥能够把这些信息传到所有与之连接的段。

　　由于网桥能够在数据传输过程中破译目的信息，因此网桥能够通过程序的过滤传输，将其一边的网络段与网络的其他部分隔离。以下几种因素可能会用到网桥的这一功能：

　　（1）性能：如果网络的一部分非常忙，用户对数据交换有可能失去控制，但可以防止其影响整个网络。假如市场部通过网络进行电视会议，数据传输量急剧增加。如果在市场部和网络的其他部分之间安装一个网桥，就可以把其他部门与市场部隔开。市场部网络段的性能不会提高，而其他部门的网络性能会得到明显提高。

　　（2）可靠性：如果某个部门试验一个新的网络操作系统（NOS）、新的网络硬件，或其他可能对网络产生影响的东西，可以防止它们对整个网络产生影响。比如，MIS（管理信息系统）部门在公司范围内推广一个新 NOS 的 beta 版，可以在 MIS 和其他网络之间安装一个网桥。即使 NOS 中的 Bug 使网络出现问题，也只有 MIS 网络段受到影响。

　　（3）安全性：如果有些敏感的数据不希望某些人看到，可以在网络的特殊部门限制这些数据，这样可以降低数据泄漏的可能性。比如，人力资源部可能有规律地在网络上共享文件（包括薪水级别、成绩概况、训练记录等），如果人力资源部和网络的其他部分之间安装网桥，那么一些敏感数据就不会跑到人力资源部网络段以外。当然，如果这个部门的某个人通过网桥把数据发送到另一边，网桥也无法阻止。网桥只隔离人力资源部网段内节点间传输的数据。

4.7.3　路由器

路由器是用于连接两个或多个网络的设备。它包括了相关的硬件和软件。其中，硬件部分可能是一台网络服务器、一台独立的计算机或者一个特殊的黑匣子设备。硬件网间网中不同网络连接的接口。这些接口可能是令牌环、以太网，或采用其他技术的接口。在路由器里，有两种最主要的软件类型：操作系统和路由选择协议。管理软件是路由器的另一种软件组件。图 4–15 所示为路由器。

图 4–15　路由器

路由器使用逻辑和物理地址寻址方案连接两个或多个逻辑上相互独立的网络。为实现这种连接，需要将大型网络组织成不同的逻辑网络段（有时也称为"子网"）。每个子网都有自己的逻辑地址。这样一来，便可从逻辑上对网络进行分隔，有时相互之间仍能在需要的时候交换数据。数据分组成数据包，或称"数据块"。

路由器工作时，首先要确定直接与它相连的网络地址，并通过其他路由器得知其他网络的存在及到达某个网络的最佳路径。当路由器从某个断口接收到某个数据包，并发现数据包的目标网络地址和源网络地址不同并通过另外一个端口发送时，就将数据包通过另外的端口转发出去，路由器并不改变数据包中的地址信息，为正确转发，路由器仅需知道目标网络地址。当数据包到达目标网络时，地址和数据包中的地址相同的站点对数据包进行处理并作出相应的反应。与远距离站点通信的站点只需知道目的站点所在网络的地址和此目标站点的地址，而不需要路径上其他站点的地址，也不需要在数据包中记录中间站点的信息。数据包中记录的只是目标网络的和目标站点的地址，并依靠路由器来确保将数据包正确传送到目的站点。

路由器可以很容易地解决源站点和目标站点的多路径的问题。在某个路由器通过其他路由器得知某个网络存在的同时，它也记录了那个网络的"程"数——数据包要经过多少个路由器才能到达它。如果可以通过路由器的多个端口到达某个目标网络，那么路由器选择"程"数最小的端口来转发这一数据包。这就是所谓的距离向量路径（Distant-vectorrouting）算法。另外，路由器还定期（通常为 30 s 一次）广播所有已知网络的信息。AppleTalk 也采用类似的方法，称为路由表维护协议（Rotertable Maintenance Protocol，RTMP）。只是 AppleTalk 路由器每隔 10 s 就将其整个的路由表广播一次。按照 RIP 的规定，每一种的长度和速度都认为是相等的。而实际上并非总是如此（比如对告诉的 FDDI 边线和低速的电话线），所以可以设置路径的"费用"。路由器可以通过测定等待远处路由器的响应时间来设定这一值，也可以人为地对不同端口设置不同的费用"量度"。路由器将每种路由的"费用"值累加起来作为该路由的费用值。这样，路由器就可以确定到达某个网络的"费用最少路由"。如果某一处连接出现故障，而与这相关的各路由器都会得到这一信息而使用费用稍高一点的路由。RIP 这种决定路由费用的方法可用于 XNS（Xerox Network Services）最早的以太网协议、IPX 和 TCP/IP
等。

　　路由器可以持续计量传输延迟和检测各连线的状态，仅在有重要变化需要通报时路由器
之间才相互传递路由信息，这种方式称为链路状态协议（Link-state Protocol）。这种协议比
RIP 效率高得多。采用 RIP 时，每隔 30 s 路由器就会忙于收发路由信息，而影响其他数据的
正常传输。更重要的是，链路状态协议几乎一发现某个路由器或某段连线发生故障就及时通
告其他路由器，使各路由器能够马上改用其他路由，而不需要像 RIP 协议那样用每隔 30 s 一
次的方法逐级传送这一信息。这些特点使得链路状态协议更适用于特大型网络。Internet 的
TCP/IP 协议使用的是一种称为"先开放最短路由"（Open Shortest Path First，OSPF）的链路
状态协议，而 OSI 网络采用的是称为中型网络的间系统的协议（Intermediate System to
Intermediate System，IS-IS）。NetWare 管理全球的 NetWare 网络使用的是 NetWare 链路状态
协议（NetWare Link-state Protocol，NLSP）。

　　并非所有的网络协议都可以使用路由的方法，这是因为有许多协议并不包括使用路由所
必须的网络地址信息。如上所述的 XNS、TCP/IP 和 IPX 协议都是使用路由器的。而 IBM 的
大型机 SNA 和 Microsoft 及 IBM 的 PC 网络使用的 NetBEUI 不准使用路由器，而只能使用网
桥。

4.7.4　网关

　　如果的结构和连接的都使用了功能与运作方式类似的协议，那么用路由器可以很方便地
把它们连接起来。但是，如果准备连接的网络使用了完全不同的协议，便需要一个功能更强、
更加智能的设备。这些，"网关"是一种特殊的设备，它能解释和翻译两个网络环境里使用的
完全不同的协议。该设备在 OSI 模型的网络层里工作。如果需要在两个不同的环境之间通信，
应需要考虑使用网关。例如：使用网关连接 SNA 和 NetWare，可以建立一个统一的网络。

　　网关可以对数据进行实际转换，使其能在网关另一侧的计算机里随同某个应用程序使用。
例如，网关可接收使用了某种格式的电子邮件报文，并将其翻译成另一种格式。利用网关，
可连接使用了不同通信协议、语言以及各种系统。

本 章 小 结

网络介质可分为有线介质和无线介质。

　　网卡的主要功能是处理计算机上发到网线上的数据，并按照特定的网络协议将数据分解
成适当大小的数据包，然后发送到网络上去。

- 产生数据包及发生冲突的网络区域叫做冲突域。
- 中继器在把信号发送到网络上之前对信号进行整形、放大和重定时。
- 集线器是一种特殊的中继器，它主要用在共享式的网络中，充当一个中心节点。
- 交换机是一种比较智能化的设备，通过 MAC 地址表的学习和维护来实现数据的转发。
- 路由器是一种连接异种网络的设备，它具有存储、转发、寻径的功能。

习　题

1. 选择题

（1）网络中常使用的传输介质有（　　　）。

A. 双绞线　　　　　　B. 同轴电缆　　　　　C. 光纤　　　　　　　D. 微波

（2）主机和路由器相连用（　　　）类型的网线。

A. 直连网线　　　　　B. 交叉网线　　　　　C. 反序网线　　　　　D. 以上都不对

（3）通常在网吧里，LAN 采用的拓扑结构和网线类型为（　　　）。

A. 总线型和 STP　　　B. 总线型和 UTP　　　C. 星型和 UTP　　　　D. 环型和 STP

（4）中继器能对下面的哪个问题提供一个简单的解决方案？（　　　）。

A. 网络上太多种类不兼容的设备　　　　B. 网络上太多的流量

C. 太低的数据传输率　　　　　　　　　D. 太多的节点或电缆不足

（5）哪个是使用集线器的缺点？（　　　）。

A. 集线器不能延伸网络可操作的距离　　B. 集线器不能过滤网络流量

C. 集线器不能在网络上发送变弱的数据　D. 集线器不能放大变弱的信号

（6）下面哪项正确描述了冲突域？（　　　）。

A. 可以传送冲突了数据包的网络区域　　B. 以交换机. 路由器为边界的网络区域

C. 安装了路由器和集线器的网络区域　　D. 应用了过滤器的网络区域

（7）哪一种网络设备可以解决过量的广播流量问题？（　　　）。

A. 网桥　　　　　　　B. 路由器　　　　　　C. 集线器　　　　　　D. 网卡

（8）以下属于数据链路层设备的是（　　　）。

A. 路由器　　　　　　B. 网桥　　　　　　　C. 网关　　　　　　　D. 以太网交换机

（9）RIP 协议采用（　　　）来计算路由。

A. 链路状态算法　　　B. 距离矢量算法　　　C. 路由信息算法　　　D. 以上都不是

（10）路由器工作于 OSI 参考模型的（　　　）。

A. 数据链路层　　　　B. 传输层　　　　　　C. 网络层　　　　　　D. 物理层

2. 局域网建设中如何选择网络服务器和工作站，应注意什么问题？

3. 简述有线网络传输介质的电特性和传输特性。

4. 集线器和交换机的主要区别是什么？

5. 简述中继器的功能特性。

6. 网桥和路由器有什么区别？使用环境有什么不同？

第5章　局域网及组网技术

5.1　局域网的定义和特性

20 世纪 70 年代，网络技术在很多方面存在有不足之处，但随着通信技术和计算机技术的快速发展，局域网技术也得到了很好的发展，以太网技术是局域网技术的典型代表。本节主要介绍局域网的基本知识。

5.1.1　局域网的定义与特征

局域网（Local Area Network，LAN）是将小区域内的各种通信设备互连在一起的通信网络，从这个定义可引出局域网络的三个属性。

（1）局域网络是一个通信网络。

（2）这里指的数据通信设备是广义的，包括计算机、终端与各种外围设备。

（3）这里指的小区域可以是一个建筑物内、一个校园或者大至几十公里直径范围的一个区域。

从局域网的应用来看，局域网有以下几个典型技术特性。

（1）局域网覆盖范围小，适用于公司、机关、工厂等有限范围内的计算机、终端与各类信息处理设备互连的要求。

（2）局域网提供的数据传输速率高（0.1 Mbps～100 Mbps），且低误码率（$10^{-8} \sim 10^{-11}$）。

（3）局域网的所有权一般属一个单位或个人拥有。

（4）决定局域网特性的主要技术要素为网络拓扑结构、传输介质和媒体访问控制方法。

5.1.2　局域网的组成

1. 局域网的基本组成

（1）服务器：局域网的核心，根据它在网络中的作用可分为文件服务器、打印服务器及通信服务器等。

（2）工作站：普通的计算机，每台客户机可运行自己的程序而不受别的客户机的干扰，也可以使用网络中的共享资源。

（3）网络互联设备：为网络实现互联提供必备的物理条件，主要是决定局域网的拓扑结构、通信协议及传输介质的硬件设备，如集线器、网桥等。

（4）传输介质：局域网中的传输介质主要有同轴电缆、双绞线、光纤等。

（5）网络操作系统及协议：局域网需要网络操作系统对整个网络的资源和运行进行管理。常见的网络操作系统有 Windows、UNIX、Linux、Netware 等。另外，网络协议也是必不可少的，它是网络各节点之间相互通信必须遵守的一组规则和标准，常用的网络协议有 TCP/IP、

IPX/SPX 等。

2. 局域网的拓扑结构

局域网的拓扑结构有多种，主要有星型拓扑结构、环型拓扑结构、总线型拓扑结构以及混合型拓扑结构。拓扑结构的选择往往和传输介质的选择及介质访问控制方法的确定紧密相关。选择拓扑结构时，应该考虑的主要因素有以下几个。

● 费用低：不管选用什么样的传输介质，都需要进行安装，例如：安电线沟、安电线管道。最理想的情况是建楼以前先进行安装，并考虑今后的扩建要求。安装费用的高低和拓扑结构的选择以及相应的传输介质的选择、传输距离的确定有关。

● 灵活性：局域网中的数据处理和外围设备是分布在同一个区域内的，计算机、电话和设备往往安装在用户附近，要考虑到设备在搬动时很容易重新配置网络拓扑，还要考虑原有节点的删除和新节点的加入。

● 可靠性：在局域网中有两类故障，一类是网络中个别节点损坏，这只影响局部，另一类是网络本身不能运行。选择的拓扑结构要使故障检测和故障隔离较为方便。

（1）星型拓扑结构。

星型拓扑结构由中央节点和通过点到点链路接到中央节点的各站点组成，如图 5-1 所示，中央节点执行集中式通信控制策略，因此中央接点相当复杂，而各个站的通信处理负担都很小。采用星型拓扑结构的交换方式有线路交换和报文交换，尤以线路交换更为普遍。一旦建立了通道连接，可以没有延迟地在连通的两个站之间传送数据。现有的数据处理和声音通信的信息网大多采用这种拓扑结构，目前流行的 PBX 就是星型拓扑结构的典型实例。还有使用接线盒的星型拓扑，接线盒相当于中间集中点，可以在

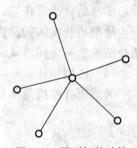

图 5-1　星型拓扑结构

每个楼层配置一个，并具有足够数量的连接点，以供该楼层的站点使用，站点的位置可灵活放置。

星型拓扑结构的优点是：方便服务；每个连接只接一个设备，当连接点产生故障时，单个连接的故障只影响一个设备，不会影响全网；每个站点直接连到中央节点，因此故障容易检测和隔离，可方便地将有故障的站点从系统删除；星型拓扑结构中，任何一个连接只涉及到中央节点和一个站点，控制介质访问的方法很简单，致使访问协议也十分简单。

星型拓扑结构的缺点是：站点直接和中央节点相连，需要大量电缆；网络可靠性依赖于中央节点，中央节点的可靠性和冗余度要求很高。

星型拓扑结构广泛应用于网络中智能集中于中央节点的场合。目前在传统的数据通信中，这种拓扑结构还是占支配地位。

（2）总线型拓扑结构。

总线型拓扑结构采用单根传输线作为总线，所有的站点都通过相应的硬件接口直接连接到该总线上。任何一个站的发送信号都可以沿着介质传播，而且能被所有其他的站接收。如图 5-2 所示的便是总线拓扑结构网。

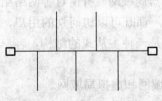

图 5-2　总线型拓扑结构

总线型拓扑结构的优点是：电缆长度短，布线容易；易

于扩充，增加新的站点，只需在总线的任何点将其接入，如
需增加长度，可通过中继器加上一个附加段。

　　总线型拓扑结构的缺点是：故障诊断困难，故障检测需
在网络中各个站点进行。故障隔离困难，如果故障发生在站
点上，则只需将该站点从总线上去掉；如果传输介质故障，
则整个这段总线就不能传输数据了。

　　（3）环型拓扑结构。

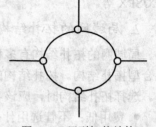

图5-3　环型拓扑结构

　　环型拓扑结构的网络是由一些中继器和连接中继器的
点到点链路组成的一个闭合环，如图 5-3 所示。每个中继器都与两条链路相连。中继器是一
种比较简单的设备，它能够接收一条链路上的数据，并以同样的速度串行地把该数据送到另
一条链路上，而不在中继器中缓冲。这种链路是单向传输的。

　　环型拓扑结构的优点是：电缆长度短，环型拓扑结构所需的电缆长度和总线型拓扑结构
相似，但比星型拓扑结构要短得多；不需要线盒，环型拓扑结构是点到点连接，所以不需要
像星型拓扑结构那样配置接线盒；适用于光纤，光纤传输速度高，环型拓扑结构是单方向传
输，非常适合光纤传输。

　　环型拓扑结构的缺点是：节点故障引起全网故障；诊断故障困难；不易重新配置网络；
拓扑结构影响访问协议。

　　（4）树型拓扑。

　　树型拓扑结构是从总线拓扑结构演变而来的，形状像一棵倒置的树，顶端有一个带分支
的根，每个分支还可延伸出子分支，如图 5-4 所示。这种拓扑结
构和带有几个段的总线型拓扑结构的主要区别在于根的存在。当节
点发送信号时，根接收该信号，然后再重新广播发送到全网。这种
结构不需要中继器。

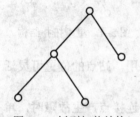

图5-4　树型拓扑结构

　　树型拓扑结构的优缺点大多和总线型拓扑结构的优缺点相同，
但也有一些特殊之处。

　　树型拓扑结构的优点是：易于扩展；故障可隔离。

　　树型拓扑结构的缺点是对根的依赖性太大，如果根发生故障，
则全网不能正常工作，因此这种结构的可靠性和星型拓扑结构相似。

3. 局域网的分类

　　局域网的划分依据不同就有不同的划分标准。

　　（1）按网络拓扑结构分类，可分为总线型局域网、星型局域网和环型局域网。

　　（2）按局域网内的传输介质来分，可分为有线局域网和无线局域网。

　　（3）按局域网的配置方式可分为对等式局域网和客户机/服务器局域网。所谓对等网络结
构是指网络中没有专门的服务器，每台计算机的地位都是平等的，都既可以访问别的用户，
又可以允许别的计算机访问自己；而客户机/服务器结构中，主要是一种主从式的结构，客户
机提出服务请求，服务器则提供服务。

　　（4）按局域网的工作原理划分为共享介质局域网、交换式局域网和虚拟局域网。

5.2　典型局域网标准

局域网协议标准是基于 OSI 参考模型的使用于局域网环境的协议标准。1980 年以来，许多国家和国际标准化组织都在进行局域网的标准化工作。在 1982 年 2 月美国电气和电子工程师学会（Institute of Electrical and Electronics Engineers，IEEE）成立了局域网标准委员（简称 IEEE802 委员会），专门从事局域网标准化工作，并制定了 IEEE802 标准。

IEEE802 委员会为局域网制定了一系列标准，统称为 IEEE802 标准。主要包括下列标准。

IEEE802.1 标准，它包括局域网体系结构、网络互连，以及网络管理与性能测试。

IEEE802.2 标准，定义了逻辑链路控制（LLC）子层功能与服务。

IEEE802.3 标准，定义了 CSMA/CD 总线介质访问控制子层与物理层规范。

IEEE802.4 标准，定义了令牌总线（Token Bus）介质访问控制子层与物理层规范。

IEEE802.5 标准，定义了令牌环（Token Ring）介质访问控制子层与物理层规范。

IEEE802.6 标准，定义了城域网 MAN 介质访问控制层与物理层规范。

IEEE802.7 标准，定义了宽带技术。

IEEE802.8 标准，定义了光纤技术。

IEEE802.9 标准，定义了综合语音与数据局域网（IVDLAN）技术。

IEEE802.10 标准，定义了可互操作的局域网安全性规范（SILS）。

IEEE802.11 标准，定义了无限局域网技术。

另外，介质访问控制（Medium Access Control，MAC）技术是在局域网中对数据传输介质进行访问管理的方法。传统的局域网采用了共享介质的工作方式，但随着 LAN 应用的扩展，这种共享介质方式对任何端口上的数据帧都不加区别地进行传送时，经常会引起网络冲突，甚至阻塞。经过多年的研究，人们提出了很多介质访问控制方法。目前被普遍采用并形成国际标准的介质访问控制方法主要有以下 3 种：带有冲突检测的载波侦听多路访问（CSMA/CD）方法；令牌总线（Token Bus）方法；令牌环（Token Ring）方法。

5.2.1　以太网

局域网从介质访问控制方法的角度可以分为两类：共享介质局域网与交换式局域网。IEEE802 标准定义的共享介质局域网有 3 类：采用 CSMA/CD 介质访问控制方法的总线型局域网、采用令牌总线介质访问控制方法的总线型局域网与采用令牌环介质访问控制方法的环型局域网。

目前应用最为广泛的一类局域网是基于总线局域网——Ethernet（以太网）。Ethernet 的核心技术是带有冲突检测的载波侦听多路访问技术（Carrier Sense Multiple Access with Collision Detection，CSMA/CD）。

1. CSMA/CD 的发展

ALOHA 和载波监听多路访问技术（CSMA）技术都是 CSMA/CD 的产生基础，都属于随机访问或竞争技术。在总线型拓扑结构中，每个站点的信息传输是不可预知的，即不知道什么时候传输，是随机访问的过程；同时每个站点都为拥有访问总线的权利而竞争，所以它们又是竞争的。

　　ALOHA 最早是为分组无线网设计的，它的思想是当一个站点想传输数据帧时，就把该数据帧传输出去，然后等一段时间，如果信息来回传播的最大延迟时间再加上一小段固定的时间内收到了确认，则传输成功，否则传输站点重新发送该数据帧。后来，人们吸收了 ALOHA 方法的基本思想，增加了载波监听功能。首先，设计出数传输速率为 10 Mbps 的 Ethernet 实验系统。在此基础上，Xerox、DEC 与 Intel 三家公司合作，于 1980 年 9 月第一次公布了 Ethernet 的物理层、数据链路层规范；1981 年 11 月公布了 EthernetV2.0 规范。IEEE802.3 标准是在 EthernetV2.0 规范的基础上制定的。

2. 载波监听多路访问/冲突检测（CSMA/CD）

　　在 Ethernet 网中，如果一个节点要发送数据，它将以"广播"方式把数据通过作为公共传输介质的总线发送出去，连在总线上的所有节点都能"收听"到发送节点发送的数据信号。由于网中所有节点都可以利用总线传输介质发送数据，并且网中没有控制中心，因此冲突的发生将是不可避免的。为了有效地实现分布式多节点访问公共传输介质的控制策略，CSMA/CD 的发送流程可以简单地概括为：先听后发，边听边发，冲突停止，随机延迟后重发。具体的 CSMA/CD 规则有以下几条。

　　（1）若总线空闲，传输数据帧，否则，转至第（2）步；

　　（2）若总线忙，则一直监听直到总线空闲，然后立即传输数据；

　　（3）传输过程中继续监听，若监听到冲突，则发送一个干扰信号，通知所有站点发生了冲突且停止传输数据；

　　（4）随机等待一段时间，再次准备传输，重复步骤（1）。

　　CSMA/CD 介质访问控制方法可以有效地控制多节点对共享总线传输介质的访问，方法简单，易于实现。

3. IEEE802.3 标准以太网

　　IEEE802.3 标准描述了在多种媒体上的从 1 Mbps 到 10 Mbps 局域网的解决方案，采用的介质访问控制方法都是 CSMA/CD。采用总线型的以太网结构如图 5-5 所示。

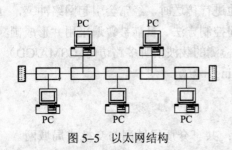

图 5-5　以太网结构

5.2.2　令牌环网

　　最早开始于 1969 年贝尔研究室的 Newhall 环网是最早的关于令牌环介质访问控制技术的网络，而最有影响的令牌环网是 IBM Token Ring。IEEE802.5 标准是在 IBM Token Ring 协议的基础上发展形成的。如图 5-6 所示。

　　令牌环网络通过环网从一个节点到另一个节点传递令牌来避免冲突的产生，节点只有获取了令牌后，才能发送数据信息。令牌是一种特殊的 MAC 控制帧。令牌帧中有一个数据位标识令牌的忙/闲。当环正常工作时，令牌总是沿着物理环

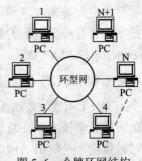

图 5-6　令牌环网结构

单向逐点传送，传送顺序与节点在环中排列的顺序相同。当有节点需要发送数据帧时，它必须等待空闲令牌的到来。获取了空闲令牌之后，就将令牌标志位由"闲"置为"忙"，然后传送数据帧。其余节点将依次接收到该数据帧。如该数据帧到达目的结点后，则该站点在正确接收该数据帧后，在帧中标志出帧已被正确接收和复制。当发送站点重新接收到自己发出的、并已被目的站点正确接收的数据帧时，它将已正确发送的数据帧从网络中移出，并将忙令牌改成空闲令牌，再将空闲令牌向它的下一节点传送。

令牌环控制方式具有与令牌总线方式相似的特点，如环中节点访问延迟确定，适用于重负载环境，支持优先级服务。令牌环控制方式的缺点主要表现在环维护复杂，实现较困难。IEEE802.5 标准对以上技术进行了一些改进，主要表现在以下几个方面。

（1）单令牌协议。环中只能存在一个有效令牌，单令牌协议可以简化优先级与环出错复杂功能的实现。

（2）优先级位。令牌环支持多优先级方案，它通过优先级位来设定令牌的优先级，从而实现数据的优先服务。

（3）监控站。环中设置一个中央监控站，通过令牌监控位执行环维护功能。

（4）预约指示器。通过令牌预约，控制每个站点利用空闲令牌发送不同优先级的数据帧所占用的时间。

IEEE802.5 标准定义了 25 种 MAC 帧，用以完成环维护的功能，这些功能主要是：环监控器竞争、环恢复、环查询、新节点入环、令牌丢失处理、多令牌处理、节点撤出和优先级控制等。

5.2.3　令牌总线网

IEEE802.4 标准定义了总线型拓扑结构的令牌总线（Token Bus）介质访问控制方法与相应的物理层规范。

令牌总线网是一种在总线型拓扑结构中利用"令牌"（Token）作为控制节点访问公共传输介质的确定型介质访问控制方法。在采用 Token Bus 方法的局域网中，任何一个节点只有在取得令牌后才能使用共享总线去发送数据。令牌是一种具有特殊结构的控制帧，用来控制节点对总线的访问权。

网络完成初始化之后，各节点开始正常传递令牌与数据，并且没有节点要加入或撤出，没有发生令牌丢失或网络故障，就称网络处于稳定状态。此时，每个节点有本站地址（TS），并知道与它相连的前一个节点地址与后一个节点地址。令牌传递规定由高地址向低地址，最后由最低地址向最高地址依次循环传递，从而形成了一个逻辑环。环中令牌传递顺序与节点在总线上的物理地址无关。因此，令牌总线网的物理结构是总线型的，而逻辑上则是环形，如图 5-7 所示。令牌帧含有一个目的地址，接收到令牌帧的节点可以在令牌持有最大时间内发送一个或多个帧。

与 CSMA/CD 方法相比，Token Bus 方法比较复杂，需要完成大量的环维护工作，必须有一个或多个节点完成以下环维护工作：环初始化，当网络启动或故障发生后，必须执行环初始化过程，根据某种算法将环中节点

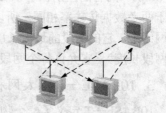

图 5-7　令牌总线的物理及逻辑结构

排序，动态形成逻辑环；提供机制实现新节点加入环；能将节点从环中撤出，且保持环的完整。

令牌总线 Token Bus 介质访问控制方法的主要特点是：介质访问延迟时间确定，支持优先服务，重负载情况下信道利用率高。

5.3 以太网产品标准

5.3.1 以太网产品概述

从开始研究以太网开始，以太网就以其独有的特点，被广大用户和企业所推崇，这也促使了以太网产品的多元化，以太网从标准以太网发展到快速以太网及千兆以太网，甚至于还出现了万兆以太网，并且每一种速率下的以太网产品从介质、网段距离等各方面都会有所不同，使用环境也不相同。而 IEEE802.3 委员会也相应地制定了不同的标准，有 IEEE802.3 标准以太网标准，IEEE802.3u 快速以太网标准，IEEE802.3z 和 IEEE802.3ab 千兆以太网标准，所支持的传输介质有同轴电缆、双绞线、光纤等。所以，对于以太网产品的选取，不光要了解自己网络的需求，同样也应了解各种以太网产品。

5.3.2 常见以太网标准

IEEE 802.3 委员会在定义物理配置方面表现了极强的多样性和灵活性。

定义了 10BASE—5、10BASE—2、10BROAD—36。但 10BASE—T 和 10BASE—F 并不完全满足上面的表示方法，其中的 T 和 F 分别表示双绞线和光纤。

1. 10BASE—5 以太网标准

以太网 10BASE—5 是 IEEE802.3 标准以太网，具有如下特性：10BASE—5 所采用的拓扑结构一般为总线型，使用的是粗同轴电缆，且电缆必须采用 50 Ω/W 的端接电阻。电缆的最大长度为 500 m（一个网段），采用转发器扩展网络的长度。该标准允许任意两站之间的路径上最多只有 4 个转发器，所以电缆的最大总长度可扩展到 2 500 m。10BASE—5 的传输速率可达到 10 Mbps，信号采用曼彻斯特编码。

10BASE—5 的网络结构还要求：网络中的站点必须使用外部收发器连在电缆上；收发器间的最短距离为 2.5 m；两端的终接器必须有一端接地；收发器到站点的最大距离不超过 50 m。

2. 10BASE—2 以太网标准

与 10BASE—5 一样，10BASE—2 也使用 50 欧姆同轴电缆和曼切斯特编码。数据速率为 10 Mbps。两者的区别在于 10BASE—5 使用粗缆（50 mm），10BASE—2 使用细缆（5 mm）。由于两者数据传输率相同，所以可以使用 10BASE—2 电缆段和 10BASE—5 电缆段共存于一个网络中。它的网段的最大长度为 185 m，最大网段数为 5，所以电缆的总长度为 925 m（所有网段长度）。它允许每个网段最多有 30 个站点。

3. 10BASE—T 以太网标准

10BASE—T 定义了一个物理上的星形拓扑网，其中央节点采用集线器，每个节点通过一对非屏蔽双绞线与集线器相连。集线器的作用类似于一个转发器，它接收来自一条传输线上的信号并向其他的所有传输线转发。由于任意一个站点发出的信号都能被其他所有站点接收，尽管这种标准在物理上是一个星形结构，但从逻辑上看与 CSMA/CD 总线拓扑结构的功能是一致的。

10BASE—T 的传输速率可达 10 Mbps，双绞线与网卡及集线器之间采用的是 RJ—45 标准接口，工作站与集线器之间的最大传输距离为 100 m，内部传输的信号仍旧采用曼彻斯特编码。集线器之间可实现互联，一条通路一般可串联 4 个集线器，集线器间的最大距离也为100 m。

与 10BASE—5 和 10BASE—2 以太网相比，10BASE—T 主要具有以下特点。

（1）网络的增减不受段长度和站间距离的限制；

（2）网络扩展方便；

（3）网络的建立灵活、方便，可根据网络的大小，选择不同规格的集线器连接；

（4）工作站的扩充或减少都不影响整个网络的工作；

（5）当某个工作站或相互连接的集线器发生故障时，故障源会被自动排除在网络之外，不影响其他工作站的正常工作；

（6）联网使用非屏蔽双绞线，成本低，安装方便。

10BASE—5、10BASE—2 与 10BASE—T 同属于 IEEE802.3 标准，互联简单，并且互相兼容，因此可以结合使用。

4. 10BROAD—36 标准

10BROAD—36 是 IEEE802.3 中惟一针对宽带系统的规范，它采用的媒体是双电缆带宽或中分带宽的 75 欧姆有线电视同轴电缆。一个网段从头端出发的最大长度为 1 800 m，最大的端-端的跨度为 3 600 m。电缆上传输的信号是差分相移键控信号。

5. 10BASE—F 标准

10BASE-F 是 IEEE802.3 中关于以光纤作为媒体的系统规范。该规范实际包含了以下 3 个规范。

（1）10BASE—FP（无源）：互连的站和转发器采用的是星型拓扑结构，每个网段的长度不超过 1 000 m；

（2）10BASE—FL（链路）：定义了用于连接站或转发器的最大 2 000 m 的点对点链路。

（3）10BASE—FB（主干）：定义了用于连接转发器的最大 2 000 m 的点对点链路。

在 10BASE—F 规范中，每条传输线路均使用一对光纤，每条光纤均采用曼彻斯特编码传输一个方向上的信号。每一位数据经编码后，转换为一个光信号元素（有光表示高、无光表示低），所以，一个 10 Mbps 的数据流实际上需要 20 Mbps 的带宽。10BASE—F 传输距离远，抗干扰能力强、安全保密性好，适合于楼宇间的网络连接。

5.4 快速与高速以太网

随着信息技术的快速发展，特别是 Internet 和多媒体技术的发展，网络数据流量迅速增加，原有的 10 Mbps 速率的 LAN 已难以满足通信要求，从而对更高速率的 LAN 产品提出了迫切需求。为了解决网络规模与网络性能之间的矛盾，人们提出了一些解决方案，而其中一种方案就是直接提高以太网中的数据传输速率，从 10 Mbps 提高到 100 Mb/s，甚至是 1 Gbps。

5.4.1　快速以太网技术规范

1993 年 10 月以前，对于要求 10 Mbps 以上数据流量的 LAN 应用，只有光纤分布式数据接口（FDDI）可供选择，它是一种价格非常昂贵的、基于 100 Mbps 光缆的 LAN。1991 年 8 月 Howard Charney、Larry Birenbaum 等成立了 Grand Junction 公司，并立即投入了 100 Mbps 以太网的开发。1993 年 10 月，Grand Junction 公司推出了世界上第一台快速以太网集线器 Fast Switch 10/100 和网络接口卡 Fast NIC 100。随后 Intel、SynOptics、3COM、Bay Networks 等公司亦相继推出自己的快速以太网装置。与此同时，IEEE802 工程组亦对 100 Mbps 以太网的各种标准，如 100BASE—TX、100BASE—T4、MII、中继器、全双工等标准进行了研究。1995 年 3 月 IEEE 宣布了 IEEE802.3u 规范，开始了快速以太网的时代。

快速以太网的传输速率比标准以太网的传输速率快 10 倍，达到了 100 Mbps，快速以太网保留了标准以太网的所有特征（包括具有相同的数据帧格式、相同的介质访问方式、相同的组网方式），所以，10 Mbps 以太网可以方便的升级为快速以太网，原有的 10 Mbps 型 LAN 可以无缝地连接到 100 Mbps 型 LAN 上，通过 10/100 Mbps 型集线器进行连接。这是其他新型网络技术所无法比拟的。

快速以太网集线器及网络接口卡和 10 Mbps 以太网相比具有更高的性能价格比。10/100 Mbps 网络接口卡的价格仅比 10 Mbps 网络接口卡贵一倍左右，但性能却提高到了 10 倍。10/100 集线器每端口价格比 10 Mbps 集线器每端口价格贵两倍左右，并可望随着用户量的迅速增加进一步下降。快速以太网可以有效地保障用户在布线基础设施上的投资，它支持 3、4、5 类双绞线以及光纤的连接，能有效地利用现有的设施。但是，快速以太网也有它的不足之处：快速以太网是基于载波侦听多路访问和冲突检测（CSMA/CD）技术的，当网络负载较重时，仍旧会造成传输效率的下降。

100 Mbps 快速以太网有关传输介质的分类标准。

（1）100BASE—TX。100BASE—TX 支持 2 对 5 类非屏蔽双绞线或 2 对 1 类屏蔽双绞线。一对用于发送数据，一对用于接收数据。在传输中使用 4B/5B 编码方式，信号频率为 125 MHz。符合 EIA586 的 5 类布线标准和 IBM 的 SPT 1 类布线标准。使用与 10BASE—T 相同的 RJ—45 连接器。它的最大网段长度为 100 米。它支持全双工的数据传输。每个节点可以同时以 100 Mbps 的速率发送和接收数据。

（2）100BASE—FX。100BASE—FX 支持 2 芯的单模和多模光纤（62.5 μm 和 125 μm）。在传输中使用 4B/5B 编码方式，信号频率为 125 MHz。它使用 MIC/FDDI 连接器、ST 连接器或 SC 连接器。它的最大网段长度为 150 m、412 m、2 000 m 或更长至 10 公里，这与所使用的光纤类型和工作模式有关。它支持全双工的数据传输。100BASE—FX 特别适合于有电气干扰的环境、较大距离连接、或高保密环境等情况。

（3）100BASE—T4。100BASE—T4 支持使用 4 对 3 类非屏蔽双绞线。该规范中，也指定可选择 5 类电缆。其中，3 对用于传送数据，1 对用于检测冲突信号。在传输中使用 8B/6T 编码方式。信号频率为 25 MHz。符合 EIA586 结构化布线标准。使用与 10BASE—T 相同的 RJ—45 连接器。它的最大网段长度为 100 米。

5.4.2　快速以太网的网络组成

所有 100BASE—T 标准的拓扑结构都类似于 100BASE—T 的星型拓扑结构，并且 100BASE—T 还具有以下特征。

（1）100BASE—T 网络中可使用交换式集线器或叠加式共享式集线器，网络的范围不受限制，在一个纯共享式环境中，100BASE—T 网络的最大直径为 205 米。

（2）从一个共享式集线器到一个服务器或到一个交换式集线器，光纤的距离为 250 米，非屏蔽双绞线的距离为 100 米。

（3）两个 DTE 口之间，如网桥和路由器间，使用全双工光纤，距离为 2 000 米。

当需要扩展网络长度时，可选用快速以太网中继器（Repeater），它的功能为从一个端口接收数据信号，然后将这些信号整形、放大，最后将之传送到其他端口上。

5.4.3　千兆位以太网技术

1. 千兆位以太网的概念

千兆位以太网（Gigabit Ethernet）是 1998 年网络技术的一大热点。它以传统的以太网为基础，对 IEEE802.3 的 MAC 层进行了修订，其共享式链路和存储分配式链路维持带冲突检测的载波侦听多址访问的接入方式（CSMA/CD），而交换链路和全双工链路采用其他方法。另外在逻辑链路控制子层（LLC）上做了相应的改进以满足 QoS 的需求。千兆位以太网标准是现行 IEEE802.3 标准的扩展，千兆位以太网的光纤和同轴电缆的全双工链路标准部分由 IEEE802.3z 小组负责制定，而非屏蔽双绞线电缆的半双工链路标准部分则由 IEEE802.3ab 小组指定。

千兆位以太网保留了以太网的基本原理和基本技术，具有以太网的简单、灵活、经济和可管理性以及兼容性等特点。千兆位以太网标准为 IEEE802.3z 和 IEEE802.3ab，支持特性有：1 000 Mbps 可进行全双工和半双工操作；使用 802.3 以太网统一的数据格式；使用 CSMA/CD 访问方式并能支持每域一个中继器；地址与 10BASE—T 和 100BASE—T 技术向下兼容。

2. 基于不同传输介质的连接标准

1000BASE—CX 是一种基于铜缆的标准，采用平衡型 STP，传输速率为 1.25 Gbps，使用 8B/10B 编码解码方式，最大传输距离为 25 米。主要用于短距离的集群设备的互联。

1000BASE—LX 基于波长为 1 300 nm 的单模光缆标准时，使用 8B/10B 编码解码方式，最大传输距离为 3 000 米。基于 50 微米或 62.5 微米多模光缆标准时，也使用 8B/10B 编码解码方式，但传输距离为 300～550 米。适用于校园网的主干网。

1000BASE—SX 使用 50 微米或 62.5 微米多模光缆，最大传输距离为 300～500 米。采用 8B/10B 编码解码方式，适用于作大楼主干网。

1000BASE—T 是基于无屏蔽双绞线传输介质，采用 4 对 5 类 UTP 电缆，传输速率为 1 Gbps，使用 1000BASE—T Copper PHY 编码解码方式，传输距离为 100 米。适用于大楼内主干网。

千兆位以太网具有以太网的易移植、易管理特性，在处理新应用和新数据类型方面具有灵活性，它是在赢得了巨大成功的 10 M 和 100 M IEEE802.3 以太网标准的基础上的延伸，提供 1 000 Mbps 的数据带宽。这使得千兆位以太网成为高速、宽带网络应用的战略性选择。

5.5 局域网系统集成实例

5.5.1 网络系统的需求和规划

网络开发过程描述了开发一个网络必须完成的基本任务。通常一个网络开发项目的生命周期由以下几个阶段组成：需求分析、现有网络分析、逻辑网络设计、物理网络设计、安装和维护。其中，开发过程中最关键的阶段是需求分析，同时收集需求信息也是一个很耗时的工作，并且也不能立即提供一个结果，但需求分析又有助于设计者更好地理解网络应具有的性能。不同的用户有不同的网络需求，有业务或组织整体需求、用户需求、应用需求、网络本身等多方面的需求。在需求分析阶段应尽量明确定义用户需求，详细的需求描述会使得最终的网络更有可能满足用户的需求。所以，这个阶段是整个网络系统开发的关键阶段。

当对网络系统的需求有了一个比较清晰的了解以后，就需要对网络系统进行规划了。规划过程中，首先进行逻辑网络的设计，在这个阶段将描述满足用户需求的网络行为和性能，详细说明数据是如何在网络上传输的，仅从逻辑上来分析，并不考虑实际物理设备及物理位置。在该设计阶段，应该确定满足用户需求的服务、网络设备、网络结构和寻址，并作出一份逻辑网络设计文档，包括逻辑网络突，寻址策略，安全措施，具体软、硬件及广域网连接设备和基本服务等内容。逻辑网络设计阶段完成以后，就要考虑具体的硬件、软件、连接设备、服务和布线了，而这个阶段就是物理网络设计阶段。物理网络设计阶段必须有一份详细的物理网络设计文档，指导如何购买和安装设备。

当然，上述几个阶段都完成了以后，就需要进行安装了，在安装阶段主要的产物就是网络本身，如果各阶段都严格遵守了规范，在安装过程中就可以避免很多常见问题，提高效率。所有软、硬件在开始安装之前必须到位并进行测试，在网络最后投入使用之前，所有所需资源都应该妥善安排。网络使用时，就要注意网络的维护问题了。

5.5.2 网络的结构化布线

网络的结构化布线是局域网技术中应用最广泛的重要技术之一。

1. 结构化布线的基本概念

随着计算机技术的不断发展，局域网技术在办公、工厂、学校等环境中得到了广泛的应用，但在完成网络结构设计后，如何完成网络布线就成了一个重要问题。而解决好网络布线问题将对提高网络系统的可靠性起到重要的作用。

结构化布线系统是指在一座办公大楼或楼群中安装的传输线路，而这种传输线路能连接所有的语音、数字设备，并将它们与电话交换系统连接起来。系统应能支持话音、图形、图像、数据多媒体、安全监控、传感等各种信息的传输，支持非屏蔽双绞线、屏蔽双绞线、同轴电缆、光纤等各种传输媒体，支持多用户多类型产品的应用，支持高速网络的应用。

结构化布线系统与传统布线系统的最大区别在于：结构化布线系统的结构与当前所连接的设备的物理位置无关，而在传统布线系统里则是传输介质的铺设直接与设备的物理位置有关。结构化布线系统具备了这样的特点：实用、灵活、开放、模块化、可扩展、经济。

2. 结构化布线系统的构成

按照一般划分规则，结构化布线系统主要包括工作区子系统、水平干线子系统、管理子系统、垂直干线子系统、设备间子系统和建筑群主干子系统。

（1）建筑群主干子系统：连接楼群之间的通信设备，将楼内布线与楼外系统连为一体，EIA/TIA569 标准定义了网络接口的物理规格，实现了建筑群之间的连接。

（2）垂直干线子系统：整个结构化布线系统的骨干部分，是高层建筑物种垂直安装的各种电缆、光缆的组合，通过垂直干线子系统可以将布线系统的其他部分连接起来，实现各部分之间的通信要求。连接通信室、设备间和入口设备。

（3）设备间子系统：设备间子系统由设备间的电缆、连接器和相关支撑硬件组成，它将公共系统设备的各种不同设备互连起来。该系统安装在计算机系统、网络系统和程控系统的主机房内。

（4）管理子系统：由交连、互连配线架组成，管理点为连接其他子系统提供连接手段，交连或互连允许将通信线路定位或重定位到建筑物的不同部分，以便能更容易地管理通信线路，使在移动终端设备时能方便地进行插拔。

（5）水平干线子系统：连接管理子系统到工作区，包括水平布线、信息插座、电缆终端及交换。

（6）工作区子系统：由终端设备连接到信息插座的连线组成，包括连接器和适配器。布线要求相对简单，容易移动、添加和变更设备。

结构化布线系统主要应用在建筑物综合布线系统、智能大楼布线系统和工业布线系统等环境中。其中，结构化布线系统的兴起促使了智能大厦概念的出现，是智能大厦实现的基础。

5.5.3 网络系统集成方案

目前的局域网根据规模的大小主要可分为小型、中型和大型局域网。不同规模的局域网所对应的系统集成方案有所不同。

1. 小型局域网络系统集成方案

小型局域网由于其规模的限定，使得它必须是一个易于管理的网络，且投资要较少；需提供的网络服务主要就是文档资源和打印机的共享，用户访问时设定必要的级别和资源范围；所涉及到的文档处理和数据库比较简单，用一些通用软件产品基本可以处理网内的这些简单需求，小型局域网可通过共享 1 条费用较低的出口高速线路来访问 Internet。

具体系统集成方案（如图 5-8 所示）为：通过交换机或集线器将小型局域网以星型拓扑的结构构成，网内用户地位可以是相等的或是 Windows NT Server 的域网络。不必专门采用打印服务器，可以考虑直接把打印机连接到 PC 服务器或工作站上。小型局域网可以通过 ADSL 或 Modem 上网。对于工作站或服务器的选取没有特别高的要求，可以实现简单的网络服务功能就可以了。

2. 中小型企业网络系统集成方案

中小型企业网要求传输速率高，且所需网络服务较多，还需要有较高的安全策略，所以选取高速交换式局域网，网内能获取较高的传输速率。网内存在多种操作系统，并且不同的企业都有自己的专用软件系统；用户类型较多，拥有不同的需求权限。所以网络较小型网络设计时复杂，而且采用的传输介质也比小型局域网的种类多，实现起来有一定复杂性。

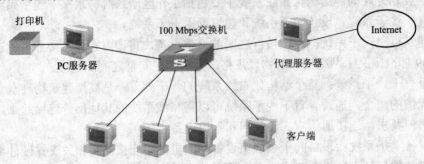

图 5-8　小型局域网系统集成

所以，网络系统集成方案如图 5-9 所示。主干采用百兆或千兆的传输速率，采用交换机或 Hub 接到桌面；广域网接口处采用专线加路由接入广域网；使用代理和防火墙保障网络内部安全；拥有各种网络控制服务器和 Internet 服务器；文件存储和数据应用集中管理，并有备份保证；使用 VLAN 技术划分不同组别的用户，分隔网内不同数据；同时还需进行必要的网络管理策略。

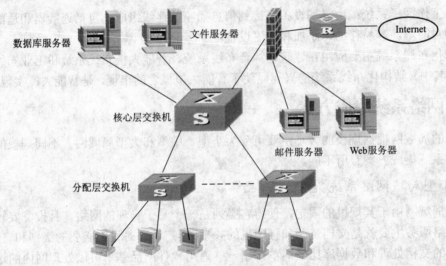

图 5-9　中小型局域网的系统集成方案

3. 大中型企业网络系统集成方案

大中型企业网络系统集成方案里需要将同地域的局域网通过广域连接形成 Intranet，并且网络应用复杂，多种网络协议并存，对网络有极高的网络安全要求，所以这种系统集成方案比较复杂。这种集成方案里，需采用光缆或者租赁线路作为广域连接；并且在网络设计时采用多层交换网络设计；必须要具备完整层次的安全保证措施；设备支持内容服务、多协议服务、多媒体服务等应用；对于关键链路或设备采用冗余技术，配合多种容灾措施，保证网络的可靠性；甚至还应具有认证、审计、计费功能。

本 章 小 结

　　本章主要介绍局域网的组成及常见标准，通过对局域网基本知识的讲解使学习者对以太网的各类产品及相关标准（包括标准以太网、快速以太网和千兆位以太网）有一定的认识。并熟悉局域网各类产品的特性、功能，为网络系统的集成和网络工程的实现奠定一定的基础。本章还简单描述了如何进行网络系统集成，并给出了一个简单的网络系统集成方案，通过 3 个具体实训，介绍了如何进行局域网组网的基本实践环节。从理论和实践两个层面上加深初学者的印象，达到学习局域网及组网技术的目的。

习　　题

　　1. 计算机局域网的组件中有些什么设备，请举出具体的设备名称和型号。

　　2. 列出 CSMA/CD 的 3 个特性，并分别进行简要描述。

　　3. 目前快速以太网产品有哪些，请简要描述。

　　4. 请列出共享式局域网与交换式局域网的不同点。

　　5. 对于目前大多数用户而言，是升级到千兆以太网，还是保留原有以太网技术，请从技术层面上加以分析，并给出合理建议。

第6章　网络规划与设计

网络是计算机技术和通信技术相结合的产物。目前，计算机网络技术已进入了前所未有的快速发展时期，网络系统正向着高速化、易集成的方向发展。无论是新建一个计算机网络系统，还是在原有的单机基础之上建立网络环境，或者是对现有的网络系统进行升级，网络规划的优劣都是系统成功与否的关键。

6.1　计算机网络的规划

一个好的网络规划应保证网络系统具有完善的功能、较高的可靠性和安全性，并能扩大网络的应用范围，发挥更大的潜力，而且网络系统还应具有先进的技术性、足够的扩充能力和灵活的升级能力，使网络系统的先进性能保持最长的周期。

现实生活中由于网络规划不善，不仅导致浪费，而且使建立的网络系统不能正常工作。轻者网络不能发挥应有的作用，重者网络完全不能使用，给国家和单位造成了极大的损失。因此，在网络集成以前，应正确了解网络系统的需求，有针对性地进行可行性研究，并经过正确的分析，作出恰当的设计。

6.1.1　网络系统的需求分析

网络规划人员要作出一个恰当的需求分析，首先应由用户提出需求报告，但对大多数的网络用户来说要作出一个合理的需求报告并不是很容易的。由于网络用户对网络的功能、技术及所从事的业务知之甚少或一知半解，在这种情况下，即使用户提出需求报告，往往也是很不成熟的，网络规划人员应作深入细致的调查，以便能恰如其分地反映用户的需求和未来网络的发展要求。为网络的规划和设计打下坚实的基础。一般了解用户的网络需求应从以下几个方面入手。

1. 需求调查

需求调查与分析的目的是从实际出发，通过对用户的现场实地调研，收集第一手资料，取得对整个工程的总体认识，为系统总体规划设计打下基础。

一般来说，网络需求应从以下几方面着手调查：网络直接用户调查、网络应用调查、网络物理布局调查和网络用户的培育。

网络直接用户调查就是与网络的未来直接用户进行交流，了解用户希望通过组建网络解决什么样的问题，用户希望网络提供哪些应用与服务。根据网络用户提出的数据、语音及多媒体信息的流量等对通信负载进行估算。具体来讲，网络规划人员可通过填写用户调查表的方式来完成网络调查，见表6–1。

表 6-1　网络直接用户需求调查表

用户服务需求	对服务的技术描述
建网目的	
基本目标	
用户数量	
今后的增长期望值	
可靠性/安全性	
可扩充性	
信号延迟/响应时间需求	
网络负载估算	
用户设备要求	
现有设备类型/数量	
其他	

　　网络应用调查就是要弄清用户建网的真正目的。一般的应用，从单位 OA 系统、人事档案、工资管理到企业管理、电子商务，从文件信息资源共享到 Internet/Intranet 信息服务，从单一的数据流到音频、视频多媒体应用等。只有对用户的实际需求进行细致调查，才能弄清楚用户的应用类型、数据量的大小、数据的重要程度、网络应用的安全性、可靠性及实时性等要求，也才能据此设计出切合用户实际需要的网络系统。

　　网络物理布局调查就是对建网单位的地理环境和人文布局进行实地勘察，确定网络的规模、网络拓扑结构、综合布线系统设计。主要应包括以下几点内容：用户数量及位置、建筑群的位置分布、建筑物内部的基本布局等。

　　网络用户的培育就是网络系统的集成离不开用户单位 IT 人员的参与。网络系统集成商不可能全面了解用户单位各方面的业务需求，将新的网络环境与用户单位的业务更好地结合是用户单位 IT 部门的职责，应该利用用户单位 IT 人员自身的有利条件，使他们成为网络管理和业务管理的能手，尽量使用户单位的 IT 人员以合理的方式参与到网络系统的集成项目，为以后的网络管理和维护铺平道路。

2. 需求分析

　　在需求调查的基础上，对各种信息进行汇总归纳，抽丝剥茧，从网络系统集成的角度进行分析，归纳出对网络设计产生重大影响的一些因素，进而使网络设计人员清楚这些应用需要一些什么样的服务器，需要多少，网络负载和流量如何平衡分配等。

　　具体来讲，可从以下几方面进行汇总分析。

　　（1）网络总体需求分析。

　　通过以上的用户调研，综合各信息点及其地理位置的分布情况，结合应用类型以及业务密集度的分析，大致分析估算出网络数据负载、信息包流量及流向、信息流特征等元素，从而得出网络带宽要求，并勾勒出网络所应当采用的技术和骨干拓扑结构，确定网络总体需求框架。

① 网络数据负载分析。根据当前的应用类型，网络数据主要有 3 种级别：第一，OA/Web 类应用，数据交换频繁但负载很小；第二，FTP（文件传输）/位图文件传输等，数据发生不多而负载较大，但无同步要求，容许数据延迟；第三，流式文件，如视频会议/视频点播等，数据随即发生且负载巨大，而且需要图像声音同步。数据负载以及这些数据在网络中的传输范围决定着要选择多大的网络带宽，及选择什么样的传输介质。

② 信息包流量及流向分析。主要为网络服务器指定存放地点。把服务器群集中放置在网管中心有时并不是明智的做法，很明显的缺点就有两个：其一，信息包过分集中在网管中心子网以及那几块可怜的网卡上，会形成拥塞；其二，天灾人祸若发生在网管中心，数据损失严重，不利于容灾。分析信息包的流向就是为服务器定位提供依据。比如：财务系统服务器，由于信息流主要在财务部，少量流向领导子网，所以可以考虑放在财务部。

③ 信息流特征分析。主要包括：信息流实时性要求，即信息响应时间和延迟时间的要求，信息流的批量特性（如每月数据定时上报等）、信息流交互特性、信息流时段性等特征描述。

④ 拓扑结构分析。可从网络规模、可用性要求、地理分布和房屋结构等因素来分析。比如，建筑物较多，建筑物内点数过多，交换机端口密度不足，就需要增加交换机的个数和连接方式。网络可用性要求高，不允许网络有停顿，就要采用双星结构。网络地理位置比较分散，就要考虑采用光纤或无线来连接。

⑤ 网络技术分析。一些特别的实时应用（如工业控制、数据采样、音频、视频流等）需要采用面向连接的网络技术。面向连接的网络技术能够保证数据实时传输。传统技术如 IBM Token Bus，现代技术如 ATM 等都可较好地实现面向连接的网络。除此之外，应选择当前主流的网络技术，如千兆以太网等技术。

（2）综合布线需求分析。

通过对相关建筑物进行实地考察，根据用户提供的建筑工程图，了解相关建筑物的建筑结构，分析施工难易程度，并估算大致费用。同时确立：中心机房的位置、信息点数、信息点与中心机房的最远距离、电力系统供应状况、建筑接地情况等。具体来讲，主要包括 3 个方面。

① 根据造价、建筑物距离和带宽要求确定线缆的类型：6 类和超 5 类线较贵，5 类线价格稍低。单模光缆传输质量高、距离远，但模块价格昂贵；光缆芯数与价格成正比。

② 据调研中得到的建筑群间距离、马路隔离情况、电线杆、地沟和道路状况，对建筑群间光缆布线方式进行分析，为光缆采用架空、直埋还是地下管道铺设找到直接依据。

③ 对各建筑物内的信息点数进行统计，用以确定室内布线方式和管理间的位置。建筑物楼层较高、规模较大、点数较多时，宜采用分布式布线。

（3）网络可用性/可靠性需求分析。

证券、金融、铁路、民航等行业对网络系统可用性要求最高，网络系统的崩溃或数据丢失会造成巨大损失，而宾馆和商业企业次之。可用性要求需要高可靠性的网络设计来保障，如采用磁盘双工和磁盘阵列、双机容错、异地容灾和备份减灾等措施，但这样做的结果会导致网络集成费用的增长。

（4）网络安全性需求分析。

安全性关系到网络的生命，这就使得网络在安全方面有着普遍的强烈需求。安全需求分析具体表现在以下几个方面。

① 分析存在弱点、漏洞与不当的系统配置。

② 分析网络系统阻止外部攻击行为和防止内部职工违规操作行为的策略。

③ 划定网络安全边界，使企业网络系统和外界的网络系统能安全隔离。

④ 确保租用电路和无线链路的通信安全。

⑤ 分析如何监控企业的敏感信息，包括技术专利等信息。

⑥ 分析工作桌面系统安全。

为了全面满足以上安全系统的需求，必须制定统一的安全策略，使用可靠的安全机制与安全技术。安全不单纯是技术问题，而且是策略、技术与管理的有机结合。

（5）网络费用分析。

首先要弄清用户的投资规模，或费用承受底线。投资规模会影响网络设计、施工和服务水平。就网络项目而言，用户都想在经济方面最省、工程质量最好。事实上，即使竞争再激烈，系统集成商也要赚钱。所以，应该让用户懂得：降价是以网络性能、工程质量和服务为代价的，一味杀价往往带来的是垃圾工程，最后吃亏的还是用户。

网络工程项目本身的费用主要包括以下方面。

① 服务器及客户机设备硬件：服务器、海量存储设备、网络打印机、客户机等。

② 网络基础设施：UPS 电源、机房装修、综合布线系统及器材等。

③ 网络设备硬件：交换机、路由器、集线器、网卡等。

④ 软件：网络操作系统、数据库软件、应用软件、网络安全与防病毒软件等。

⑤ 远程通信线路或电信租用线路费用。

⑥ 系统集成费用：包括网络设计、网络工程项目集成和布线工程施工费用。

⑦ 培训费和网络维护费。

只有知道用户对网络投入的底细，才能据此确定网络硬件设备和系统集成服务的"档次"，产生与此相配的网络规划。

6.1.2 可行性研究

可行性研究的主要目的是确定用户目标、网络系统目标和网络系统集成的总体要求，它的结果标志着网络集成工程是否在现有条件和技术的环境下可行，最终是否能达到系统目标的要求。这里主要涉及以下几个方面的内容。

1. 对现行系统的简要分析

对现行系统的分析，就是根据用户的需求，找一个和用户的目标比较接近的现行网络系统或是在用户单位原有的网络系统的基础上作简要分析，掌握现有设备及网络的使用情况，了解用户的真正意图，哪些功能是需要保留的、哪些功能是需要扩展的，为未来系统的设计能恰如其分地反映用户的需求作好铺垫。

2. 用户目标及系统目标的一致性

用户目标是用户投入人力、物力和财力建立网络系统后，能够达到用户需求的一种明确的要求。系统目标是对实现用户目标的一种承诺和保证。用户目标侧重于要求，系统目标侧重于实现。它们既有相同的地方，又有不同的侧重。在系统集成的过程中，首先要确定的就是用户目标和系统目标的一致性，当二者不一致时，要进行反复协调，即用户提出的目标，一定是系统集成要完成的目标。用户最终进行系统验收时，依据必须是系统集成的目标。

3. 组网方案中的技术条件、难点的分析

（1）网络规划的文档规范。

网络规划的每一阶段都将产生一些很重要的技术性文档，这些技术文档对网络设计和网络工程实施起着指导性作用。因此，要求文档简明扼要、全面准确。文档规范非常重要，由于各种网络系统规模、技术要求和系统的目标不同，所以，格式不要求千篇一律，但针对某一类的网络规划应大体相同，下面给出一些格式，仅供参考。

① 网络系统名称。

② 需求分析。

- 用户目标。
- 系统目标。
- 需求分析报告。

③ 网络规划。

- 技术性论证。
- 总体规划方案。
- 网络经费预算。

④ 网络性能简要评价。

（2）网络系统在设计时可能出现的问题。

网络系统在设计时，要充分估计到可能出现的问题。虽然问题的出现有它的随机性，不太好预测，但经过以往的实践大致可以归纳为以下几个方面。

① 网络设备之间的匹配问题。当设备采用不同的产品和标准时，在网络实施中出现的问题最多。尤其在采用新技术、新产品的过程中，由于对设备的技术指标和性能了解不透彻，给具体实施增加了困难。

② 网络拓扑结构设计问题。网络拓扑结构设计不合理，会造成数据传输出现严重的瓶颈问题。

③ 线路连接问题。具体的反映现象是，线路不通或随机出现不通的情况，这类问题主要是结构布线和施工不善等造成的，会致使网络不能正常运行。

④ 系统选择问题。网络操作系统选择不当，使得一些必要的应用软件无法运行。

针对以上问题，网络设计者应根据组网的实际经验，在关键点上有充分的思想准备。

4. 投资和效益分析

成本/效益分析的目的是从经济角度出发，考虑建立一个网络需要多少投资，它能带来多少经济效益。而需要从以下三个方面考虑。

（1）成本估算。硬件费用包括工作站、服务器、网桥/路由器、交换机、集线器、网卡、线缆、光缆、不间断电源等费用。软件费用包括网络操作系统、网络服务软件及其工具软件等。其他方面还应包括设备的安装和布线等费用。

（2）网络的运行和维护费用。网络的运行和维护费用包括必要的网络管理人员、操作人员、维护人员的费用，必要的备件和消耗品费用。

（3）经济效益估算。估算网络系统建成后，能带来多大的经济收益。

5. 可行性的研究结论

经过以上分析，确定用户目标、网络系统集成的目标以及网络系统集成的总体要求，根据现有的设备和技术条件，确定网络系统是否能达到系统集成的目标。

6.1.3　网络分析

通过上述网络应用类型的简要分析，可进一步扩展和引申出各类网络的具体应用类型。下面以大学校园网为例，对网络的应用作概要分析。

1. 需求分析

大学校园网是学生进入社会、面临网络信息时代激烈知识竞争的需要，又能满足教师和研究人员迅速吸收最新知识、进行学术交流和创造的需要，同时还能达到在面积较大、环境较为复杂的校园内，进行行政、生活、教务管理以及开展多种业务活动的目的。因此，大学校园网呈现出以下特点：网络负荷大；网络管理及维护量大；网络利用率高；网络管理应注重界面友好、易操作、好维护；网络运行的安全性较高；网络设计应尽量简单、模块化，又要节省资金。主要的应用需求有以下几点。

（1）Internet 服务。

① 电子邮件系统，主要用于与同行交往、开展技术合作、学术交流等活动。

② 文件传输 FTP，用以获得重要的科技资料和技术文档。

③ Web 服务，学校可建立自己的主页，对外进行学校宣传、提供咨询，对内进行管理。

④ BBS 服务，用于发布通知，进行学术讨论等。

（2）计算机教学。

① 多媒体教学课件制作、管理和网上分发系统。

② 基于 Web、NetMeeting 或 VOD（视频点播）的远程教学系统。

③ 学生学籍、考绩管理系统和教师人力资源信息系统等。

（3）图书馆访问系统。用于计算机查询、检索、在线阅读等。

（4）办公自动化（OA）系统。包括财务、资产、宿舍管理、档案管理等。

2. 方案设计

（1）方案设计要点。

① 大学校园网建设的目标就是要在校内构筑一套高性能、全交换、以千兆以太网结合全双工快速以太网为主体、以双星（树）结构为主干的遍布整个校园的信息网络系统，以满足大负载网络的访问需求。

② 采用宽带接入方案连接到 CERNET，实现高校之间及国际间的高效率资源共享和学术交流。

③ 还应考虑与当地城域网的连接，把学术信息资源投放到地方，促进自身在研究、学术上的进步。

④ 校园网一般采用开放的网络结构，在与广域网进行连接时，出于安全性的考虑，一般采用路由器防火墙。

⑤ 布线系统是网络通信的基础设施，可以说是"十年大计"，应当一步到位，尤其是主

干光缆，应埋足芯数，光纤标准是网络中最耐久的，多投入准没错。

（2）主干网方案的选择。

千兆位以太网是对 10 兆和 100 兆以太网的扩展，在速度上比快速以太网快了 10 倍，而技术上却与 10 兆和 100 兆以太网保持了高度的兼容，使它们可以平滑、无缝地连接在一起。千兆位以太网在继承 10 兆和 100 兆以太网组网成本低、结构灵活且易于管理等优势的基础上，还拓宽了以太网的应用领域，支持许多新的技术和标准。尤其是支持千兆以太网的第 3/4 层交换机的出现，极大地增强了千兆位以太网在主干网领域的竞争地位。

ATM 提供异步传输模式，对语音、图像等多媒体实时信息能提供优质的服务，使得 ATM 网络对于那些业务类型较多、服务质量要求较高的用户很有吸引力，但需要较大的投资。

FDDI 是一种光纤网标准，采用双环结构，可靠性非常高，是一种很成熟的主干网络技术。但随着以太网和 ATM 技术的发展，FDDI 目前已不再大量使用。

（3）总体方案。

主干网采用千兆以太网的技术实现，子网采用快速以太网结构，能满足百兆到桌面的要求。同时，对原有 10 兆以太网也可直接进入，保护了用户的已有投资。校园网通过光纤连接 CERNET。

校园网网管中心设在东校区网络中心机房内，负责校园网的运行、管理和维护工作。网管中心主要设备包括：主交换机、WWW/FTP 服务器、DNS 服务器、MAIL 服务器、代理服务器、拨号服务器。

校园网的安全性主要通过路由器防火墙来提供，其校园网的拓扑结构示意图如图 6-1 所示。

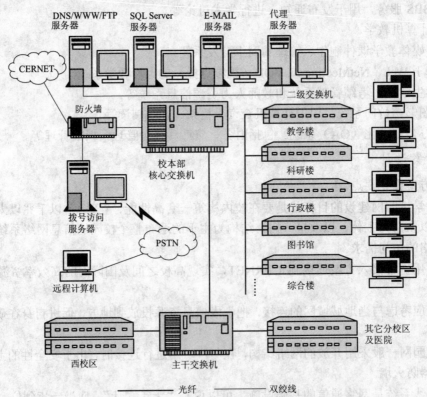

图 6-1　某高校校园网拓扑结构

3. 网络管理及应用开发

所谓网络管理，就是使网络中的资源得到有效的利用，维护网络的正常运行，当网络出现故障时能及时报告和处理，并协调、保持网络系统的高效运行。目前，各类网络管理产品很多，可按照网络管理的规模进行选用。

校园网的建设不仅仅局限于提供 Internet 的标准服务，还必须投入人力、财力开发适合各自需要的网络应用系统。如：管理信息系统；多媒体计算机网络教学系统；部门网上应用系统等。只有不断地丰富网络应用资源，校园网的价值才能真正得到体现。

6.1.4　网络操作系统的选择

网络操作系统的选择是网络设计中非常重要的一环。选择一个合适的网络操作系统，既省钱、省力，又可极大地提高系统的效率。网络操作系统在很大程度上决定了整个网络系统的性能。

网络操作系统是对整个网络系统的各种资源进行协调管理的系统软件。通常管理以下几种资源：可供访问的文件系统、服务器计算机系统的存储设备、可共享的应用程序及多进程间的 CPU 调度。

目前广泛采用的网络操作系统主要有：Netware、Windows NT/Windows 2000、Linux 和 UNIX。不同的网络操作系统对应的网络体系是不一样的。对想组建小型局域网的企事业单位来说，Netware 系统应该是最佳首选。Netware 系统对硬件的适应性好，对机器的配置要求比较低，可充分利用单位的原有机器设备。

如果组建的网络系统规模比较大，而且不牵涉老设备的利用，且组建的是一个全新的网络系统，又有远程互连的需要，那么就选择 Windows NT/Windows 2000，因为 Windows NT/Windows 2000 支持的硬件平台多，比较适合有较高要求的新建网络系统。

如果服务器和工作站的配置都不高，又具有 UNIX 的使用经验，则可以选择 Linux 作为网络操作系统。

如果只是想对文件和资源进行共享，对网络的安全性又无特殊的要求，而且又不想花太多的钱，那么选择 Windows 98 作对等网是最理想的选择。

对目前常用的网络操作系统的特点的比较见表 6-2。

表 6-2　常用的网络操作系统的比较

网络操作系统	结构类型	主要特点	优点	缺点
Novell Netware	服务器结构（File Server/ Workstation）	以服务器为中心，工作站之间若不通过服务器做媒介则无法进行直接交流	保密性好，文件的安全性、可靠性较高	工作站资源无法直接共享，安装维护复杂，不能充分发挥服务器的性能
Windows NT Windows 2000	主从式结构（Client/Server）	工作时的计算及通信任务由 Client 和 Server 分担	有效利用资源、响应时间短，成本低，可靠性高	开发环境不够理想，管理较困难

网络操作系统	结构类型	主要特点	优点	缺点
UNIX	主从式结构（Client/Server）	支持交互式的多任务、多用户的分时系统，具有良好的软件开发环境和一整套的安全机制	UNIX系统简洁方便，可移植性良好，具有开放性，高效、稳定，应用比较普及	管理较复杂，需要由经验丰富的网络管理人员进行管理，兼容的版本种类繁多，硬件的兼容性不够好
Linux	主从式结构（Client/Server）	支持绝大多数局域网和广域网协议并捆绑了大量的应用软件，尤其是Internet服务软件，与UNIX保持兼容，并对NT和Netware提供了无缝连接支持	价格低廉，功能强大，可靠性高，系统内核小，支持真正的多任务，系统开销低	缺乏商业化支持，关键场合Linux应用并不多
Windows 98	对等式网络结构（Peer to Peer）	无需提供服务器，网络中的服务提供者和请求者，都有绝对自主权	安装、使用及维护都相对简单、无需专用服务器，且价格低廉	数据资料的保密性不好、文件管理分散

6.2　计算机网络的设计

6.2.1　网络方案设计原则

需求分析完成后，应产生成文的需求分析报告，在需求报告的基础上进行网络设计。在网络设计时，一般应遵循以下几个基本原则。

1. 先进性和成熟性

在需求分析的基础上，首先应考虑采用先进的组网技术，使所建的网络在一段时间内保持先进性及可用性，在相当长的一段时间内不至于落后或淘汰，并能适应近期及中远期业务的需求。同时，为了保护投资及有利于计算机资源的充分发挥，应尽可能采用成熟的组网技术。成熟的技术一般具备下列条件：一是有完善的标准；二是有关产品经过权威组织机构的标准一致性测试和不同厂商产品的互操作试验，证实具有良好的互操作性；三是产品已经稳定且已有了一定的市场。

2. 安全可靠性

安全与可靠是组网的重要原则之一。为了保证各项业务的应用，网络必须具有高可靠性，应尽量避免系统的单点故障，防止非法环路及广播风暴。在对网络结构、网络设备等进行高可靠性设计的基础上，采用先进的网络管理技术，实时采集并统计网络信息流量，监视网络运行状态，及时查找并排除故障。同时，采用必要的安全措施，如在局域网和广域网互连点上设置防火墙、在多层次上以多种方式实现安全性控制等，以抵御来自网络内部或外部的攻击。

3. 灵活性与可扩充性

为了保护已有投资以及用户不断增长的应用需求，网络系统必须具有灵活的结构并留有合理的扩充余地，以便用户根据需要进行适当的变动与扩充，使整个系统具有技术升级、设备更新的灵活性。

4. 开放性与互连性

采用符合当前最新国际标准的软硬件标准以及开放的技术、开放的结构、开放的系统组件与用户接口，使网络系统具有与多种协议计算机通信网络互联互通的特性，在结构上真正实现开放，从而为未来的发展奠定基础。

5. 可管理性与可维护性

计算机网络本身具有一定的复杂性，随着业务的不断发展，网络管理的任务必定会日趋繁重，所以在网络的设计中，必须建立一套全面的网络管理解决方案。网络设备应采用智能化、可管理的设备，同时采用先进的网络管理软件，对网络实行分布式管理。通过先进的管理策略和管理工具来提高网络运行的可管理性和可靠性，简化网络的维护工作。

6. 经济性与实用性

充分考虑资金的投入能力，以较高的性能价格比构建网络系统。根据用户的应用需求，在满足系统性能以及考虑到在可预见期间内仍不失其先进性的前提下，尽量使整个系统投资合理且实用性强。

网络设计不仅要考虑到近期目标，还要为系统的进一步发展和扩充留有余地。一般来说，网络的建设不可能一次完成，考虑到其长远发展，必须进行统一规划和设计，并采用分步实施的建设策略。网络应用和服务在整个网络建设中占有重要的地位，这是因为只有应用和服务才是用户可直接受益的部分。因此，应组织专门的队伍来进行网络应用开发，使网络建设和网络应用开发并行。一旦网络建成，就能给用户提供广泛的服务。

6.2.2　网络方案设计的内容与过程

在网络设计的过程中，主要完成的工作内容应包括以下几个方面。

1. 网络规划

网络规划是指为即将建立的网络系统提出一套完整的设想和方案，其中应包括网络系统的可行性研究与计划、需求分析、网络中软硬件设备的选择、网络系统的选择、网络结构设计的确定、投资估算、网络建立文档的规范等，它是网络系统集成的整体规划。网络规划对建立一个功能完善、安全可靠、性能先进的网络系统至关重要。因此，无论是网络规划者，还是网络建设的决策者，都要充分认识到这一点。现实社会中由于网络规划不完善，大量人力、物力和财力浪费的现象屡见不鲜。轻则使建成的网络满足不了用户的需求，不能发挥应有的作用，重则使建成的网络系统不能正常运行。有的网络设计是一个落后的网络系统，以至完全不能达到用户的要求，从而给用户造成极大的损失。

2. 网络方案设计

根据用户的需求，充分考虑到建网的环境，对网络系统进行设计，包括选择合适的网络拓扑结构、确定开发方法或对原有系统的升级改造方案、网络服务器和工作站的选择、系统的结构化布线、网络系统的集成、应用软件的集成与开发等。这一部分工作的技术性很强，要求网络设计的技术人员在进行方案设计时，应着重考虑网络的实用性、先进性、开发性、可靠性、安全性、经济性以及可扩充性，并能够考虑具体的技术问题。

3. 系统设计

在这一阶段要进一步了解建筑物的内部结构和外部环境。对于小型局域网而言布线设计比较容易，大一些的网络就需要考虑综合布线设计。综合布线设计是一个比较复杂的过程，符合楼宇管理自动化、办公自动化、通信自动化和计算机网络化等多功能的需要，能支持文本、语音、图形、图像、安全监控、传感等各种数据的传输，支持光纤、UTP（无屏蔽双绞线）、STP（屏蔽双绞线）、同轴电缆等各种传输介质，支持多用户多类型产品的应用，支持高速网络的应用。

4. 设备选型

根据前面的分析和设计，选择合适的网络传输介质、集线器、服务器、网卡、配套设备（如电源等）等各种硬件设备。组成一个网络系统所需的设备很多，应充分了解市场上不同产品的特点，制订配置计划，以便作出最佳选择。在选择设备时应尽量选用主流产品，这样可以保证技术及发展的可维持性。

5. 投资预算

网络投资预算包括硬件设备、软件购置、网络工程材料、网络工程施工、安装调试、人员培训、网络运行维护等所需费用。须仔细分析预算成本，考虑如何既满足应用需求，又能将成本降到最低。

6. 编写网络系统文档

系统文档是整个网络系统的文档资料，目前没有一个统一的标准，国内各大网络公司提供的文档内容也不一样。但文档是绝对重要的，对于未来的网络系统维护、扩展和故障处理，使用文档可为管理人员节省大量的时间。这些文档包括用户需求说明书、可行性分析报告、网络拓扑结构设计图、网络布线设计图、设备配置表、网络建设费用预算表等。

6.2.3　局域网设计

按照网络的规模划分，局域网可分为小型、中型及大型 3 类。在实际工作中，通常将信息点在 100 点以下的网络称为小型网络，信息点在 100～500 之间的网络称为中型网络，信息点在 500 点以上的网络称为大型网络。下面结合这 3 种类型的网络介绍若干局域网的设计方案。

1. 小型局域网的设计方案

小型局域网的设计一般有两种方案：总线型以太网的设计和星型以太网的设计，下面分别阐述两种网络的设计方案。

（1）总线型以太网的设计。

1）应用需求。计算机的数量较少（例如，2～20 台），在小范围内实现计算机的互联，数据的传输量不大，可靠性要求不高，网络设备的投资较小，管理简单，无须专门培训。

2）网络方案设计。总线型以太网的连接比较简单，其拓扑结构如图 6-2 所示。

在安装细缆以太网时，最重要的事情就是应注意电缆使用的长度（两个节点间的最小距离为 0.5 m，网段的最大长度不能超过 185 m）。与电缆有关的问题最难进行错误跟踪，并且在安装之后分析起来相当困难。

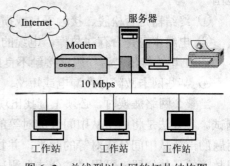

图 6-2　总线型以太网的拓扑结构图

3）网络设备的选择。

① 网络计算机的选择应根据实际情况决定或选用已有的计算机。

② 选择网卡时必须带有 BNC 桶形插座，其总线接口可为 ISA 或 PCI（尽量购买 PCI 接口的网卡，因目前很多主板不再提供 ISA 插槽，如果是无盘工作站，则必须购买支持远程启动的网卡，需要经销商提供相应的引导芯片 Boot ROM）。

③ 传输介质一般选用 RJ—58A/U 的细缆。

④ 多个 T 型连接器，其数量与电脑数量相同。

⑤ 两个 50 Ω终端接地电阻器。

4）投资预算。根据网络方案和网络设备的选型计算。

5）网络维护与故障排除。网络维护是联网后的一项经常性工作。对于网络管理员来说，不仅要注意防止网线、BNC 接头、T 型头以及终结器的氧化，更重要的是要保证网络始终畅通。

对于 10BASE—2 网络来说，常见的故障现象主要有如下几个方面。

① 网卡设置错误：这是最常发生的错误，当网卡驱动程序安装错误、IRQ 或 I/O 端口地址设置错误时都无法连通网络。如果确认网卡的驱动程序及相关设置没有问题不妨试一下更换网卡插槽。

② 终结器损坏：10BASE—2 网络两端各有一个 50 Ω 的终结器，若其中任何一个坏了，或是用了不同阻值的终结器，都会导致网络瘫痪。对于此类故障，应先观察一下终结器是否损坏，然后测量一下其阻值是否都为 50 Ω。

③ BNC 接头或 T 型连接器故障：10BASE—2 网络主要是靠 BNC 接头和 T 型连接器来连接电缆的，如果接头松动导致接触不良，或是接触面因长期使用而氧化，网络都不能正常工作。其中，若 T 型连接器或 BNC 接头被氧化而使接触不良，则应将其清洗干净。

④ 线路故障：由于布线时网线遭受辗压或拉扯而破坏了电缆结构，或是因电缆长期使用而老化，都能造成网络不能正常工作。

当计算机无法连通网络时，首先应判断是单机出现错误还是整个网络出现错误。如果是单个计算机的网络功能工作不正常，而网络上其他计算机仍然正常工作，则表示是单机问题，这时应重点检查以下内容。

① 连接网卡的 T 型连接器是否松脱或接触不良。

② 网卡的驱动程序、IRQ、I/O 地址是否设置错误。

③ 网卡是否存在故障。

如果是整个网络中的计算机网络功能都不正常，则表示整个网络瘫痪，这时应查找以下范围。

① 终结器是否松脱、接触不良或损坏。

② 电缆本身是否存在故障，电缆的 BNC 接头是否松脱、接触不良或存在其他故障。

③ T 型连接器是否松脱、接触不良或存在其他故障。

④ 某些网卡故障导致漏电或短路。

当整个网络瘫痪时，必须先查找出现故障的具体位置，此时通常采用的方法是"二分法"测试。其方法是将网络从中间分成对等的两半，找出故障出现在哪一半，然后再进一步将有问题的部分从中间分成对等的两半，并找出故障出现在哪一半。如此反复，便可快速找出出现故障的具体位置。采用"二分法"测试网络有以下几个步骤。

① 找到位于中央位置的计算机，拆开 T 型连接器一侧的 BNC 接头。

② 使用万用表测试 T 型连接器拆开处中心导体和表面之间的电阻是否为 50 Ω，如果不是，则表示这一半网络肯定有问题，如果是，则问题一定在另一半网络。

③ 在有问题的一半接上一个终结器，然后重复上述步骤，直到找到出现故障的部分。

（2）星型快速以太网的设计。

1）应用需求。计算机的数量在 100 台以内，在小范围内实现计算机的互联，数据的传输量较大，可靠性要求较高，网络设备的投资较大，易于管理，维护简单。

2）网络方案设计。一般情况下，用户可直接使用集线器、交换机或者集线器、交换机堆叠来构建 100BASE—T 网络，如图 6-3 所示。

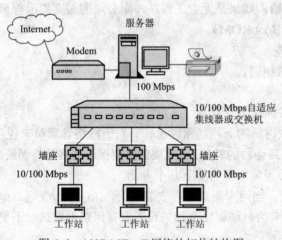

图 6-3　100BASE—T 网络的拓扑结构图

当网络中的计算机比较分散时（例如网络中的计算机被分散到各个办公室或部门），可构建图 6-4 所示的星型树网络。

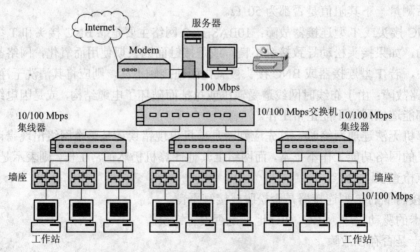

图 6-4　100BASE—T 网络的拓扑结构图

构建 100BASE—T 网络时应注意如下几个问题。

① 工作站与集线器之间的距离不能超过 100 m。因此，100BASE—T 网络的最大长度为 205 m。

② 如果希望通过 Hub（集线器）级联扩充集线器端口，则只允许对两个 100 Mbps Hub 进行级联，并且两个 Hub 之间的连接长度不能够超过 5 m。

③ Hub 有两种级联方式。若 Hub 本身带有级联口，则两个 Hub 间用正常的双绞线连接；若 Hub 本身没有级联口，则可用 1、3 根线反绞的双绞线连接两个 Hub 的任意两个口。

3）网络设备的选择。

① 网络计算机的选择根据实际情况决定或选用已有的计算机。

② 设备可选择 10 M/100 Mbps 自适应或者 100 Mbps 集线器或交换机。当用户较多时，可选择堆叠式集线器或交换机。

③ 网卡应选择带有 RJ—45 接口的 10 M/100 Mbps 自适应网卡或者 100 Mbps 网卡（如果是无盘工作站，必须购买支持远程启动的网卡，需要经销商提供相应的引导芯片 Boot ROM）。

④ 通信介质应选择 5 类双绞线。

⑤ 100 Mbps RJ—45 连接器若干。

4）投资预算。根据网络方案和网络设备的选型计算。

2. 中型局域网构建方案

与小型局域网相比，由于中型局域网的规模比较大，因此，可将其划分为主干网和分支网。就目前来说，主干网的数据传输速率可为 1 000 Mbps 或 100 Mbps，分支网的数据传输速率可为 100 Mbps，即"主干千兆位，100 Mbps 交换到桌面"。下面结合企业网设计的具体实例来介绍一些常用的中型高性能局域网设计方案。

1）应用需求。大多数中小型企业都采用集中式办公的方式，即所有部门和人员都在同一座建筑内办公或者分布式办公，企业在一个园区内具有多处办公地点，楼宇间网络的连接距离通常大于 100 m。最终目的是实现各部门之间的信息资源共享，网络规模较大，信息点比较分散，投入较大的资金以组建一个功能完善、可靠性较高的网络系统。

2）网络方案设计。对于信息点比较集中的企业，由于规模有限，这种网络的连接距离通常小于 100 m，因此可以全部采用 5 类 UTP 进行布线。

如图 6-5 所示的是一个典型的中型企业网络，该企业在一座 5 层高的大楼中，1~4 层共有 290 个信息点。网络中心与各楼层之间全部采用 5 类 UTP 建立 1 000Base—T 高速链路，接入层采用 10 M/100 Mbps 交换到桌面。网络中心可采用千兆位主干，各楼层采用千兆位支干交换机。服务器加装 1 000 Mbps 网卡，确保达到千兆位速率。交换机可采用堆叠方式增强扩展性，可以根据企业的发展来增加新模块和堆叠交换机数量，且随着端口数和堆叠数量的增加，其性价比优势越明显。

由图 6-5 可以看出，集中式网络中心交换机应具有大容量的交换背板，采用模块化机箱式设计，可以支持多种速率和介质，而且端口密度高且扩展灵活。楼层接入交换机应具有千兆位上传端口，能够通过堆叠或增加模块来提高接入端口密度。

分布式办公在一个园区内具有多处办公地点，楼宇间网络的连接距离通常大于 100 m，所以需要采用光纤进行布线。分布式网络通常具有网络中心及楼宇接入节点两个层次，如果楼宇规模较大，还可能出现第三个层次——楼层设备间。

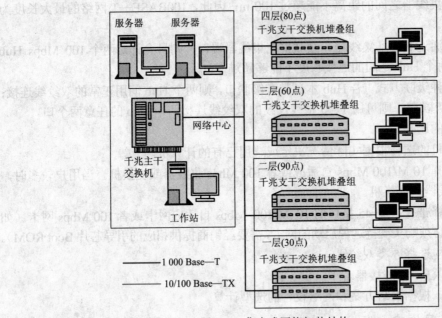

图 6-5　集中式网络拓扑结构

　　如图 6-6 所示的给出了一个分布式中型网络方案，该企业各部门分别位于园区内不同的建筑中，由于各建筑与网络中心之间的距离小于 550 m，故采用基于多模光纤传输的 1 000Base—SX 建立千兆位主干。中心千兆位交换机可安装 100/1 000Base—T 千兆位铜缆模块以连接服务器，另需选配 1 000Base—SX 模块以连接 4 座建筑。该方案采用光纤扩大了网络覆盖范围，如果连接超过 550 m，则可选用单模 1 000Base—LX 长波千兆位光纤技术实现 5 km 内的连接。

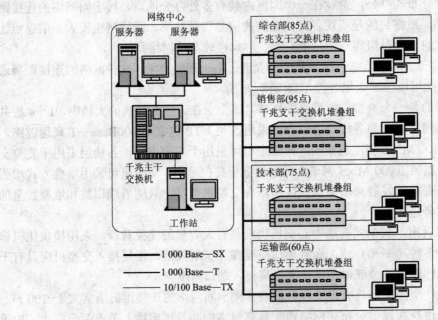

图 6-6　分布式网络拓扑结构

3）网络设备的选择。

① 网络计算机的选择根据实际情况决定但必须有专用服务器。

② 千兆位网络中心交换机和分支交换机。

③ 100 M/1 000 M 网卡若干。

④ 5 类 UTP 双绞线若干，多模和单模光纤若干。

⑤ 光纤接头和 RJ—45 连接器若干。

4）投资预算。根据网络方案和网络设备的选型计算。

5）编写网络系统文档。编写网络文档，为以后的工作作好铺垫。

3. 大型局域网构建方案

大型局域网主要包括校园网、大型企业网、园区网等。由于这类网络中节点数比较多，且地理上比较分散，因此，其构建更为复杂。就目前来说，这类网络大都采用了"千兆位光纤作为主干，百兆位双绞线到桌面"。下面主要以某医院网的设计为实例作简要叙述。

1）应用需求。医院作为社会重要的服务部门，其办公信息化尤其重要。某医院以其精湛的医术闻名于国内外，近年来随着先进设备的引进和信息的增多，设备共享和信息的规范管理越来越重要，因此，他们急需建立一个先进的信息网络系统。下面就以该医院为例，说明医院网络的构建特点。

2）建网目标。该医院建筑面积约 100 000 m^2，建筑楼群有住院部、门诊部、行政部、外科楼、内科楼和实验楼等，通过建设医院网络实现以下功能。

① 实现设备共享，减少重复投资。

② 通过 Web 发布，实现 Internet 信息查询。

③ 通过远程拨号方式实现远程医疗。

④ 实现病房及办公室的实时监控，以便及时掌握病人病情的变化及医生值班的情况。

⑤ 信息共享及统一管理，医院的各种文件可以通过电子邮件或 FTP 等形式传送。

⑥ 建立多功能指挥中心，便于医院领导统一指挥。

3）网络设计原则。该医院网络的设计原则有如下几条。

① 先进性。以先进、成熟的网络通信技术进行组网，支持数据、语音和视频图像等多媒体应用，采用基于交换的技术替代传统的基于路由的技术，并且能确保网络技术和网络产品几年内基本满足需求。

② 安全性。信息系统安全问题的中心任务是保证信息网络的畅通，确保授权实体经过该网络安全地获取信息，并保证该信息的完整和可靠。网络系统的每一个环节都可能造成安全与可靠性问题。

③ 灵活性。整个网络系统是可扩展的，便于系统升级和改装。

④ 可伸缩性。网络的建设是一项持续性的系统工程项目，坚持网络建设规模的可伸缩性原则，将使得网络的建设费用降低，避免不必要的浪费，也体现了网络建设的灵活性。

⑤ 可管理性。网络建设的一项重要内容是网络管理，网络的建设必须保证网络运行的可管理性。在优秀的网络管理之下，将极大地提高网络的运行速率，并可迅速简便地进行网络故障的诊断。

⑥ 实用性。根据应用系统的要求确定整个系统的结构，即从系统功能和信息需求出发，

网络系统的结构必须满足系统的传输能力要求、信息安全要求、人机交互能力要求以及信息处理要求。

4）网络技术选择。在该医院的网络建设中，通过反复论证和比较，决定骨干网采用千兆位以太网和第三层交换。目前，可以选用的网络技术有交换式以太网、快速以太网、FDDI、ATM 和千兆位以太网。但是，基于性能价格比及发展的眼光，千兆位以太网是比较合适的方案，主要有以下原因。

① 千兆位以太网已成为一种成熟的组网技术，世界上很多网络厂家都已推出很好的千兆位以太网解决方案，以及性能和功能都很强的千兆位以太网系列产品。

② 千兆位以太网目前的造价已经低于 ATM 网，其有效带宽却比 622 Mbps ATM 网还高。

③ 千兆位以太网已成为目前 Intranet 主干网组网的主要技术，现在先进的千兆位以太网技术已使之可以组建 100 km 范围内的城域网。

因此，千兆位以太网是目前国内网络建设中用得最多的技术。

此外，为了提高网络的效率和安全性，在网络规划时还采用了虚拟局域网（VLAN）技术。VLAN 就是将一组物理上彼此分开的用户和服务器逻辑地分成工作群组，这样的逻辑划分与物理位置无关。简单地说，就是把一组用户分配在一个相对独立的子网上，使得一部分信息流量只有该子网的用户才能够收到。

在网络设计过程中，采用先进的网络管理技术也是十分重要的。网络管理系统是保证和维护网络正常运行的重要子系统，网络管理的复杂程度取决于网络本身的大小和复杂程度。网络管理和网络的规模有关。它可以是对本地网络上几台 PC 机的管理，或者是像 ChinaNet 这样大型网络的管理。对于一个由多种厂商的设备及多种协议组成的大型网络而言，网络管理就变得更加复杂和重要，它是一个集软件、硬件、操作系统及人员于一体的综合系统。

网络管理是控制一个复杂的数据网络去获得最大效益和生产率的过程，为了更好地定义网络管理的范围，国际标准化组织把网络管理的任务划分为 5 个功能，即网络的故障管理、配置管理、性能管理、安全管理和记账管理。对于该医院的网络，必须具备全面的网络管理功能，同时尽可能地减轻网管人员的负担。

经过市场考察，考虑产品的性能价格比，又能满足该医院的建网需求，决定选用 3COM 公司的网络产品。

5）网络设计方案。根据医院网络的需求和网络的设计原则，制定的网络总体方案如图 6-7 所示。

制定该方案时需注意如下两点。

① 与一般用户连接相比，服务器和其他数据中心的连接需要更多的带宽和冗余的体系结构。

② 骨干连接要等于所有服务器连接的带宽之和。

6）网络设备的选型。

① 中心交换机选择 3COM 公司的高端产品 Switch 4007 企业级千兆位以太网交换机。该交换机提供 18～48 Gbps 的综合带宽，其 120 Gbps 的背板容量允许在同一个平台中实现几乎无限的扩展容量。一个 3COM Switch 4007 机箱可以实现 72 Mbps 的吞吐量。

3COM Switch 4007 交换机提供扩展的服务等级（COS）和服务质量（QOS）功能，能够将关键任务或实时的数据流与低优先级的应用进行区别。

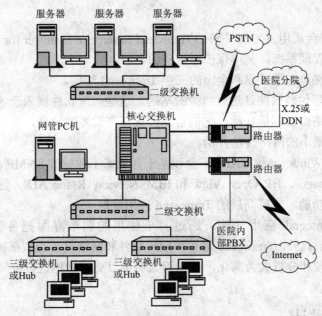

图 6-7　医院网络拓扑结构

在本方案中，为每台 Switch 4007 交换机配置了 7 槽机箱，有两个电源、一个交换引擎和两个管理模块，保证中心设备的可靠运行。机箱内有一个三层交换模块，以便长距离连接城域网，还有一个 9 口 1 000 Mbps 交换模块和一个 36 口 10 M/100 Mbps 自适应交换模块。

② 根据不同应用，二级交换设备和二级交换机采用了 3COM 公司的 SuperStack II Switch 3300/1100 和 SuperStack II Switch 3900。

SuperStack II 3300 型交换机的所有端口都具有 10 M/100 Mbps 自适应功能，能够按照连接设备的速度自动调整交换速率，可以非常平滑地移植到快速以太网上。SuperStack II 3300 型交换机适用于 12 或 24 端口模式，还有选件扩充模块槽。

SuperStack II 1100 型交换机是为 10 Mbps 以太网用户服务的，提供两个 10 M/100 Mbps 快速以太网端口，用于高速访问服务器、高性能工作站或中心交换机。此外，该交换机还有收发器插槽，用来连接原有网络。SuperStack II 1100 型交换机有 12 或 24 端口两种机型，还提供了一个选件扩充模块槽。

SuperStack II Switch3900 型交换机提供线速的 10 M/100 M/1 000 Mbps 交换功能，交换内部的 25.6 Gbps 总交换速度，能提供每秒钟处理 980 万个数据包的交换速度，支持基于标准的优先级传输和 VLAN，因而能提供服务类别功能，并在各交换机之间自动分配 VLAN 信息。

③ 广域网主路由器采用 3COM 公司的企业级路由器 NetBuilder II，它是一种高性能中心路由器，在网络的安全性、数据压缩、兼容性和开放性等领域处于领先地位。

④ 广域网备份路由器/拨号接入路由器采用 3COM 公司的远程接入产品 SuperStack II Remote Access System 1500（ISDN/PSTN），它可以为中小型企业和 Internet 服务提供商提供全面的远程访问服务。

SuperStack II Remote Access System 1500 由 3 个可堆叠的组件组成，提供多协议远程访问服务器和具有完备功能的路由技术。通过使用高性能 V.34 调制解调器、64 K～256 Kbps ISDN BRI 卡和具有 56 Kbps 速率的 ISDN BRI 访问单元等多种插件，可为用户提供一套完整的远程访问方案。

⑤ 网管软件平台选用 3COM 公司的 Transcend Enterprise Manager for Windows 网管软件，它能够建立完善的管理系统，又可保护原有资源。

该软件的管理优势在于可靠和全面的三层 Transcend 结构。

SmartAgent 管理代理软件是这个结构的基础。这些代理软件嵌入于各种 3COM 产品中，从网卡到桥接器或路由器都是如此。它们自动搜集每个设备的信息，并把这些信息有机联系起来，同时只占用最小的网络传输开销。

中间层是针对 Windows 和 UNIX 平台和基于开放式工业标准 SNMP 的各种管理平台，其中包括 SunNet Manager、HP Open View 和 IBM Netview R for AIX。这些管理平台强化了 SmartAgent 的管理功能，支持高层的 Transcend 应用软件。

最上层的 Transcend 应用软件，通过易于使用的图形界面把各种管理功能集成于 SmartAgent 智能中。此外，Transcend 对各种应用软件和网络设备类型都提供同样的界面，意味着管理信息的比较和分析大为简化，使网管人员可以更有效地进行故障诊断和优化网络性能。

6.2.4　广域网设计

随着 Internet 的兴起，人们对开放式远程网络互联的需求日益强烈。在今天，无论是企业网、校园网，还是政府办公网，在网络需求说明中都把接入 Internet 作为网络工程中的必选。因此，了解和掌握广域网技术就变得十分必要。

目前在广域网上，得到广泛应用的有数字数据网（DDN），帧中继（FR），综合业务数字网（ISDN），以及近年来兴起的数字用户线路（xDSL）、开山鼻祖分组交换网（X.25）、公共电话（PSTN）拨号网络以及光纤宽带接入技术等。本节将有选择地进行简要介绍。

1. 广域网连接技术的比较与选择

在很多网络项目中，不可避免地要遇到与广域网的连接。比如，本地网的远程拨号接入、校园/企业网接入 Internet、银行异地结算、总部与多个分部之间的互联等。广域网连接技术大都属于点对点传输。一般而言，不可能也没有足够的费用为这些广域网铺设专门地通信链路。结果只有一个，那就是让计算机网络去适应现有的电信链路。在这个过程中，产生了很多在带宽、费用、特性上差别较大的广域网技术标准体系。表 6-3 对此进行了简单的分析比较。

表 6-3　广域网连接技术地比较

名称	传输速率	业务类型	优缺点
X.25	2.4 Kbps～64 Kbps	永久虚电路（PVC）和交换虚电路（SVC）	优点：经济可靠 缺点：传输延时大
DDN	19.2 Kbps～2 Mbps（基带）	高速数据专线	优点：高带宽，传输可靠 缺点：费用高昂
帧中继	64 Kbps～512 Kbps	永久虚电路（PVC）和交换虚电路（SVC）	优点：高带宽，费用较低 缺点：传输质量得不到保证

续表

名称	传输速率	业务类型	优缺点
PSTN 拨号	≤56 Kbps	模拟调制传输	优点：经济、普及、安装方便 缺点：速率低，仅满足个人用户
ISDN （一线通）	BRI：128 Kbps PRI：2 Mbps	语音，数据	优点：经济、多业务 缺点：速率低，适用于办公室网络
ADSL	2 Mbps 128 Kbps		优点：经济、多业务 缺点：速率低，适用于办公室网络
光纤宽带 接入	10 Mbps～100 Mbps	语音，数据，视频	优点：高带宽，传输可靠，抗干扰 缺点：费用高昂

（1）分组交换协议（X.25）。X.25 是最悠久的广域网数据传输协议，被称为广域网的鼻祖，有很多广域网技术都是从 X.25 发展来的。X.25 是一个基于分组的、面向连接的传输协议，传输速度为 300 bps～2 Mbps。其数据传输过程是：分组→传输→组装原始数据。X.25 的最大优点是在传输中可以进行差错校验，因此能够在线路误码率较高时保障数据完整、可靠地传输。但随着时代的发展，通信线路质量的提高，X.25 已入暮年，越来越不适应现在的网络环境，应用得也越来越少。

（2）数字数据网（DDN）。DDN 可为客户提供专用数字数据信道的基带传输，用于企业/校园网的广域网宽带接入。带宽可从 64 K、128 K、256 K、512 K、1 M、2 Mbps 中任选。由于是基带传输，因此 DDN 传输速度高，网络延时小，线路质量好。DDN 是目前使用最多，影响最大的广域网接入技术。

DDN 可向当地的电信局数据分局申请。从使用目的来划分，DDN 有两种：一种是本地 DDN，用于连接用户指定的两点，一般只收月租费；另一种是用户以接入"163/Internet"为目的，除月租费外，还要有一笔可观的流量费。

（3）帧中继（FR）。帧中继（FR）是从 X.25 发展来的。对网络协议支持较好，采用虚电路，数据突发性能较高。最适用于帧中继通信应用的领域是局域网的互联。

在实际应用中，帧中继主要适用于以下几种情况。

①　当客户的带宽需求为 64 Kbps～2 Mbps，且参与通信的节点多于两个的时候，使用帧中继是一种较好的解决方案；

②　当通信距离较长时，帧中继最经济高效；

③　当客户传送的数据突发性较强时，由于帧中继具有动态带宽分配的功劳，选用帧中继可以有效地处理突发性数据。

帧中继线路质量好，速度与 DDN 相当，与 DDN 不同的是：DDN 为固定速率，如申请 64 Kbps，不论闲忙，这 64 K 都是用户的，而帧中继线路质量是随网络负载上下波动的。传输可靠性比 DDN 差。帧中继的费用是 DDN 的 1/2～1/4。

（4）非对称用户线路（ADSL）。ADSL 是一组标准，其目的是从 PSTN 电话线路中挖掘速度，并通过最大限度地"压榨"线路，提高带宽利用率。现在标准虽尚未统一，但国内一些大城市已开通 ADSL（非对称用户线路）业务。下行（信息获取）带宽为 1.544 Mbps，上行（信息发布）带宽为 64 Kbps。适合中小企业、学校、住宅小区和家庭的 Internet 接入。月租金约 2 000～8 000 元。照目前的发展趋势，ADSL 势必取代电信业务中级别相近的 ISDN（事实上 ADSL 的性价比要比 ISDN 好得多）。目前限制来自以下两点。

① 因电话线路质量问题，ADSL 的带宽往往很难达到；

② 电信方面为保住 DDN 市场，故意延缓 ADSL 的开通。

（5）PSTN 拨号与 ISDN。PSTN 拨号使用市话网，通过 Modem 连接，调制速率一般不超过 56 Kbps，常用于单机之间通信或单机接入 Internet。综合业务数字网（ISDN）同样使用 PSTN 市话网，也是拨号，不同的是它把信道分为数据和语音两部分，各 64 Kbps，另有一个 16 Kbps 的控制信道。费用相对比较低廉。

（6）光纤宽带接入技术。随着光纤通信技术的迅速发展，光纤以其固有的宽带优势和极强的抗干扰能力在接入网中获得了广泛的应用。目前，光纤接入的方式主要有：光纤到家（Fiber to the Home，FTTH）、光纤到路边（Fiber to the Curb，FTTC）、光纤到大楼（Fiber to the Building，FTTB）等。

光纤到家是一种全光纤的网络结构，光网络单元（ONU）设置在用户家，用户与业务节点之间以全光缆作为传输线，因此无论在带宽方面还是在传输质量和维护方面都十分理想，适合各种交互式宽带业务，是接入网的发展目标。不过目前这种全光纤网络短期内由于经济原因还难以普及。

光纤到路边是用光纤代替主干铜线电缆和局部配线电缆，将 ONU 放置在靠近用户的路旁，用户用双绞线或同轴电缆与之连接。这种光纤和铜缆的混合结构成本较低，适合于人口居住密度较高的地区。

光纤到大楼的原理与光纤到路边相同，只是将 ONU 放置在大楼内，用电缆或双绞线延伸到用户，非常适合于现代化智能大厦。

FTTx 还有许多其他种类，如光纤到办公室（FTTO）、光纤到邻里（FTTN）、光纤到小区（FTTZ）、光纤到楼层（FTTF）等，这里不再一一讨论。

2. 数字数据网

（1）DDN 的基本概况。

数字数据网（DDN）是利用数字信道传输数据信号的数据传输网，它的传输媒介有光缆、数字微波、卫星信道以及用户端可用的普通电缆和双绞线。DDN 以光纤为中继干线网络，组成 DDN 的基本单位是节点，节点间通过光纤连接，构成网状的拓扑结构。用户的终端设备通过数据终端单元（DTU）与就近的节点机相连。可提供点对点、点对多点透明传输的数据专线出租电路，为用户传输数据，图像和声音等信息。DDN 向用户提供的是半永久性的数字连接，沿途不进行复杂的软件处理，因此延时较短。DDN 采用交叉连接装置，可根据用户需求，在约定的时间内接通所需带宽的线路，信道容量的分配和连续在计算机控制下进行，具有极强的灵活性，使用户可以开通种类繁多的信息业务，传输任何合适的信息。DDN 有以下业务特点。

① 提供点到点的通信，通信保密性强，特别适合金融、保险客户的需要。

② 传输速率高，网络延时小。

③ 信道固定分配，保证通信的可靠性，不会受其他客户使用情况的影响。

④ DDN 覆盖面广，可连接国内外各主要城市。

⑤ DDN 为全透明网，对客户通信协议没有要求，客户可自由选择网络设备及协议。

⑥ 技术成熟，运行管理简便，极少出现重大阻断。

⑦ DDN 是同步传输网，且没有交换功能，缺乏灵活性。

目前，DDN 可达到的最高传输速率为 155 Mbps，平均时延≤450 μs。另外，DDN 可支持网络层次以及其上的任何协议，从而可满足数据、图像和声音等多种业务的需要。

（2）DDN 的主要优点。

传输速率高，网络时延小。由于 DDN 采用了同步传输模式的数字时分复用技术，用户数据信息可根据事先约定的协议。在固定的时隙以预先设定的通道带宽和速率顺序传输，这样只需按时隙识别通道就可以准确地将数据信息送到目的终端。由于信息是顺序到达目的终端的，免去了目的终端对信息的重组，因此减小了时延。目前 DDN 可达到的最高传输速率为 155 Mbps，平均时延≤450 μs。另外，DDN 可支持网络层以及其上的任何协议，从而可满足数据、图像和声音等多种业务的需要。

（3）常见的 DDN 接入方式。

DDN 作为数据通信的支撑网络，其主要作用是为用户提供高速、优质的数据传输通道，由 DDN 的特点决定了 DDN 适用于计算机主机之间、局域网之间、计算机主机与远程终端之间的大容量、多媒体和中高速通信。为用户网络的互联提供了桥梁。但由于客户需求千变万化，其终端设备或网络设备的接入也存在差异，这里就常用的几种接入方式进行说明，不局限于具体的用户终端设备。

DDN 接口很灵活，有话音接口、数字接口和数据接口等。数字接口支持 ITU—T G.703，数据接口支持 ITU—T V.24（RS—232）、高速 V.35、X.21 等接口。用户接入方式大体上分为用户终端设备接入方式和用户网络与 DDN 互连方式两种。

1）用户终端设备接入 DDN。用户终端可以是一般异步终端、计算机或图像设备，也可以是电话机、电传机或传真机，它们接入 DDN 的方式依其接口速率和传输距离而定。一般情况下，用户终端设备与 DDN 的网络设备相隔一定的距离。为了保证数据通信和传输质量，需要借助信号调制等辅助手段。

① 通过调制解调器接入 DDN。调制解调器又分为基带和频带传输两种，DDN 主要使用基带传输。Modem 接入方式在数据通信领域应用最为广泛。在模拟专用网和电话网上开放的数据业务都采用这种方式。这种方式一般是在客户距 DDN 的接入点比较远的情况下采用的。在这种接入方式下，工作方式为同步传输，用户设备一般均采用 DDN 网络提供的同步时钟。位于 DDN 局内的调制解调器从接收信号中提取定时标准，并产生本地调制解调器和用户终端设备所用的定时信号。当模拟线路较长时，由于环路时延的变化，使接入局内的调制解调器的接收输出定时与 DDN 设备提供的定时之间会有较大的相位差，因此需要加入一缓冲存储器来加以补偿。

基带调制解调器根据收、发信号占用电缆芯数的不同，可以分为二线和四线两种。二线基带调制解调器采用 ITU—T V.24（RS-232）接口，提供 19.2 Kbps 以下的低速率接入；四线基带调制解调器采用 ITU—T V.35 接口，提供 64 Kbps～2 Mbps（E1）的高速率接入。请参见图 6–8 所示的图中的例子。

② 通过数据终端设备接入 DDN。这种方式是客户直接利用 DDN 提供的数据终端设备接

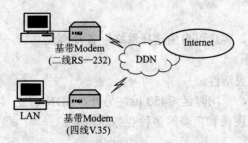

图 6-8　通过调制解调器接入 DDN

入 DDN，而无需增加单独的调制解调器。这种方式的优点是：在局端无需增加调制解调器，只需在客户端放置数据终端设备；DDN 网络管理中心能够对其所属的数据终端设备进行远程系统配置、参数修改和日常维护管理，找出设备本身或所连实线的故障，提高系统的可靠性。

③ 通过用户集中设备接入 DDN。这种方式适合于用户数据接口需要量大或客户已具备用户集中设备的情况，用户集中设备可以是零次群复接设备，也可以是 DDN 所提供的小型复接器。

DDN 提供的小型复接器具有比零次群复接设备更为灵活的特点，可以支持更高的速率。在客户需要的情况下也可以提供话音、传真业务，可适用于 V.24、V.35、X.21 和音频接口。此外，DDN 对其所属的小型复接器具有检测、调试和管理能力。

2）用户网络与 DDN 互连。DDN 作为一种数据业务的承载网络，不仅可以实现用户终端的接入，而且可以满足用户网络的互联，扩大信息的交换与应用范围。用户网络可以是局域网、专用 DDN、分组交换网、用户交换机以及其他用户网络，如图 6-9 所示。

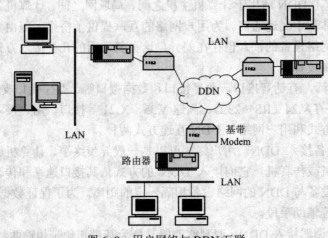

图 6-9　用户网络与 DDN 互联

局域网可通过网桥或路由器等设备利用 DDN 互联，其互联接口采用 ITU—T G.703 或 V.35、X.21 标准，这种连接本质上是局域网与局域网的互联。

网桥将一个网络上接收的报文存储、转发到其他网络上，由 DDN 实现局域网之间的互联。网桥的作用是通过把 LAN 在链路层上进行协议转换而使之连接起来。路由器具有网际路由功能，通过路由器选择转发不同子网的报文，利用路由器，DDN 可实现多个局域网互联。

3. 帧中继

（1）帧中继（FR）简介。

随着专用通信网的传输速率明显提高，接入广域网的局域网（LAN）之间的数据通信量增长迅猛。这就要求有一种高速率、高可靠性、适应性强及低成本的传输方式。X.25 分组交换网虽然成本较低，但其业务速率、网络时延、响应时间和吞吐量等方面均不能适应 LAN 远程互联的需要，因此帧中继技术应运而生。

帧中继是在数字光纤传输线路逐渐代替原有的模拟线路，且用户终端智能化的情况下，由 X.25 分组交换技术发展起来的一种传输技术。帧中继技术以简化的方式传送数据，它使流量控制、纠错、重发等第三层（网络层）及更高的功能转移到智能终端中，从而极大地简化了节点机之间的网络资源。因此，帧中继也被看作是简化的快速分组交换技术。它舍去了 X.25 协议的分组层，采用了物理层和链路层二级结构，在网络中它们与数据通信的特点有许多相同之处。它以尺寸更大的帧（Frame）为单位而不是以分组（Packet）为单位进行数据传输的；而且，它在网络上的中间节点对数据不进行误码纠错。帧中继技术在保持了分组交换技术的灵活性及较低的费用的同时，缩短了传输时延，提高了传输速度。

帧中继可支持多种数据业务，如 LAN 远程互联，计算机辅助设计（CAD）和计算机辅助制造（CAM）等大型文件的远程传送、图像传送（如 X 光和 CT 扫描图像）、会议电视等。帧中继技术可以有效地利用网络资源，快速传送数据信息，是提供数据通信业务的最佳途径。帧中继已成为当今实现局域网（LAN）互联，局域网与广域网（WAN）连接等应用的理想解决方案。世界各国也都认为，发展帧中继是实现高速带宽远程通信的方向。

帧中继有以下几个优点。

① 按需分配带宽，网络资源利用率高，提供高吞吐量，低时延，费用低。

② 采用虚电路技术，适用于突发性业务的使用。在业务量较小时，通过带宽动态分配技术，允许某些用户利用其他用户的空闲带宽传送自己的突发数据。

③ 不采用存储转发技术，时延小，传输速率高，数据吞吐量大。

④ 兼容 X.25、SNA，DECNET，TCP/IP 等多种网络协议，可为各种网络提供快速，稳定的连接。

⑤ 长远性。帧中继不仅是今天网络的解决方案，将来 ATM 成为主要的网络技术后，帧中继仍然能与 ATM 相辅相成，成为 ATM 的用户接入层。

帧中继的缺点：潜在的拥塞（丢帧）；传输性能会受到其他用户的影响；不能保证传输质量。

（2）提供帧中继业务的方式。

① 利用分组交换网提供帧中继数据传输业务。

② 在数字数据网（DDN）上提供帧中继数据传输业务。

③ 组建帧中继网：目前，帧中继业务主要应用于 DDN，通过在 DDN 节点机上配置帧中继模块来实现，可以认为 DDN 上存在一个虚拟的帧中继网络。

（3）用户网络接口及接入规程。帧中继业务是通过用户设备和网络之间的标准接口来提供的，该接口称为用户网络接口（UNI）。在用户网络接口的用户一侧是帧中继接入设备，用于将本地用户设备接入帧中继网。帧中继接入设备可以是 LAN 设备前端处理机、集中器及传统的 PAD 等。在用户网络接口的网络一侧是帧中继网络设备，用于帧中继接口与骨干之间的连接。帧中继网络设备可以是电路交换，也可以是帧交换或信元交换。

（4）用户接入方式。用户接入帧中继网主要有以下几种形式。

① 局域网（LAN）接入。LAN 用户一般通过路由器或网桥接入帧中继网，其路由器或网桥有标准的 UNI 接口规程。当 LAN 的服务器具有 UNI 接口规程时，LAN 用户也可通过其他帧中继接入设备（如集线器、PAD 和规程转换器等）接入，如图 6-10 所示（FRAD 为帧

中继拆装设备）。

② 计算机接入。大部分计算机是通过帧中继接入设备的，将非标准的接口规程转换为标准的接口规程后，接入帧中继网的。例如，若干台 PC 机通过一个 PAD 接入。如果计算机自身具有标准的 UNI 规程，也可以作为帧中继终端直接接入帧中继网。

③ 用户帧中继交换机接入公用帧中继网。用户专用的帧中继网接入公用帧中继网时，将专网中的一台交换机作为公用帧中继网的用户，以标准的 UNI 规程接入。

图 6-10   局域网通过帧中继网实现互联

4. 综合业务数字网

（1）什么是 ISDN。ISDN 即综合业务数字网，中国电信将其俗称为"一线通"。由电话综合数字网（IDN）演变而来，能够提供端到端的数字连接，以支持一系列广泛的业务（包括话音、非话音业务），它为客户进网提供一组有限的、标准的、多用途的网络接口。

ISDN 采用数字传输和数字交换技术，将电话、传真、数据和图像等多种业务综合在一个统一的数字网络中进行传输和处理，向客户提供基本速率（2B+D，144 Kbps）和一次群速率（30B+D，2 Mbps）两种接口。基本速率接口包括两个能独立工作的 B 信道（64 Kbps）和一个 D 信道（16 Kbps），其中 B 信道一般用来传输话音、数据和图像，D 信道用来传输信令或分组信息。

ISDN 是以电话综合数字网为基础发展而成的通信网，能提供端到端的数字连接，可承载话音和非话音业务，客户能够通过多用途客户——网络接口接入网络。"一线通"依托于先进的网络，具有业务的综合性强、通信可靠性高和费用低等特点。

（2）ISDN 提供的三大类业务。

① 承载业务：与客户端类型无关，如电路交换的承载业务和分组交换的承载业务（目前暂不提供分组承载业务）。

② 终端业务：数字电话、三类/四类传真、计算机通信、可视图文、多媒体桌面会议电视、局域网互联、Internet 接入、多媒体网接入、DDN 备份、远程教学和医疗等。

③ 补充业务：主/被叫客户号码识别显示/限制、呼叫等待、遇忙呼叫转移、无应答呼叫转移、无条件呼叫转移、多客户号码、子地址和直接拨入。

（3）ISDN 的业务特点。ISDN 综合业务数字网是一种建立在全数字化网络基础上的综合业务数字网。它有如下特点。

① 通过一根普通电话线可以进行多种业务通信，如用于打电话、Internet、传真、可视电话、会议电视、DDN 备份和局域网互联等。

② 通过一根普通电话线同时进行两路通信，比如边上网边打电话。

③ 通过 ISDN 可以以 64 Kbps 或 128 Kbps 的速率上网。

（4）ISDN 的应用特点。选择 ISDN2B+D 接口的一个 B 通道上网，速度可达 64 Kbps。而且，ISDN 在上网的同时还能利用另一个 B 通道进行电话交流或收发传真。若将两个 B 通道捆绑成一个通道使用，速度将达到 128 Kbps，性价比很高。

　　对于银行、证券、贸易公司等单位，数据传输极为重要，不允许有电路中断，则可选用 ISDN 作备用电路，当 DDN 线路出现故障时，路由器自动导入 ISDN 接口继续传输数据（其中路由器必须具备一线通接口或在原路由器上加装一线通接口）。集团公司、大学、医院在各分部安装会议电视系统/桌面会议电视系统后，可在本部门里与另几个部门举行会议/教学/会诊，既节省了费用，又免去了舟车之累，对于跨省、跨国公司或学术科研机构尤其适宜。单位局域网可采用 ISDN2B+D 线路或 30B+D 线路互连，如出版到印刷厂的互联，综合办公应用和家庭办公等。

　　（5）ISDN 的接入。目前，计算机网络接入 ISDN 或通过 ISDN 连接 Internet，主要通过装有 ISDN 适配器的数据端机（计算机或路由器）和标准 ISDN 网络终端接入，如图 6-11 所示。

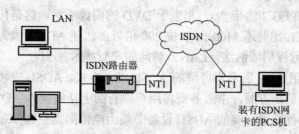

图 6-11　客户终端或 LAN 接入 ISDN

　　客户端设备包括网络终端 NT（目前主要为 ISDN 一类终端 NT1）、适配器 TA、ISDN PC 卡和各种其他客户终端，如电话机、传真机和计算机等。其中，网络终端 NT 由局方提供给客户租用或购买，适配器 TA 和 ISDN PC 网卡可向局方购买或自己另行购置。

　　客户终端设备分为两类：标准 ISDN 终端（如数字话机、G4 传真机）和非标准 ISDN 终端（如模拟话机、G3 传真机和计算机等）。标准 ISDN 终端可以直接连到网络终端 NT1 上，非 ISDN 终端必须经过适配器进行适配后才能接到网络终端 NT 上。

5. 数字用户线路

　　（1）数字用户线路（xDSL）族。数字用户线路（xDSL）是一组利用现有铜缆电话线，用户线使用 2 对或 3 对双绞线来实现高速数据接入的技术。已指定的标准见表 6-4。目前，中国电信正在开通和普及 ADSL 业务。

表 6-4　各种 DSL 性能对照表

简称	含义	下行传输速率	上行传输速率	传输距离
ADSL	非对称 DSL	1.544 Mbps（T1）	64 Kbps	6 000 m
HDSL	高速 DSL	1.544 Mbps（T1）	1.544 Mbps（T1）	2/3×ADSL
VDSL	甚高速 DSL	51～55 Mbps	1.6～2.3 Mbps	1 000～6 000 英尺
SDSL	对称 DSL	384 Kbps	384 Kbps	
RADSL	速率自适应 DSL	7 Mbps	1 Mbps	

　　（2）ADSL 的特点。

　　① ADSL 上网不需交纳电话费。ADSL 最吸引人的大概就是上网不需交纳电话费，并且

可以 24 小时在线，是一种专线上网方式。同时与接听电话、拨打电话互不影响。由于 ADSL 可以与普通电话共存于一条电话线上，实现在同一对铜缆上分别传送数据和语音信号，数据信号并不通过电话交换机设备，上网不需交纳电话费，并且 ADSL 个人用户还具有一个静态 IP 地址，局域网用户具有 4 个静态 IP 地址，人人都可以在自己的 PC 上建立个人主页甚至网站，提供 www、FTP、E-mail 等服务。随着 ADSL 技术的进一步推广应用，中国网络经济的时代将真正到来。

② ADSL 使网上视频服务成为可能。ADSL 在一对铜线上支持的上传速率为 640 Kbps～1 Mbps，下载速率为 1 Mbps～8 Mbps，有效传输距离为 3～5 km；它还可以根据双绞铜线质量的优劣和传输距离的远近动态地调整用户的访问速度，完全可以满足全屏动态图像多媒体应用的要求。例如，可以获得 1.5 Mbps（MPEG 1）的带宽，相当于 VCD 的图像质量，甚至 3 Mbps～6 Mbps（MPEG 2 的带宽），相当于 DVD 的图像质量，这是传统的传输方式远远不能满足的。由于 ADSL 比普通 Modem 要快 200 倍以上，使 ADSL 成为用于网上高速冲浪、视频点播（VOD）、远程局域网络（LAN）访问的理想技术。

（3）安装接入。图 6-12 所示为典型的 ADSL 接入方式。ADSL 安装包括局端线路调整和用户端设备安装。在局端方面，由服务商将用户原有的电话线接入 ADSL 局端设备，操作极其简单。另外，由于目前用户端的 ADSL 设备必须由电信局提供和安装，因此，对普通用户来说，用户端的 ADSL 安装比起普通 Modem 及 ISDN 反而显得更简单方便。只要将电话线连上滤波器，滤波器与 ADSL Modem 之间用一条两芯电话线连上，ADSL Modem 与计算机网卡之间用一条双绞线连通即可完成硬件安装；再将 TCP/IP 协议中的 IP、DNS 和网关参数项设置好，便完成了安装工作。安装完成后，由于 ADSL 不需要拨号，一直在线，用户只需接上 ADSL 电源便可以享受高速网上冲浪的服务了，而且可以同时打电话。

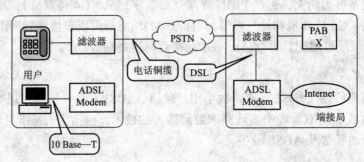

图 6-12　ADSL 的安装配置

（4）ADSL 与 ISDN 的比较。ADSL 速度最快，接入设备费用最高。有这几项费用需交：大约 100 元的开户费、200 元的设备调试费，还必须在电信局购买价值 2 000 多元的接入设备，总计 3 000 多元。此外，需自己另外购买 RJ—45 接头的网卡一块，在 200 元以下。由于 ADSL 是专线上网，不用因上网而交电话费（当然，打电话还是要交电话费的），因此，电信局对 ADSL 的线路使用收费采用了包月制。其中 A 类 300 元，可访问国内站点；B 类 500 元，可访问国内国外所有的站点。在目前条件下，用 ADSL 上国外站点是没有什么意义的，由于不是本地连接，带宽狭小，根本体现不出 ADSL 的优点。

ISDN 速度较快，接入设备费用比起 ADSL 便宜很多，与好的 Modem 价格相差不大，在 2 000 元以下。总的性能价格比非常有吸引力。

6.3 结构化布线与设计

建筑物结构化布线系统（Premise Distribution System，PDS）的兴起与发展，是计算机技术和通信技术的发展适应于社会信息化和经济国际化的需要，也是办公自动化进一步发展的结果。建筑物结构化布线也是建筑技术与信息技术相结合的产物，是计算机网络工程的基础。

在当今的信息社会中，一个现代化的大楼内，除了具有电话、传真、空调、消防、动力电线、照明电线外，计算机网络线路也是不可缺少的。布线系统的对象是建筑物或楼宇内的传输网络，从而使话音和数据通信设备、交换设备和其他信息管理系统彼此相连，并使这些设备与外部通信网络连接。布线系统包含着建筑物内部和外部线路（网络线路、电话局线路）间的民用电缆及相关的设备连接措施。它是由许多部件组成的，主要有传输介质、线路管理硬件、连接器、插座、插头、适配器、传输电子线路、电气保护设施等，同时，这些部件还可以构造各种子系统。

结构化布线系统应该说是跨学科、跨行业的系统工程，作为信息产业体现在以下几个方面。

（1）楼宇自动化系统（BA）。

（2）通信自动化系统（CA）。

（3）办公室自动化系统（OA）。

（4）计算机网络系统（CN）。

6.3.1 结构化布线系统的结构

所谓结构化布线，就是用标准化、简洁化、结构化的方式在建筑群中进行线路布置。它是一套标准的集成化分布式布线系统。结构化布线通常是将建筑群内的若干种线路系统——电话系统、数据通信系统、报警系统、监控系统合为一种布线系统，进行统一布置，并提供标准的信息插座，以连接各种不同类型的终端设备。这就是说，要将以往的数据通信系统及视频系统中使用的同轴电缆等用非屏蔽双绞线和光缆等来取代。

早期的布线设计都是采用非结构化的布线技术。自 1984 年在美国的哈特福特市第一次采用结构化布线技术，建立了世界上第一座智能大厦以来，世界各国也都纷纷采用结构化布线技术进行布线设计。采用该技术既能提高网络的布线质量、节省布线费用，又便于网络的进一步扩充及实施统一管理。目前各大计算机公司都先后推出了本公司的布线系统，如美国安普公司，加拿大的北方电讯公司，德国的克罗内公司等。所有这些布线系统的设计思想是基本相同的，其差别仅在于网络的布线规范。理想的布线系统表现为：支持语音应用、数据传输、影像影视，而且最终能支持综合型的应用。由于综合型的语音和数据传输的网络布线系统费用高、投资大，一般单位可根据自己的特点，选择布线结构。作为布线系统，目前被划分为以 6 个子系统。

（1）工作区子系统。

（2）水平布线子系统。

（3）管理子系统。

（4）垂直干线子系统。

（5）设备间子系统。

（6）建筑群子系统。

大楼的结构化布线系统是将各种不同组成部分构成一个有机的整体，而不是像传统的布线那样自成体系，互不相干。结构化布线系统结的构如图 6–13 所示。

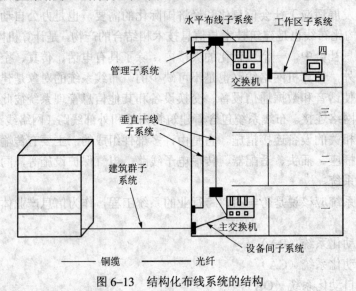

图 6–13　结构化布线系统的结构

1. 工作区子系统与设计

工作区子系统又称为服务区子系统，它是由工作区墙壁住处插座到所连接的设备（终端或工作站）组成的整个区域。在进行终端设备和 I/O 连接时（这里 I/O 指输入/输出插座），可能需要某种传输电子装置，但这种装置并不是工作区子系统的一部分。例如，调制解调器能为终端与其他设备之间的兼容性及传输距离的延长提供所需的转换信号，但不能说是工作区子系统的一部分。工作区子系统如图 6–14 所示。

工作区子系统中所使用的连接器必须具备有国际 ISDN 标准的 8 位接口，这种接口能接受楼宇自动化系统所有低压信号以及高速数据网络信息和数码声频信号的 RJ—45 信息插座。RJ—45 信息插座接线盒有两种：T568B 和 T568A，如图 6–15 所示。

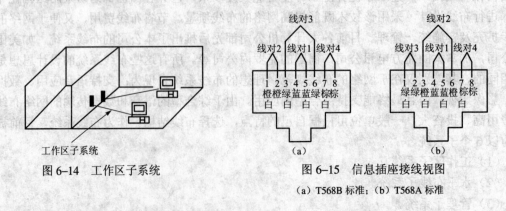

图 6–14　工作区子系统

图 6–15　信息插座接线视图

（a）T568B 标准；（b）T568A 标准

工作区服务子系统设计时要注意如下要点。

① 从 RJ—45 信息插座到设备间的连线用双绞线，一般不要超过 14 m。

② RJ—45 信息插座须安装在墙壁上或不易碰到的地方，插座距离地面 30 cm 以上。

③ 插座和插头（与双绞线）不要接错线头。

工作区服务子系统确定信息插座数量和类型有以下几种方法。

① 根据楼层平面图计算每层楼的布线面积。

② 估算 RJ—45 信息插座数量设计平面图供用户选择：一般每 9 m² 一个插座为基本型，两个以上为增强型。

③ 确定 RJ—45 信息插座的类型。一般新建筑物采用嵌入式插座，现有的建筑物采用表面安装式的插座。

2. 水平布线子系统与设计

水平布线子系统又称为水平子系统，是整个布线系统的一部分，从墙壁 RJ—45 信息插座开始到管理子系统的配线架，结构一般为星型拓扑结构。它与主干线子系统的区别在于：水平布线子系统总是在一个楼层上，并与信息插座连接。在综合布线系统中，水平子系统由 4 对 UTP（非屏蔽双绞线）组成，能支持大多数现代化通信设备。如果需要某些宽带应用时，可以采用光缆。

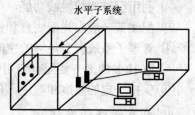

图 6–16　水平布线子系统的结构

从用户工作区的信息插座开始，水平布线子系统在交叉处连接，或在小型通信系统中的以下任何一处进行互连：远程（卫星）通信接线间、干线接线间或设备间。在设备间中，当终端设备位于同一楼层时，水平布线子系统将在干线接线间或远程通信（卫星）接线间的交叉连接处连接。水平子系统的结构如图6–16 所示。

对于水平子系统的设计，综合布线的设计必须具有全面介质设施方面的知识，并能够向用户或用户的决策者提供完善而又经济的设计。

设计时要注意如下要点。

① 水平子系统布线一般为双绞线，长度一般不超过 80 m；用线必须通过走线槽或在天花板吊顶内布线，尽量不走地面线槽；用 3 类双绞线可传输速率为 10 Mbps，用 5 类双绞线可传输速率为 100 Mbps。

② 确定干线卫星接线间的位置。

③ 确定介质布线方法和线缆的走向。

④ 确定每个接线将要服务的布线区和每个区的可用面积，并按照一般办公室每 9 m² 设一个工作区的要求，确定工作区的总数。

⑤ 按照电缆铺设环境选择电缆型号，确定每个干线接线间或卫星间所服务的区域。

⑥ 确定 I/O 设备的类型，确定距服务接线间距离最近和最远的 I/O 设备的位置。

⑦ 计算水平区所需线缆的长度。

3. 管理子系统

管理子系统由交连、互连和 I/O 设备组成。管理点为连接其他子系统提供手段，它是连接干线子系统和水平子系统的设备，其主要设备是配线架、集线器或交换机。

交连和互连允许将通信线路定位或重定位在建筑物的不同部分，以便能更容易地管理通信线路。I/O 设备位于用户工作区和其他房间或办公室，将得在移动终端设备时能够方便地进行插拔。

在使用跨接线或插入线时，交连允许将端接在单元一端的电缆上的通信线路连接到端接在单元另一端的电缆上的通信线路。跨接线是一根很短的单根导线，可将交连处的两根导线端点连接起来。插入线包含几根导线，而且每根导线末端均有一个连接器。插入线为重新安排线路和改变网络拓扑结构提供了一种简易的方法。

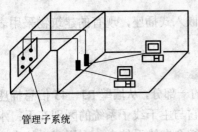

图 6-17　管理子系统

互联与交叉连接的目的相同，但不使用跨接线或插入线，只使用带插头的导线、插座、适配器。互连和交连也适用于光纤。

在远程通信（卫星）接线区，如交连安装在墙上的布线区，可以不要插入线，因为线路经常是通过跨接线连接到 I/O 上的。管理子系统结构如图 6-17 所示。

管理子系统在设计时要注意如下要点。

① 配线架的配线对数可由管理的信息点数决定。
② 利用配线架的跳线功能，可使布线系统灵活、多功能。
③ 配线架一般由光配线盒和铜配线架组成。
④ 管理子系统应有足够的空间放置配线架和网络设备（Hub 等）。
⑤ 有 Hub 的地方要配有专用稳压电源。
⑥ 保持一定的温度和湿度，保养好设备。

4. 垂直干线子系统

垂直干线子系统也称骨干子系统，它是整个建筑物结构化布线系统的一部分。它提供了建筑物的干线电缆，负责连接管理子系统到设备间子系统的系统，一般使用光纤或选用大对数的无屏蔽双绞线。

垂直干线子系统提供了建筑物干线电缆的路由。它通常是在两个单元之间，特别是在位于中央点的公共系统设备处提供多个线路设施。该子系统由所有的布线电缆组成，或由导线和光纤以及将此光纤连到其他地方的相关支撑硬件组合而成。传输介质可能包括一幢多层建筑物的楼层之间垂直布线的内部电缆，或从主要单元如计算机机房或设备间和其他干线接线间来的电缆。

为了与建筑群的其他建筑物进行通信，干线子系统将中继线交叉连接点和网络接口（由电话局提供的网络设施的一部分）连接起来。网络接口通常放在与设备相邻的房间。

通常结构化布线系统由主配线架（MDF）、分配线架（IDF）和各信息插座（IO）等基本单元经线缆连接组成。结构化布线系统的拓扑结构主要是星型结构。其垂直系统图如图 6-18 所示。

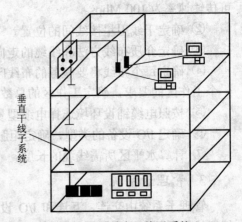

图 6-18　垂直干线子系统

垂直干线子系统还包括以下部分。

① 干线或远程通信（卫星）接线间、设备间之间的竖向或横向的电缆走向用的通道。

② 设备间和网络接口之间的连接电缆或设备与建筑群子系统各设施间的电缆。

③ 干线接线间与各远程通信（卫星）接线间之间的连接电缆。

④ 主设备间和计算机主机房之间的干线电缆。

设计时要注意以下几点。

① 干线子系统一般选用光纤，以提高传输速率。

② 光纤可选用多模，也可以是单模。

③ 干线电缆的拐弯处，不要直角拐弯，应有相当的弧度，以防光缆受损。

④ 干线电缆要防遭破坏（如埋在路面下，挖路、修路会对电缆造成危害），架空电缆要防止雷击。

⑤ 确定每层楼及整幢大楼的干线要求和防雷电的设施。

5. 建筑群子系统

建筑群子系统也称校园子系统，它是将一个建筑物中的电缆延伸到另一个建筑物的通信设备和装置，通常由光缆和相应设备组成。建筑群子系统是结构化布线系统的一部分，它支持楼宇之间通信所需的硬件，其中包括导线电缆、光缆以及防止电缆上的脉冲电压进入建筑物的电气保护装置。

在建筑群子系统中，会遇到室外敷设电缆问题，一般有三种情况：架空电缆、直埋电缆、地下管道电缆，或者是这三种的任何组合，具体情况应根据现场的环境来决定。

设计时的要点同干线子系统。

6. 设备间子系统

设备间子系统也称设备子系统，它由电缆、连接器和相关支撑硬件组成。设备间子系统通常位于主机房内，它把各种公共系统设备的多种不同设备互连起来，其中包括电信部门的光缆、同轴电缆、程控交换机等。

设计时应注意以下要点。

① 设备间要有足够的空间保障设备的存放。

② 设备间要有良好的工作环境（温度及湿度）。

③ 设备间应按机房建设标准设计。

6.3.2　结构化布线的优点及必要性

结构化布线是非常必要的。具体而言，体现在以下几个方面。

（1）一个单位需要各种功能的设备，像电话机、计算机、传真机、安全保密设备、火灾报警器、供热及空调设备、生产设备、集中控制系统等。相应地，在传统的话音和数据系统中，对语音共享的需求增长了，这样就需要一个系统化的网络解决方案。

（2）高达 70% 的网络故障均是由低质的电缆布线系统引起的，建设一个标准的结构化布线系统可有效地消除绝大部分故障。

（3）电缆的生命周期在整个网络中是最长的，仅次于建筑物外壳，且结构化布线的投资在整个网络系统中一般仅占 5%，因此，一个标准的布线系统可满足未来的应用需求，并保证投资的有效性。

（4）在当今的信息网络时代，网络的变化发展都是以商务和管理为中心的，网络必须适应其发展和变化。整个网络布线必须在设计、安装时就考虑如何满足今后的需要。

（5）结构化布线要综合考虑多方面的系统应用。它应能支持数据、语音、影像等信号的传输。

（6）支持多种设备及多种系统构架。

结构化布线的主要优点如下所述。

（1）结构清晰，便于管理维护。传统的布线方法是：各种不同的设施的布线分别进行设计和施工，如电话系统、消防、安全报警系统、能源管理系统等都是独立进行的。一个自动化程度较高的大楼内，各种线路如麻，拉线时又免不了在墙上打洞，在室外挖沟，造成一种挖了又填、填了又挖、修修补补的难堪局面，而且还造成难以管理、布线成本高、功能不足和不适应形势发展需要的局面。结构化布线就是针对这些缺点而采取标准化的统一材料、统一设计、统一布线、统一安装施工，做到结构清晰，便于集中管理和维护。

（2）材料统一先进，适应今后的发展需要。综合布线系统采用了先进的材料，如 5 类无屏蔽双绞线，传输的速率在 100 Mbps 以上，完全能够满足未来 5～10 年的发展需要。

（3）灵活性强，适应各种不同的需求。结构化布线系统使用起来非常灵活。一个标准的插座，既可接入电话，又可以用来连接计算机终端，也适应各种不同拓扑结构的局域网。

（4）便于扩充，不但节约了费用又提高了系统的可靠性。结构化布线系统采用的是冗余布线和星型结构的布线方式，既提高了设备的工作能力又便于用户扩充。虽然传统布线所用线材比结构化布线的线材要便宜，但在统一布线的情况下，统一安排线路走向，统一施工，可减少用料和施工费用，也减少了使用大楼的空间，而且可保证使用的线材是较高质量的材料。

布线的好坏将直接影响网络性能、灵活性及可维护性，因此，在作布线设计时应考虑对结构化布线系统有重要影响的若干问题。

（1）传输速率。选择传输媒体时的最主要的依据是网络的传输速率。当传输速率为 10 Mbps 时，可选 3 类 UTP；若传输速率为 100 Mbps，则需采用 5 类 UTP。在出现高速以太网和 ATM 以前，一般都选用 3 类 UTP 连接部门网络。现在，即使仍采用 10 Mbps 的以太网，为了能平衡地过渡到高速以太网和 ATM，布线大多已改用 5 类 UTP 和光纤。

（2）传输距离。选用传输媒体的另一个重要依据便是传输的有效距离，即各楼层分配线房到每栋楼的中心主配线房间的距离，以及各楼的中心配线房到企业的中央配线房的距离。这里所说的配线房是指放置网络集线器、网桥或路由器等设备的房间。一般每个楼层有一个楼层配线房，它控制着一个楼层的网络线路。每栋楼又有一个中央配线房，它负责控制和管理本栋楼的网络布线。整个企业又有一个企业中央配线房，控制和管理整个企业的网络线路。一般情况下应控制水平子系统的最大布线距离不超过 80～100 m，垂直子系统的最大布线距离不超过 500 m，主干线路长不超过 1 500 m。

（3）企业原有的网络线路。如果企业原来已有一套布线系统，当要把它连入新建立的企业网络时，应对原有的线路进行测试，了解其各项性能指标能否满足现在的布线要求，如能满足新布线要求，则应在布线设计时予以统一考虑；否则只有将原有布线废弃。

（4）户外铺设。当需要把网络线路铺设在户外时，还需要考虑一些户外因素。比如，将线路架设在空中，就需考虑要能防止风霜雨雪的侵蚀；若埋在地下，又需考虑要防腐蚀，等等。因此，户外铺设都需要加防护外罩。空中架设可采用防水的聚乙烯塑料外套，埋设在地下的最好采用金属外套或混凝土封装，以避免啮齿类动物啃咬。

（5）性能价格比。在选择传输媒体时，无疑应先选择满足各项性能要求的媒体。在此前提下，应郑重考虑媒体的性能价格比，以节省布线费用。布线费用不仅包括传输媒体本身的费用，还包括其他连接件费用。例如，利用 UTP 时不仅使传输媒体投资少，也使线路连接比较简单、便宜；而采用光纤时，不仅使传输媒体价格昂贵、连接费用高，且技术也较复杂，因而仅在特别需要时才采用。

6.3.3　结构化布线标准中的设计要点

1. 结构化布线系统标准

目前结构化布线系统标准一般为 CECS72：95 和美国电子工业协会、美国电信工业协会的 EIA/TIA 为结构化布线系统制定的一系列标准。这些标准主要有下列几种。

- EIA/TIA—568　　　民用建筑线缆标准
- EIA/TIA—569　　　民用建筑通信通道和空间标准
- EIA/TIA—XXX　　　民用建筑中有关通信接地标准和民用建筑通信管理标准

这些标准支持下列计算机网络标准。

- IEEE802.3　　　　总线局域网络标准
- IEEE802.5　　　　环形局域网络标准
- FDDI　　　　　　光纤分布数据接口高速网络标准
- CDDI　　　　　　铜线分布数据接口高速网络标准
- ATM　　　　　　异步传输模式

在布线工程中，常常提到 CECS72:95，那么这是什么呢？

CECS72:95（《建筑与建筑群综合布线系统工程设计规范》）是由中国工程建设标准化协会通信工程委员会北京分会、中国工程建设标准化协会通信工程委员会智能建筑信息系统分会，冶金部北京钢铁设计研究总院、邮电部北京设计院、中国石化北京石油化工工程公司共同编制而成的结构化布线标准。

2. 结构化布线标准的要点

无论是 CECS72：95 还是 EIA/TIA 制定的标准，其标准要点都包括目的、范围、标准内容及布线系统涉及的范围和要点等内容。

（1）目的。

① 规范一个通用语音和数据传输的电信布线标准，以支持多设备、多用户的环境；
② 为服务于商业的电信设备和布线产品的设计提供了方向；
③ 能够对商用建筑中的结构化布线进行规划和安装，使之能够满足用户的多种电信要求；
④ 为各种类型的线缆、连接件以及布线系统的设计和安装建立性能和技术标准。

（2）范围。

① 标准针对的是"商业办公"电信系统；
② 布线系统的使用寿命要求在 10 年以上。

（3）标准内容。

标准内容为所用介质、拓扑结构、布线距离、用户接口、线缆规格、连接件性能、安装程序等。

（4）几种布线系统涉及的范围和要点。

① 水平布线系统：涉及水平跳线架，水平线缆出入口/连接、转换点等。

② 主干线布线系统：涉及主跳线架，中间跳线架，建筑外主干线缆，建筑内主干线缆等。

③ UTP 布线系统：UTP 布线系统按传输特性划分为 3 类线缆。

5 类：指 100 MHz 以下的传输特性；

4 类：指 20 MHz 以下的传输特性；

3 类：指 16 MHz 以下的传输特性。

④ 光纤布线系统：在光纤布线中分水平子系统和主干线子系统，它们分别使用不同类型的光纤。

水平子系统：62.5/125 μm 多模光纤（入出口有二条光纤）。

主干子系统：62.5/125 μm 多模光纤或 10/125 μm 单模光纤。

结构化布线系统标准是一个开放型的系统标准，它支持广泛的应用。因此，按照结构化布线系统进行布线，会为用户今后的应用提供方便，也保护了用户的投资，使用户只须投入较少的费用，便能向高一级的应用范围转移。

3. 结构化布线系统的设计要点

结构化布线系统的方案不是一成不变的，而是随着环境、用户的要求来确定的，有以下几个要点。

① 尽量满足用户的通信要求；

② 了解建筑物、楼宇间的通信环境；

③ 确定合适的通信网络拓扑结构；

④ 先取适用的介质；

⑤ 以开放式为基准，尽量与大多数厂家的产品和设备兼容；

⑥ 将初步的系统设计和建设费用预算告知用户；

⑦ 在征得用户意见并签订合同书后，再制定详细的设计方案。

6.4 网络系统性能评价

在网络系统集成的实施过程中，要严格执行分段测试计划，以国际规范为标准，在一个阶段的施工完成后，采用专用测试设备进行严格测试，并真实、详细、全面地写出测试报告及总体质量检测评价报告，及时反馈给工程决策组，作为工程的实时控制依据和工程完工后的原始备查资料。网络系统的性能评价主要体现在两个方面：综合布线系统的性能评价和网络系统的性能评价。

1. 综合布线系统的性能评价

（1）综合布线系统的测试。布线完工后，由甲乙双方的技术专家和第三方专家组成联合检测组，对竣工的工程作出质量检测计划，采用测试仪器与联机测试的双重标准进行科学的抽样检测，并给出权威的测试结果和系统性能评价报告，以此作为网络工程验收的质量依据标准。归入网络文档资料中。

① 测试依据。遵照两个文件——《TIA/EIA—568 标准》（民用建筑线缆电气标准）和《电信网光纤数字传输系统工程实施及验收暂行技术规定》执行。

② 测试方式。施工完成后，要对系统进行以下两种测试。

● 线缆测试：采用专用的电缆测试仪对电缆的各项技术指标进行测试，包括连通性、串扰、回路电阻、信噪比等。

● 联机测试：选取若干个工作站，进行实际的联网测试。

③ 测试指标。对于双绞线，采用 CAT 5—LAN 电缆测试仪对下列指标进行测试。

● 连通性
● 接线图
● 回路电阻　　　　　　　>10 dB
● 衰减　　　　　　　　　<23.2 dB
● 阻抗　　　　　　　　　100±5 Ω
● 近程串扰　　　　　　　>24 dB
● 直流电阻　　　　　　　<40 Ω
● 传输延时　　　　　　　<1.0 μs

对于光缆，测试数据包括下列指标。

● 信号衰减　　　　　　　<2.6 dB（500 m，波长 1 300 nm）
● 信号衰减　　　　　　　<3.9 dB（500 m，波长 850 nm）

（2）综合布线系统的检查验收。

1）施工材料的检查。

① 双绞线、光缆是否按方案规定的要求购买。

② 塑料槽管、金属槽是否按方案规定的要求购买。

③ 机房设备如机柜、集线器、接线面板是否按方案规定的要求购买。

④ 信息模块、插座、盖是否按方案规定的要求购买。

2）设备的安装检查。

① 机柜与配线面板的的安装。

● 在机柜安装时要检查机柜安装的位置是否正确，规格、型号、外观是否符合要求。

● 跳线制作是否规范，配线面板的接线是否美观整洁。

② 信息模板的安装。

● 信息插座安装的位置是否规范。

● 信息插座、盖安装是否平、直、正。

● 信息插座、盖是否用螺丝拧紧。

● 标志是否齐全。

3）双绞线电缆和光缆的安装。

① 桥架和线槽的安装。

● 位置是否正确。

● 安装是否符合要求。

● 接地是否正确。

② 线缆布设。

- 线缆规格、路由是否正确。
- 线缆的标号是否正确。
- 线缆拐弯处是否符合规范。
- 竖井的线槽、线固定是否牢靠。
- 是否存在裸线。

4）室外光缆的布线。

① 架空布线。

- 架设竖杆位置是否正确。
- 吊线规格、垂度、高度是否符合要求。
- 卡挂钩的间隔是否符合要求。

② 管道布线。

- 使用的管孔、管孔位置是否合适。
- 线缆规格。
- 线缆走向路由。
- 防护设施。

③ 挖沟布线（直埋）。

- 光缆规格。
- 敷设位置、深度。
- 是否加了防护铁管。
- 回填时的复原与夯实。

④ 隧道线缆布线。

- 线缆规格。
- 安装位置、路由。
- 设计是否符合规范。

5）线缆终端的安装。

① 信息插座安装是否符合规范。
② 配线架压线是否符合规范。
③ 光纤头制作是否符合要求。
④ 光纤插座是否符合规范。
⑤ 各类路线是否符合规范。

2. 网络系统的性能评价

（1）网络系统的测试。对于网络设备，通过 Windows 提供的 Ping 或 Telnet 命令，测试成功的标准为：能够从网络中任一个机器和设备 Ping（或 Telnet）通网络中其他任一机器和设备。由于网内设备较多，可采取如下方式进行。

① 在每一个子网中随机选取两台机器或设备，进行 Ping 和 Telnet 测试。

② 对每一对子网测试连通性，即从两个子网中各选一台机器或设备进行 Ping 和 Telnet 测试。

③ 测试中，Ping 测试每次发送数据包不应少于 300 个，Telnet 连通即可。Ping 测试的成功率在局域网内应达到 100%，在广域网内由于线路质量问题，视具体情况而定，一般不应低于 80%。

④ 测试所得数据应添表保存。

（2）网络系统的试运行。对网络系统的初步测试评价还不能完全说明网络系统已经达到了设计方案的要求。网络系统还必须经历至少两个月的不间断地连续运行。在试运行期间主要完成以下测试任务。

① 监视系统的运行；

② 网络基本应用测试；

③ 可靠性测试；

④ 下电-重启测试；

⑤ 冗余模块测试；

⑥ 安全性测试；

⑦ 网络负载能力测试；

⑧ 系统最忙时访问能力测试。

3. 网络系统整体性能评价的结论

经过各项严格审查和评估之后，应写出《最终评价测试报告》和《验收报告》，同时应给出网络系统的性能是否满足用户需求及符合网络设计方案要求的结论，并将它们一同加入网络系统文档资料中，归档保存。

6.5　校园网集成实例

6.5.1　建网背景与目的

1. 建网背景

大学校园网是学生进入社会、面临网络信息时代激烈的知识竞争的需要，又能满足教师和研究人员迅速吸收最新知识、进行学术交流和创造的需要，同时还能达到在面积较大、环境较为复杂的校园内，进行行政、生活、教务管理以及开展多种业务活动的目的。校园网是学校师生及管理人员所依托的重要资源，也是学校办学的一种基础设施。

校园网为学校师生及科研人员提供办公自动化、计算机管理、多媒体计算机辅助教学、科学计算、学术交流、资源共享及信息交流等全方位的服务。校园网内包括各局域网的互联，同时通过有线或无线的方式接入 Internet，通过网络实现校园内外和国内外的教学、信息资源共享。

校园网建设是一项系统工程，必须按工程的方法分析、按工程规律建设，整个过程需要进行应用需求分析、特点分析、市场调研、方案设计、方案论证、设备采购、工程验收等一系列环节。方案应尽可能自主设计，避免让商业公司牵着鼻子走。自主设计，当然一定要注意考虑全面，充分论证设计的合理性、科学性，并应保证系统具有良好的整合性。

要想合理规划建设校园网，首先必须分析校园网应具备的功能，从功能要求入手考虑建设方案，也就是进行应用需求分析。校园网的功能可归纳为两个方面。

一是管理。实现办公及管理自动化，增强各部门的协调能力，提高工作效率和管理水平。

二是教学。基于校园网开展教学活动，通过采用现代化的技术设备和多媒体教学手段，提供网络课程、网上 CAI 等多种形式的教学手段，激发学生的学习兴趣、提高学生的理解能力、提高教学质量和学生学习效果。学生利用校园网进行自主、交互、个性化的学习，通过互联网获取更多的知识。还可以开展远程教育，克服学校的地域限制、规模限制和水平限制，提供高速的信息交流和教育教学资源共享。

校园网作为园区网的一种，有着园区网的共性，同时由于学校的特点，又有其个性，充分考虑校园网的特点，是保证成功建设校园网的重要依据。校园网作为学校办公、管理、科研、后勤服务等的基础平台，综合了办公自动化系统、教育管理信息系统、多媒体教学系统、视频点播系统、图书馆管理信息系统、远程教育系统等应用系统，其应用具有以下几个特点。

（1）规模大。学校的网络节点一般为几百个或上千个，包括办公场所、实验室、宿舍等。

（2）应用广。各种应用相对独立，有教学活动、管理活动、信息发布、远程教育。

（3）覆盖范围广。要连接办公楼、教学楼、图书馆、宿舍楼等多栋建筑。

（4）高速。实时传输多媒体信息，网络带宽要求较高。

（5）复杂。文本、图形、图像、视频点播等多种信息传输。

（6）需要远程连接。例如，通过 CERNET 接入 Internet。

（7）应用方便。基于校园网的应用应方便简捷，易学易懂。

（8）经济实用。网络建设应有较高的性能价格比，节省投资。

2. 建网目的

校园网建设的主要目的是为教师和学生提供各种网络服务和应用。实际上包含两个方面，一是为校园用户提供接入 Internet 的应用服务。二是提供本地网上的应用资源为全校服务。建设校园网不能只重视前者，而忽略后者。因为建一个只提供通信环境而所有应用都要依赖外界网络的空网并不是目的，关键是要建设一个网络应用丰富多彩的校园网，以此来推动学校的各项工作，也为学校在外部世界塑造一个生气勃勃的形象。

由于各个学校情况不同，对应用的需求也各不相同，因此校园网的资源建设不仅仅局限于提供 Internet 的标准服务，还必须投入资金和人力开发以适合各自需要的网络应用系统。一般来说，校园网基本应用和服务有以下几种。

① Internet 的基本服务。如 E-mail，FTP，WWW，Proxy 等。

② 管理信息系统。如办公自动化系统、教务管理信息系统、科研管理信息系统、图书馆信息查询系统、财务管理系统、教职工管理信息系统等。

③ 多媒体计算机网络教学。提供了一种新型的网上教学手段，与传统教学方法相比有多方面的优势。

④ 部门网上应用系统。包括各部门根据本单位实际情况开发的网上应用系统。

校园网作为中国教育和科研计算机网络的基本组成部分，为学校的教学、科研和行政管理提供了一个网络支撑环境。只有不断地丰富网络应用资源，校园网的价值才能真正得以体现。

6.5.2　网络设计原则

分析校园网的功能、特点之后，在建设校园网之前应确立明确的设计原则，并贯穿于工程实施的全过程。校园网是一项基础建设，同时计算机技术发展异常之快，随着时间的推移，将会有许多新的应用要在网上实现，所以设计时应充分考虑到带宽、远程连接、性能扩展等未来需要，在 IP 地址分配、广域网络带宽的有效利用、网络安全、系统维护、整个网络的稳定运行及扩展等方面都有要求，在设计阶段必须全面考虑，否则会给将来的网络运行留下隐患。因此，网络设计应考虑以下原则。

1．先进性

系统设计采用当前国际先进而成熟的主流技术，符合业内相关的国际标准，网络系统至少在 3～5 年内保持一定的先进性。

2．扩展性

在建设主干基础设施中应有扩展能力，包括技术和性能的提升、网络覆盖范围的扩展、网络应用的增加等需要。

3．可靠性

所建成的网络应能满足长时间负荷运行的需要，不仅要求硬件品质的可靠性，同时还要求软件品质的可靠性、技术管理手段的先进性，保证万无一失。

4．实用性

在建设网络时既要考虑到校园网的普遍性，又要兼顾校园网的特殊性，博采众长，务求实用。网络建设应根据实际应用的需要和未来技术的发展进行全面规划，充分利用目前已有的设备条件，充分考虑投资分阶段实施，每一阶段的投资都应得到保护。

5．安全性

校园网中保存的部分信息及配置具有一定的保密性。网络设计时要采用网络隔离、访问控制等安全措施，以保证网络安全运行，防止非法用户入侵。

6．整体规划、分步实施

网络建设不可能一步到位，要合理安排、分步实施，网络设计与规划既要着眼于现在，又要考虑到将来扩容、升级的可能，使校园网的建设随学校的发展稳步前进。

7．经济性

系统设计、设备选型科学合理，具有良好的性能价格比，保护投资成效显著。

8．标准化原则

网络通信协议、网络产品的选择应符合国际标准或工业标准，充分利用不同的应用和不同产品的优势，将它们有机地结合起来。既要求网络的硬件环境、通信环境、软件环境相互独立，自成平台，使相互间依赖减至最小，各自发挥自身的优势；同时，又要保证信息的互通和应用的互操作性。

上述原则中，很多原则之间是有一定矛盾的，如良好的扩展性、升级性、安全性、先进性等往往意味着更多投资，而资金往往又是学校这种单位比较在意的问题。又如，先进性与技术的成熟性之间有一定的矛盾，计算机技术的特点就是发展迅速，往往在没有形成国际标准时就已经出现了产品。在设计校园网时一定要注意先进性与超前性的度的把握，过分先进有时不仅不能保护投资，甚至有可能造成系统日后的不兼容性，反而造成浪费。

6.5.3　网络设计方案

1．校园网系统结构

校园网系统是一个综合的计算机网络系统，包括硬件和软件两个方面，系统结构如图 6–19 所示。

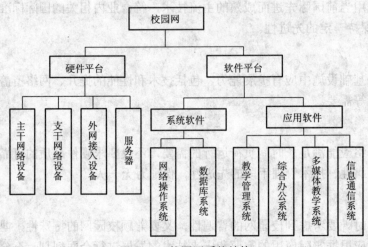

图 6–19　校园网系统结构

2．网络拓扑图

根据学校的具体情况，主要是建筑物分布状况、用户分布状况，设计校园网的网络拓扑如图 6–20 所示。

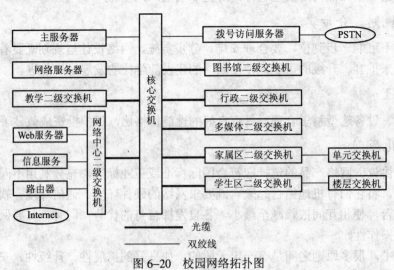

图 6–20　校园网络拓扑图

3．硬件系统

（1）网络技术标准的选择。

目前校园网一般遵循快速以太网技术，该技术成熟，有完善的国际标准，系统易于升级，其布线系统和网络结构易于升级，网络传输速率支持 10 M/100 M/1 Gbps。若选择 100 Mbps 的传输速率，相关设备技术成熟，价格又非常便宜，同时，校园网的建设是有一定周期性的，教师与学生完全适应网络应用、全面开展网络应用也是有一段过程的，因此，100 Mbps 带宽在建设初期是够用的。快速以太网设计还支持 802.1Q VLAN 技术、SNMP/RMON/RMON2 网络管理与监测技术、三层交换技术。

（2）通信介质的选择。

理想的通信介质是光缆，它连接距离远、传输带宽高，抗干扰能力强。可以使用 4 芯或 6 芯光缆，留有一两对用于容错或将来使用链路聚合技术，以提高可靠性、增加网络带宽。目前在千兆位的速率下，62.5/125 μm 多模光缆最远可以传输 220 m，50/125 μm 多模光缆最远可以传输 550 m，9/125 μm 单模光缆最远可以传输 5 000 m。可根据距离分布情况，选择不同的光缆与工作模式。

对于二级以下的分支线路，应该选用 5 类或超 5 类双绞线。在 100 Mbps 速率下，流行的有源集线器或交换机可连接 100 m 远。

校园网的整体网络拓扑图、物理布线方案，应根据校园特点详细规划。一般应为星型（或树型）结构，交汇点（树根）为中心交换机，与中心节点（树根）连接的是楼宇交换机（树枝），与楼宇交换机（树枝）连接的是楼层工作组交换机（小树杈），楼层交换机连接用户端计算机。布线应遵循相关建筑、电气行业标准，并使用专业测试工具进行验收。

当然，在实际应用中应具体情况具体分析，如并非楼宇布线必须每一楼层放置一台楼层交换机。如果某楼层计算机端设备非常少，且将来也不可能有太大变化，则可以取消该层交换机，并将该层计算机连接到最近的楼层交换机上。楼层交换机与楼宇交换机也可采用双绞线方式连接，这样在建筑物不是很大时，可以节省投资，且效果一样，因为省去的光纤接口模块是一笔不小的投资。

（3）交换机。

交换机是网络通信的基本组成设备，它提供了网络连接，是数据转发的中间介质。可以从下列几个角度规划交换机。

① 主干（核心）交换机。

主干交换机是网络的核心交换设备，提供了与支干交换机的互联，其性能直接影响整个网络的性能，所以应选择具有较高性能的交换机，一般应在千兆级或以上。由于校园网内用户较多，在组织上需要规划多个子网，所以核心交换机需要支持三层交换，以实现不同子网之间计算机的互访。核心交换机一定要支持可管理，并有良好的扩充性能、容错性能等。

核心交换机的 RJ—45 以太端口一般支持 10 M/100 Mbps 自适应连接，用于连接为校园网提供各种应用服务的服务器；同时应具有足够的光纤接口，提供光纤连接；核心交换机还应该有足够的扩展槽，在必要的时候增加光纤或 RJ—45 扩展接口卡。

② 支干（楼宇）交换机

提供楼宇间互连的设备，上连核心交换机，下连接节点交换机。为了上连核心交换机，应具有光纤接口，至少提供向上 100 Mbps 全双工连接速率。为了下连节点交换机应具有一定数量的 RJ—45 接口，提供 100 Mbps 全双工模式连接节点交换机，一般交换机之间支持 100 Mbps 全双工连接方式。楼宇交换机可以选择具有 16 口或 24 口 RJ—45 接口并具有光纤接口的产品。

③ 节点交换机。

直接连接用户端计算机的交换机，一般采用端口支持 10 M/100 Mbps 自适应的以太网交换机，交换机应具有一定端口密度，如采用 24 口或更多端口的交换机。当用户设备密度较大时，若资金不是问题，则可以选择可堆叠交换机。

在选择交换机时，除了考察产品的品牌、价格，更需要仔细了解产品的性能。对于构成骨干传输链路的中心交换机及楼宇交换机，一般应选择性能稳定的、质量较高的、具有一定冗余度的设备，可以稳定提供每天 24 小时、一周 7 天的不间断工作。当然对 VLAN 的支持、对多链路隧道技术的支持也很重要，更不能少的是应该支持可管理性，能够提供交换机的工作状态，支持远程设置与管理，支持图形化界面工具的配置，支持网络管理软件等，这些特性都将为日后的网络管理与维护提供了强有力的支持。

（4）路由器。

路由器是校园网接入 Internet 的必备产品，提供学校内部网络与 Internet 的连接。产品选择上主要考虑性能和配置，它必须具备连接内网和外网的两个接口，目前公认的流行品牌应该是 Cisco，其他品牌有 Intel、华为等。在选择路由器时主要考虑内、外网连接方式，早期的连接模式一般是对内与以太网（LAN 口）连接，对外利用广域网口（WAN 口），如 Cisco 路由器一般提供一个或两个以太网口及扩展槽，以广域网口连接时需要购买广域网接口卡。因此在采购路由器之前应确定对内、对外连接的方式及速率。

链路服务商可以选择中国电信、地方广电、吉通、网通、长城等公司。对于高校往往还有特殊性，一般为指令性连接 CERNET，各地市一般有中心接点，如华中地区网络中心设在华中科技大学，河南省地区节点设在郑州大学，河南省其他地市一般还有地市节点连接郑州大学。这样对于高校一般只租用通信链路与地区节点连接，而不租用这些公司的信息服务。连接方式可选用 ISDN、DDN、xDSL、宽带接入等方式，一般路由器有专用 ISDN 接口卡，DDN、微波等方式一般通过路由器广域接口接入。

（5）服务器和工作站。

1）主服务器。

用来承担学校的网络管理（如用户的接入与控制等）、信息管理（如数据库管理）和高速数据的存取管理等。如果任务很重，则可选用高档服务器或多个服务器。在主服务器的选择上要注意以下几个问题。

① 处理器。目前主要有 64 位处理器和 Intel32 位架构 Pentium Ⅲ Xeon CPU 以及 32 位非 Intel 系列处理器（如 AMD）。其中 64 位架构处理器性能上有明显的优势，但是价格较高。Pentium Ⅲ Xeon CPU 由于拥有大容量的高速缓冲（512 KB、2 MB 或更高），在多任务时优势明显。建议采用普通 Pentium Ⅲ 的多 CPU 方案，它的性能价格比较高，能够满足校园网应用的基本要求。

② 硬盘存取子系统。应该选用高速的 SCSI 接口，最新的标准是 160 Mbps，可以选择流行可靠的 Ultra 2 SCSI 接口与相应的硬盘。为了进一步提高存取速度，可以使用 RAID 技术，这样能显著节省存取时间，使实际存取速度尽量接近接口速度。为了提高服务器的整体效能，可以使用带 I/O 处理芯片、有一定存取缓冲的硬件 RAID 卡。例如，HP 公司的 HP LH3000 和 LH 6000 等，它们集成了 RAID 卡，并带有 I960 芯片和 32 MB 缓存，能够满足 VOD 级多媒体信息存取的要求。

③ 网络接口卡。一般服务器带有集成或外扩的 10 M/100 Mbps 自适应网卡。为了提高网络主干的响应速度，应为其加装千兆位网卡，如 3COM 3C985—SX 和 Intel PRO/1000 千兆位服务器网卡等，或高档服务器网卡，即 100 Mbps 多端口链路聚合服务器网卡，如 Intel PRO/1000 双口服务器适配器，在全双工下可达 400 Mbps 带宽。

为了全面提高服务器的性能，应选带 I/O 处理芯片的网卡，例如 Intel Pro 智能服务器适配器，它带有 I960I/O 处理器，能够极大地减轻 CPU 的负担。还应当注意到千兆位网卡有的采用 64 位 PCI 接口，因为理论上千兆位网卡在全双工模式下已经超过了 32 位 PCI 的 132 Mbps 标准，所以服务器应该有 64 位 PCI 接口。

2）部门服务器。

用于网站的建立、电子邮件、文件传输和多媒体制作等其他组成部门，同样应根据任务选择，可以选用双 CPU 架构的服务器，用 SCSI 接口硬盘，百兆位高性能服务器网卡。

服务器的知名品牌有 Sun、HP、IBM、Compaq、Dell、联想、长城等公司的产品。

3）工作站。

学生机应满足 Windows 98/2000 平台教学软件的应用，办公用机根据具体应用而定。

（6）网络安全。

防火墙技术的核心思想是在不安全的网间环境中构造一个相对安全的子网环境，它已成为实现 Internet 网络安全的重要保障之一。在校园网中正确选择和安装防火墙，可以保障校园网的安全，防止外部的非法侵入。防火墙从产品角度分为软件防火墙和硬件防火墙，一般选择硬件防火墙。防火墙一般具有包过滤访问控制、双向 NAT 网络地址转换、RADIUS 口令验证、网络实时监控、优先级控制、流量统计等功能。作为安全产品应尽可能选择本地化（国产）产品。网络安全性规划应全面考虑。

（7）其他设备。

除了上述各类设备，校园网的网管中心还需要配备其他相关设备，如网络管理计算机、打印机、光盘刻录机、稳压电源、UPS 等。值得一提的是 UPS，校园网的网管中心应该配备 UPS，一是能够在正常供电中止时提供备用供电；二是能够隔离电网上的各种干扰，保护核心设备。

对于上述各类硬件设备，选择产品时应综合考虑质量、性能、品牌、服务、价格等因素，不能片面追求某一因素而忽略其他因素，这些因素是相辅相成、相互作用的。

4. 软件及网络应用系统

除了规划硬件平台，选择硬件产品，还需要认真选择软件产品，完整的网络环境应该是软硬件的有机组合。

（1）网络操作系统，一般采用 Windows NT 4.0 或 Windows 2000，其主要特点是：支持多处理器，为今后升级网络服务器提供支持；支持多任务，且多任务运行可靠；工作站端支持多种操作系统，如 MS—DOS、Windows 98、Windows NT、OS2 和 UNIX 等；内置 Internet 功能，如内置的 IIS 可提供完整、丰富和易用的 Web 解决方案，实现 Web、FTP 等服务；中文操作界面，安装、维护和使用方便。

（2）单机操作系统，采用 Windows98，其主要特点是：全新的图形窗口用户界面，使用简单快捷；良好的兼容性，不但能运行 32 位应用程序，也能兼容旧的 Windows 和 DOS 应用；

支持长文件名、多任务和多媒体应用等；支持即插即用，为板卡安装带来方便；有较强的网络功能，可提供简单、方便的对等网功能。

（3）数据库系统，一个安全、稳固、功能强大的数据库系统是当今校园网必不可少的组成部分。一方面它可以提供对校园网上的各种管理应用的支持，另一方面它也是 Internet 网络数据库的基础。流行的产品有 Microsoft SQL server、Oracle、Sybase、DB2 等，若操作系统选用微软的产品，数据库系统不妨使用 SQL Server。

（4）教学管理系统，是校园网的一个主要组成部分，它的范围涉及到学籍管理、学生档案管理、招生管理、教学/教务管理等。譬如，学生可以在网上选课、寒暑假可以在家通过互联网查看自己的考试成绩等；教学大纲、教学计划、师资信息也都可以基于校园网进行管理。目前，基于校园网的综合教学管理系统，国内已有针对中小学的比较完善的系统，但适合大中专院校的产品较少，因为各个学校的管理模式差异性较大，有很多自主开发的产品。

总之，不论是购买商品软件，还是自主开发，一定要注意系统的整体性，数据库存的一致性，不能出现各个应用系统独立存在，无法互相沟通、互相操作的现象。

（5）综合办公系统。基于校园网的综合办公系统，如校长综合查询系统、校园信息交流系统、可视化网络会议等，是校园网的又一重要应用。学校可以通过校园网发布通知通告，各职能部门之间可以通过校园网传递信息流，教师们可以在网络上填写教学计划、制作电子教案等。这种应用为逐渐实现无纸化办公提供了可能。

（6）远程教育。校园网的一大特点就是作为教师授课、学生学习的一个新的载体、新的模式。校园网对内应能提供丰富的网络教学资源（如网络课件），并设有讨论区、答疑区等交流窗口。更有意义的应该是能够提供基于 Internet 的远程教育，不受地域限制，不受空间限制，利用互联网开展教育，并实现实时交互。

（7）网络管理系统，提供网络性能、故障监控功能，为网络管理人员管理、维护网络提供支持与帮助。良好的网络管理软件能够为网络管理人员提供准确、及时的网络运行信息，为网络管理人员优化网络管理、发现问题、发现隐患、排除问题提供强有力的帮助。

（8）VOD 视频点播，是随着网络科技的不断发展而出现的一种新服务。在数据中心存放有各种应用软件、科技资料、电子教案、影视作品等，为校内师生提供丰富的学习、娱乐资源。校内用户可以在网上查看科技资料、影视作品；学生可以在网上远程点播教学等。由于园区网有足够的带宽，从而使基于园区网的 VOD 视频点播成为可能。

（9）防病毒系统。由于 Internet 的开放性，校园网也成为黑客和计算机病毒极易攻击的对象，因此，有效地保障网络的安全、可靠、正常运行是当今校园网管理面临的一大课题。防病毒软件在一个网络系统中是必不可少的，这里所说的防病毒软件是指网络版的防病毒产品，能够基于网络运行，并能够实时监测网络上的服务器、客户机是否有病毒。

校园网建设中，需要投入一定的资金购买应用软件，同时也有必要组织人员根据本校特点，自主开发、完善一些应用系统，只有在校园网上有大量真实的应用时，才能真正体现校园网的作用。

5. 外接部分

校园网与外界的接入是校园网的重要部分，应当根据当地的具体通信条件和优惠政策，结合应用综合考虑。目前主要的接入手段有以下几种。

（1）光缆直接接入。部分发达地区已建成了光缆架设的城域网，这种方式的接入速度很快，能够达到 100 Mbps 以上的速率。

（2）DDN 专线接入，是一种高效、可靠的接入方法，速率为 64 Kbps～2 Mbps，只是通信线路费用高。

（3）ADSL 接入。在有这种接入条件的地方，ADSL 是一种理想的方案，尤其是适用于连接 Internet 和 VOD 应用。在理想的情况下，它可以提供 1 Mbps 的上传速率和 8 Mbps 的下传速率。

（4）ISDN 接入，是目前国内广泛使用的一种接入方法。基本的 ISDN 能提供 128 Kbps 的速率，现在不少地方有优惠政策，使用费用较低，可以使用多通道、多线路捆绑的方法，得到更大的的带宽。通过使用模块化路由器，可以灵活组织 ISDN 端口，例如华为 R2630 系列。

（5）电缆调制解调器接入。有些地方能使用有线电视系统，使用尚未使用的低、高频段，能够达到 2 Mbps 左右的上传速率和 30 Mbps 左右的下传速率。

6.5.4　网络设备选型

（1）交换机。根据规模与应用有下列几种选择。

① 主干交换机。选用有 3 层交换功能的模块化高档产品，可选用 Cisco 公司的 Catalyst 6000 系列，特点是：有 3 层交换功能，背板带宽 30 Gbps 以上，包交换、转发速度快，可达 15 Mbps 以上，可以灵活组织端口的种类与数量，组网灵活，性能高。其缺点是价格昂贵。

若网络规模中等，可选用 3COM SuperStack Ⅱ 9300 系列、Cisco Catalyst 4000 系列以及 Intel Express 千兆位交换机等。特点是：有较高的背板带宽，达 20 Gbps 以上，转达发速度达 10 Mbps 以上，但端口要预先留出扩充端口。其价格适中。

② 二级交换机。可选用 3COM SuperStack Ⅱ 3300 系列、Cisco Catalyst 2900XL 系列和 Intel Express 510T。

③ 三级交换或集线器。最好使用 100 Mbps 交换机，也可以使用 100 Mbps 集线器以降低成本，但要注意使用端口数量较少的集线器，以减少访问冲突。

（2）传输介质的选型。主干电缆选用单模光纤。二级以下的分支线路，应该选用 5 类或超 5 类双绞线。

（3）服务器和工作站的选型。主服务器选择 HP 公司的 HP LH3000 或 LH 6000 等，它们集成了 RAID 卡，并带有 I960 芯片和 32 MB 缓存，能够满足 VOD 及多媒体信息存取的要求。

部门服务器采用联想万全 2200C 服务器，它支持 2 个 CPU，支持 4 个内插 SCSI 硬盘，集成 10 M/100 Mbps Intel 服务器网卡，能够基本胜任各自的工作。

工作站根据使用情况选定。

（4）路由器的选型。Cisco 路由器一般提供一个或两个以太网口及扩展槽，以广域网口连接时需要购买广域网接口卡。

（5）网络接口卡的选型。为了提高网络主干的响应速度，服务器应加装千兆位网卡，如 3COM 3C985—SX 和 Intel PRO/1000 千兆位服务器网卡或高档服务器网卡。

工作站应选用 10 M/100 Mbps 自适应网卡。

（6）其他设备选型。如打印机、光盘刻录机、稳压电源、UPS、网络连接头设备等，特别是网络连接头设备一定要购买质量最好的，在这里省钱，其后果不堪设想。

6.5.5　综合布线

1. 综合布线系统的设计思想

为适应校园网的未来发展和需要，校园网的综合布线系统具有如下典型特征。

（1）传输信息类型的完备性。具有传输语言、数据、图形、视频信号等多种类型信息的能力。

（2）介质传输速率的高效性。能满足千兆以太网（Gigabits Ethernet）和 100 M 快速以太网的数据吞吐能力，并且要充分设计冗余。

（3）系统的独立性和开放性。能满足不同厂商设备的接入要求，能提供一个开放的兼容性强的系统环境。

（4）系统的灵活性和可扩展性。系统应采用模块化设计，各个子系统之间均为模块化连接，能够方便而快速地实现系统扩展和应用变更。

（5）系统的可靠性和经济性。结构化的整体设计保证系统在一定的投资规模下具有最高的利用率，使先进性、实用性、经济性等几方面得到统一；同时，完全按照国际和国家的标准设计及安装，为系统的质量提供了可靠的保障。最少保证在未来 15 年内的稳定性。

2. 综合布线系统的设计依据

综合布线系统的设计依据如下：

《TIA/EIA—568 标准》（民用建筑线缆电气标准）

《TIA/EIA—569 标准》（民用建筑通信通道和空间标准）

《AMP NETCONNECT OPEN CABLING SYSTEM 设计总则 》

《CECS 72：97 建筑与建筑综合布线系统工程设计规范》

《CECS 89：97 建筑与建筑综合布线系统工程施工和验收规范》

《电信网光纤数字传输系统工程实施及验收暂行技术规定》

3. 骨干光缆工程

需要设计并铺设从校园网络中心位置到校园内其他楼宇（共 6 座楼）的骨干光缆系统，要求光缆的数量、类型能够满足目前网络设计的要求，最好能够兼顾到未来可能的发展趋势，留出适当合理的余量。

另外，由于网络技术路线决定采用千兆以太网，那么根据千兆以太网的规范对骨干光缆工程的材料选择提出了要求：目前千兆以太网都采用光纤连接，两种类型，分别是 SX 和 LX。SX 采用 62.5 微米内径的多模光纤，传输距离 275 m；LX 采用 62.5 微米内径的单模光纤，传输距离 3 km。如有楼宇到校园网络中心的距离超过 275 m，则必须采用单模光缆铺设（单模光缆端口费用高昂）。同时为了提高网络的可靠性和性能并兼容今后的发展，光缆芯数均采用6 芯。

另外，为了长久的发展，校园网骨干光缆工程还包括地下管孔建设。工程内容包括道路开挖、管孔建设、人孔/手孔建设、土方回填、光缆牵引/入楼、光缆端接和测试等。

4. 楼宇内布线系统

参照国际布线标准，校园网楼宇内布线系统采用物理星形拓扑结构，即每个工作点通过传输媒介分别直接连入各个区域的管理子系统的配线间，这样可以保证当一个站点出现故障时，不影响整个系统的运行。

（1）楼内垂直干线系统。结合网络设计方案的要求，主要考虑网络系统高速的速率传输，以及工作站点到交换机之间的实际路由距离及信息点数量，校园内大多数建筑物可以采用一个配线间，这样就可以省去楼内垂直系统。

（2）水平布线系统。为满足 100 Mbps 以上的传输速度和未来多种应用系统的需要，水平布线全部采用超 5 类非屏蔽双绞线。信息插座和接插件选用美国知名原产厂家的产品，水平干线铺设在吊顶内，并应在各层的承重墙或楼顶板上进行，不明露的部分采用金属线槽；进入房间的支线设计采用塑料线槽，管槽安装要符合电信安装标准。

（3）工作区子系统，提供从水平子系统的信息插座到用户工作站设备之间的连接。它包括工作站连线、适配器和扩展线等。主要包括连接线和各种转换接头，校园网水平布线系统全部采用双绞线，为了保证质量，最好采用成品线，但为了节约费用，也可以用户自己手工制作 RJ—45 跳线。

6.5.6　网络集成预算标书

校园网工程比较大时，可能要分批完成，一期工程构建网络系统的主要构架，二期完成剩余部分。以下分两批说明网络集成预算标书（这里仅列出主要部分）。

1. 一期工程报价

（1）硬件费用。见表 6-5。

表 6-5　硬件费用报价表

设备名称与配置	数量	单价	合计（元）
交换机：Cisco Catalyst 6000 （1*1000FX+36*100BASE—T+2 个插槽）	1 台	35 000	35 000
AMP 超 5 类室内综合布线	100 点	850	85 000
网卡：3COM 3C985—SX 10/100 Mbps，PCI，RJ—45	103 个	270	27 810
网管高档微机（Pentium Ⅳ1.7 G/256 M— PC133/40 G/CD—ROM/TNT2 64 M/17 英寸/多媒体）	1 台	12 000	12 000
路由器：Cisco 7500	2 台	14 000	28 000
打印机：HP LaserJet 2100	2 台	3 600	7 200
稳压电源：25 kVA	2 台	3 000	6 000
UPS	4 台	1 000	4 000
其他			5 000
合计			210 010

（2）工程费用。见表 6—6。

表 6—6　工程费用

项　　目	费用（元）
系统集成费（硬件费用的 9%～13%）	21 000
合　计	21 000
总计	231 010

2. 二期工程报价

（1）硬件费用。见表 6—7。

表 6—7　硬件费用报价表

设备名称与配置	数量	单价（元）	合计（元）
交换机：SuperStack II Switch 9300（1*1000FX+36*100BASE—T+2 个插槽）	1 台	35 000	35 000
交换机：SuperStack II Switch 33000（24*10/100Base—TX（3C16980）	2 台	13 500	27 000
AMP 超 5 类室内综合布线	200 点	850	170 000
光缆：6 芯室外光纤	200 m	30	6 000
SC—SC 接口 3 m 尾纤（陶瓷）	1 根	400	400
校园网（DB、Web、E-mail、FTP）主服务器：HP LH 6000 PIII800 CPU，512 M RAM，18 G HD*2 SCSI，RAID	1 台	46 700	46 700
VOD 视频点播/组播服务器（含专用硬件软件）：联想万全 2200C PIII800 CPU*2，512 M RAM，36 G HD *3 RAID，SCSI	1 台	160 000	160 000
图书馆服务与业务管理系统：联想万全 2200C PIII 800 CPU*2，512 M RAM，36 G HD SCSI	1 台	36 500	36 500
图书馆管理系统	1 套	120 000	120 000
网卡：3COM 3C985—SX 10/100 Mbps，PCI，RJ—45	66 个	270	17 820
合计			619 420

（2）工程费用。见表 6—8。

表 6-8 工程费用

项目	费用（元）
系统集成费（硬件费用的 13%）	80 524
合计	80 524
合计	699 944

本 章 小 结

本章从网络工程集成与设计的角度讲述了计算机网络的规划、网络的设计、结构化布线以及网络性能评价的相关知识，最后本章还给出了校园网的集成实例，以便学习和参考。

计算机网络的规划是计算机网络工程集成的非常重要的步骤，网络工程的成败就在于网络规划性能的完善、技术的先进以及应用范围的大小。网络规划不善，不仅会导致浪费，而且导致网络完全不能使用。因此，应正确了解网络系统的需求，有针对性地进行可行性研究，经过正确的分析，作出恰当的设计，并合理选择网络操作系统。

网络设计是在网络的规划的基础上，遵循网络设计原则，使网络的规划在网络工程集成中得以实现。本节主要通过实例讲述了局域网和广域网的设计过程。

当网络结构比较复杂时，应尽量采用结构化布线与设计。结构化布线与设计是构造灵活可靠网络的重要设计概念。采用结构化布线与设计为调整网络的数据流量、网络管理和网络扩展提供了基础。

网络系统的性能评价为网络工程的测试与验收提供了依据。

习 题

1. 在网络系统集成设计的过程中，谈谈网络需求分析的重要性。具体实施时的主要工作是什么？

2. 网络的规划和设计一般要经历哪几个主要步骤？

3. 一个部门级局域网需要上网，应该如何配置？

4. 找一个符合 10BASE—2 或 100 BASE—T 的单位办公网络，计算它所连接的站点数目、传输速度、网络上两站点的最远距离等。如果让你重新设计该网络，应该做哪些改进？为什么要这样改？

5. 假设某学生公寓有两个房间共 8 台 PC 机准备连接成对等网，请设计一种经济的网络拓扑结构，按照这种设计，需要购买什么样的网络设备？如何进行相应的网络设置？说明其主要步骤。

6. 在 100 BASE—T 网络中如果包含两个集线器集联，若采用配线架和信息模块连接方式，请思考该如何连接？

7. 结构化布线有什么好处？综合布线是如何划分的？试绘制本单位的某一个局域网的结构布线图？

8. 了解学校校园网或企业内部网，考察其网络结构、硬件连接和软件配置情况，观察其布局和配置是否合理，是否符合结构化布线的要求？根据所学知识，自己设计配置一个合理的网络系统结构。

9. 当前常用的主干网技术有哪些？试分别简述其特点。

10. 设计一个网络系统，将 3 个相互独立的局域网连接起来，其中包括 3 台文件服务器、150 台工作站、2 台扫描仪和 4 台网络打印机。

11. 综合布线系统测试主要测试什么项目？为什么说线缆的测试对综合布线系统的性能起着决定性的作用？

12. 用什么方法可以测试网络的连通状态？

13. 在校园网建设的初期，哪些网络服务或应用是很容易构架的？哪些是需要较长周期的？

14. 在设计校园网时，应该如何选择交换机，并应注意哪些要求？

15. 在网络设计时要考虑哪些可靠性规划？主要考虑哪些因素？

16. 什么是 ISDN？试画出局域网通过 ISDN 接入 Internet 的示意图。

17. 某办公室有 6 台计算机，一条电话线。为了使这些计算机能够通过电话拨号连入 Internet，需要做哪些工作，购买哪些设备？

18. 根据本章所学内容，自己动手编写一个校园网网络系统集成工程项目投标书。

19. 校园网的安全主要是通过路由器防火墙来实现的，设置防火墙的作用是什么？防火墙的主要功能有哪些？

20. 什么是广域网？常见的广域网有哪几种？它们各自的特点是什么？

第7章 Windows 2000 网络系统

7.1 Windows 2000 概述

7.1.1 Windows 2000 介绍

2000 年 2 月 17 日微软公司正式全面推出 Windows 2000 产品家族。Windows 2000 产品家族是微软公司历时三年研制的新一代操作系统，用于替代 Windows 98/95/NT 操作系统，是运行企业网络和 Internet 站点的强大服务器。它是在 Windows NT 基础上开发的，集 Windows NT 的安全技术和 Windows 9x 的易用于一身，并在此基础上发展了许多新的特性和功能，几乎包括了目前计算机网络的所有（特别是 Internet）新技术，如安全、IP 网络、视频广播、电子商务等。

1. Windows 2000 产品家族介绍

微软公司发行了 4 种版本的 Windows 2000。用于便携计算机和高端工作站的 Windows 2000 Prifessional、用于工作组和部门服务器的 Windows 2000 Server、用于应用程序服务器和更强劲部门服务器的 Windows 2000 Advanced Server、运行核心业务的数据中心服务器系统 Windows 2000 Datacenter Server。下面我们简单分析 4 种版本各自的特性。

Windows 2000 Prifessional 适用于任何商业规模的可靠的桌面和移动操作系统，作为纯 32 位的操作系统，它集成了 Windows NT Workstation 的安全稳定性和 Windows 98 的易用性及兼容性，是最易学习和使用的 Windows 系统。

Windows 2000 Server 适用于对中小型企业进行应用程序部署，建立 Web 服务器、支持工作组和分支机构。该版本将是最流行的 Windows 服务器操作系统，它能够支持两路对称多处理器的新系统。

Windows 2000 Advanced Server 具有较强的部门和应用程序服务器的功能，它集众多网络操作系统和 Internet 服务于一身。由于该服务器可支持具有 8 路 SMP 的新系统，所以它更适用于数据密集型的工作，而且把负载平衡相集成，以便提供优秀的系统和应用程序的稳定性。

Windows 2000 Datacenter Server 是微软公司所提供的功能最强的服务器操作系统支持多达 32 路的 SMP 系统及 64 GB 的物理内存（取决于系统构造）。与 Windows 2000 Advanced Server 一样，群集和负载平衡服务集成是其标准功能，该系统可用于大型数据库、经济分析、科学及工程方面的大规模模拟以及联机事务处理。

2. Windows 2000 Server 的特点

全面的 Internet 和应用软件服务。通过与用于 Internet 服务集成，Windows 2000 系列建立并具有强大的电子商务、知识管理的功能，增强了可靠性和可扩展性。与 Windows NT4.0 相比，Windows 2000 Server 具有下列特点。

（1）高水平的整体系统可靠性和规模性。如系统已针对 32 位处理器进行了优化，支持达 64 GB 的内存，并建立了更强大的系统体系。

（2）强大的端对端管理。Windows 2000 Server 为服务器、网络和基于 Windows 的系统提供综合的管理服务，这使得管理 Windows NT Workstation 或 Window 2000 Professional 等的系统更加简单容易。

3. Windows 2000 Server 的新增功能

（1）终端服务的特点。Windows 2000 的终端服务比 Windows NT4.0 Terminal Server 有很多的改进，除了支持多国语言外，还支持本地打印机、支持会话重影及嵌入在 Web 浏览器的终端客户端。

（2）活动目录技术。Windows 2000 Server 最核心的技术是活动目录技术，微软公司在改进"活动目录"目录服务技术的基础上，建立了一套全面的、分布式的底层服务。"活动目录"集成在系统中，并采用了 Internet 的标准技术，是一套具有扩展性的多用途目录服务技术。它能有效地简化网络用户及资源的管理，并使用户能更容易地找到企业网为他们提供的资源。

（3）完善的文件服务。Windows 2000 Server 在 Windows NT Server 4.0 的高效文件服务基础上，新增了分布式文件系统、用户配额、加密文件系统、磁盘碎片整理、索引服务、动态卷管理和磁盘管理等特性。

（4）强大的打印服务。用户安装了 Windows 2000 Server 之后，当把打印机连接到计算机，从控制面板的打印机中增添一台打印机时，会发现 Windows 2000 可以对本地打印机自动地检查和安装驱动程序。这对于广大的普通用户来说，方便了很多。Windows 2000 还支持脱机打印，当打印机重新连接的时候，原来存储的打印任务就可以开始进行了。

（5）Internet 信息服务。在 Windows 2000 中，微软公司更新了 IIS 的版本，推出了 IIS 5.0。IIS 5.0 比 IIS4.0 提供了更方便的安装与管理，增强的应用环境，基于标准的网络发布协议，改进的性能体现了扩展性、更好的稳定性和更高的可用性。

7.1.2　Windows 2000 体系结构

Windows 2000 Server 是在 Windows NT 操作系统的基础上建立的。Windows NT 操作系统围绕小型核心程序而设计，该核心程序提供了主要的处理能力和硬件交互能力。其核心及硬件提取层（HAL）的程序都是为使不同的处理器能够方便地进行重新编译而编写的，但核心部分保持相同。因此，该操作系统在平台之间具有可移植性。

1. 模块结构

Windows 2000 Server 的 Internet 体系结构是围绕一组模块建立的。它的建立使得所有模块都能够被升级和进行内部改进而不需要检查整个操作系统。虽然 Windows 操作系统的内部资源编码对一般公众保密，但微软公司把许多不同模块所要求的系统调用的说明作为应用程序接口（API）的标准设置，从而可以被公众利用。如图 7-1 所示的是构成 Windows 2000 体系结构的各种模块的一个示意图。

通过设计小型的由一系列交互模块所围绕的核心程序——该核心程序控制 CPU 的操作系统的一部分，Windows NT 操作系统把最重要的 CPU 和硬件 I/O 进程与被应用程序初始化的那些进程隔绝。每个应用程序都在它自己被保护的内存空间内运行，这就意味着 Windows

2000 Server 有能力运行多个应用程序，并且能够承受许多应用程序的错误而不至于崩溃。由于这个原因，Windows 2000 要比以前的 Windows 版本以及许多其他操作系统可靠得多。

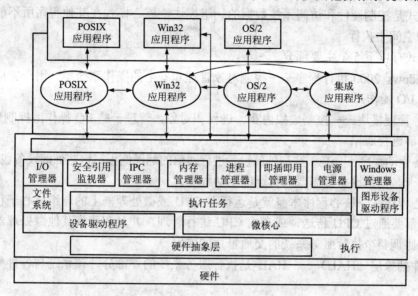

图 7-1　Windows 2000 体系结构

（1）用户模式。

Windows 2000 操作系统被设计成把应用程序和其他用户指定的进程与对外部设备进行 I/O 操作所需要的核心进程相隔绝。与用户进行交互的操作系统部分叫作用户模式，该用户模式包含了一组环境子系统：POSIX、Win32、OS/2 和其他子系统。这些子系统允许其他各种操作系统编写的程序在 Windows 2000 Server 上运行而不必专门重新编译。Win32 环境子系统提供了屏幕和键盘 I/O 以及许多 Windows 图形子程序和程序库。

用户在应用程序内部指定的命令是经核心程序执行层处理后翻译和执行的，这些应用程序需要对硬件进行访问。所有设备和程序之间是硬件抽象层（HAL）。

这种结构的直接结果是应用程序无法直接访问系统硬件，必须把它们的命令进行翻译。与设备进行通讯的软件，即设备驱动程序也由核心程序控制，并且不能被运行在用户模式上的应用程序直接访问。

运行于用户模式上的进程由操作系统分配一个内存块，这个内存块叫作该进程的地址空间。当应用程序需要更多的内存时，它可以请求把当前不使用的指令换出到磁盘上，这个过程叫作换页或磁盘交换。通过使用虚拟内存，系统就可以访问比只使用 RAM 所能提供的更多的运行程序部分。

虚拟内存可使用户加载超出 RAM 物理内存所允许的程序。执行层的内存管理程序模块管理这个进程。访问虚拟内存比访问实际内存要慢，且管理这个进程也需要一定的系统开销，但是 Windows 操作系统仍然主要依赖在硬盘驱动器上交换文件。

应用程序或运行在用户模式上的进程与使得用户计算机工作在核心模式上需要的进程相竞争。Windows 2000 根据进程的重要性分配各个进程的优先权。因为核心模式进程是运行用户计算机系统的基本模式，因而它们的优先级比用户模式中所初始化的进程的优先级要高，其结果是用户模式进程比核心模式进程对 CPU 的访问要少。

（2）核心模式。

核心模式是控制硬件和访问系统数据的一组模块。核心模式在其他程序所不能够访问的 CPU 的保护空间中执行。

核心模式有以下 5 个主要部分。

1）Windows 2000 执行程序——控制对象管理和安全的操作系统层，用于完成对外部设备的大多数 I/O 操作。

2）各种管理模块——控制虚拟内存、进程和对象，管理一些 I/O 操作，控制使 COM 正确运作的内部进程通讯。

3）设备驱动程序——是一些与外部设备进行通信的翻译例程。这些外部设备包括打印机、网卡和视频卡。每个设备都需要有自己的驱动程序。

4）核心程序——核心程序本身就是运行在 CPU 或微处理器上的一组核心子程序。因为所有的 I/O 都要通过 CPU 传送，或者由 CPU 进行管理，并且卸载到其他微处理器，因而核心程序起到协调整个执行服务系统的交通警察的作用。

5）硬件抽象层（HAL）——HAL 是执行服务系统的一部分，该系统与各种外部设备进行实际通讯。

核心模式提供了两组完全不同的服务。一组通过执行服务层和其他 Windows 执行组件对用户模式提供系统服务。核心模式中的第二组服务是内部进程，该进程只能够被核心模式下的其他组件所访问。图 7-1 显示了核心模式中的组件，有以下几个。

1）I/O 管理器——该模块管理文件系统、设备驱动程序和高速缓存管理器的输入和输出。

2）安全引用监视器——该模块管理用户服务器上的安全性规则。

3）IPC 管理器——IPC 或内部进程控制是 OLE 和 COM 之类的应用程序服务组的名称。

4）虚拟内存管理器。

5）进程管理器——进程管理器负责管理系统和应用程序所需要的进程。

6）即插即用管理器。

7）电源管理器——该模块通过操作设备来管理电源请求。

8）Windows 管理器。

9）对象管理器件——该模块是当前正在使用的对象的数据库和注册。

10）微核心——该模块直接与用户系统的 CPU 进行通讯。

11）硬件抽象层。

（3）子系统。

作为用户模式一部分的环境和集成子系统允许 Windows 2000 Server 运行为在其他操作系统上运行而设计的应用程序。可以把这些子系统想象成对 POSIX（UNIX 的标准格式）和 OS/2（IBM 桌面和服务器操作系统的 16 位字符模式的版本）等其他操作系统的模拟器。每个环境子系统提供了带有标准系统调用的 API，这些调用是运行在其他操作系统上的程序所希望的，即使仿真中的编码与原先在其自己平台上操作系统的编码有很大的不同也无妨。

最重要的环境子系统是 Win32 模块。该子系统允许程序 32 位应用程序，以便在 Windows 2000 上运行。系统部分提供了对 16 位的 Windows 和 MS-DOS 应用程序的向后兼容。

通常按 32 位 Windows 应用程序编写的程序较按 16 位 Windows 或 MS-DOS 编写的程序

而言，仿真时在 Windows 2000 上运行会更稳定、更快。

Windows 2000 也有一些控制安全性和服务的完整子系统。这种安全子系统提供登录验证、维护安全数据库、监视权限和授权，并审核对系统和网络资源的访问。还有两种完整子系统：服务器服务和工作站服务。服务器服务是具有 API 的子系统，API 允许程序访问网络服务器以及网络资源。工作站服务是具有可对网络资源重新定向的 API 的系统。

2. 进程

Windows 2000 提供了一些服务，这些服务允许两个或更多的应用程序同时在单个或多个微处理器上运行。如图 7-2 所示。为了启用这些功能，操作系统需要把进程进行分割，并同时运行多个执行线程，这种功能叫作多线程。多线程系统使得应用程序似乎一次执行了多个进程。所有现代处理器和操作系统都具有这种能力。与多个线程并进的是进程，通过进程，可以把多个线程的执行分发到用户系统的微处理器。

Windows 2000 是多任务的操作系统。在该系统中，线程是按优先级排成队列的，并且根据 CPU 可利用的周期数分发给 CPU。多任务允许 CPU 按循环方式轮流执行线程，不允许任何单个的应用程序强占 CPU 时间。在某些台式操作系统中，例如 Macintosh 操作系统，同一个系统上运行的多个应用程序通过应用程序来适当地释放 CPU。在 Windows 2000 操作系统中，CPU 的交通管理是建立在操作系统本身的。

把 Windows 2000 与 Macintosh 或早期 Linux 版本等其他操作系统区分开的一项功能是它能够同时在两个或多个微处理器上运行，这项功能叫作对称多处理或 SMP。其中，Windows 2000 Server 只限于 4 个微处理器的系统。

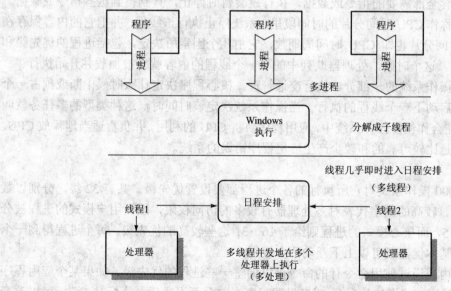

图 7-2　多线程、多任务和多处理的示意图

（1）多线程。

当程序执行某个特定命令时——打印作业、与其他程序进行通讯、计算数据、与文件系统进行 I/O，或者 Windows 2000 能够进行的数千个任务中的一个——这些命令通常需要多个步骤才能执行。因为任何一个程序都要获得微处理器的注意，最好是能维持几个周期，因而

命令被分割成为较小的任务，称作执行线程，从而确保更有效地执行。执行程序启动一个进程，该进程就产生了一个或多个线程。因为 Windows 2000 能够同时执行多个线程，CPU 也就能够更有效地被利用。

任何运行在 Windows 2000 上的 32 位程序都包含编码和数据在自己私有的内存空间中。一个程序分配有特定的系统资源数，包括文件数、I/O 通道数和其他资源。程序启动后要做实际工作，就会产生线程。每一个线程都是在程序的内存空间中运行的，并利用分配给该程序的系统资源。

因为 Windows 2000 必须跟踪同时执行的多个线程，它使用系统来标识线程属于哪个进程。每个线程都被分配了一个客户标识符 ID，该标识符独一无二地标志了该线程。除此之外，线程还包含了微处理器的当前状态。因此，当该微处理器被激活时就会被检测到。线程在内存中维护着两个堆栈，一个供用户模式执行，而另外一个供核心模式执行。线程也包含了保存有关自身执行的信息的内存，这些信息来自于各种环境子系统、动态链接库（DLL）和子程序库。为使用线程，通过在内存中存储指令以及线程的数据和命令，线程自身可以包含一组指令和数据，这些指令和数据不需要任何附加的 I/O 来为 CPU 所用。

（2）多任务。

在多任务操作系统中，就好像是几个应用程序和进程同时引起了微处理器的注意。这种技术是通过时间分片来完成的。通过一种叫任务转接的进程来切分 CPU 的周期并同时被多个线程利用。任何一个瞬间，微处理器上都只有一个线程在执行。

在任务转接系统中，在线程完成或操作系统中断该线程之前，该线程都被 CPU 执行。如果此线程没有包含全部需要的指令或数据，执行就会暂时停止，直到得到这些指令或数据。在某些预设置的称作 CPU 时间分片的时间段里，系统停止执行该线程，并把它的内容保存在内存中。CPU 时间分片也即 CPU 时间周期数，它由几个因素所决定，包括进程的优先级和 CPU 的工作负载。这个时候，处理器队列中的下一个线程的内容就会被加载并开始执行。

核心程序是操作系统的一部分，执行交通管理。核心程序决定什么时候中断或预占一个线程的执行，并启动下一个线程的执行。当操作系统决定该时间时，这种类型的多任务就叫作预占多任务。在合作性多任务系统中，应用程序负责 CPU 的利用，并负责适当地释放 CPU。预占多任务系统是比较可靠的和较少产生应用程序错误的系统。

（3）多进程。

Windows 2000 操作系统对它所执行的各个进程都要设置优先级。共有 32 级，分别以数字 0～31 来表示。较高的数字代表对多处理器有较多的访问权限，因而用户模式的进程被分配的级别是 0～15，而核心模式的进程则给予 16～31 这些较高的优先级。每个进程得到一个基本优先级，该基本优先级可以上下浮动两个级别。

在应用程序内或通过使用命令行的命令可以调整一些进程的优先级。如果某个应用程序有性能游标（表明快速或慢速执行），或者设置程序在前台而不是后台执行时，游标可以改变有关进程的执行级别。

除此之外，核心程序还具有根据线程的活动而动态地向上或向下调整基本级别的能力，这个过程就叫作动态优先权分级。当核心程序将某个计算识别为后台进程时，其线程的动态优先级可能下降。而对于重要的 I/O 活动，例如用户输入，其优先级可能会上升。

Windows 2000 运行在对称多处理器系统或 SMP 系统上，在 SMP 系统中，进程和组成进程的线程被发送到可执行调度的任何处理器上，该处理器调整执行队列以平衡负载，即跨越处理器的多任务。诸如核心模式进程之类的进程将总是在第一个可利用的 CPU 上执行，但是用户模式处理器倾向于分配到不同的微处理器上。

3. 内存

用户可能已经注意到，Windows 2000 比起其他桌面操作系统使用了更大量的内存。Windows 2000 也允许访问更大量的已安装的物理 RAM。Windows 2000 使用了大量平面或线性的 32 位地址空间。在 32 位地址空间中，有 4 个字节是同时被执行的。该 32 位操作系统能够访问的最大内存是 4 GB。即操作系统能够访问大约 4 GB 的地址或虚拟地址。

虚拟内存空间是当应用程序引用内存时使用的地址空间。虽然允许使用 4 GB 内存，但首先或较高的 2 GB 是保留给核心模式进程使用的，并且只有核心线程在这部分内存中执行。较高 2 GB 的较低的部分保留用于对硬件和 I/O 进行快速访问，较低的 2 GB 内存地址用于用户模式和核心模式进程。虚拟地址空间较低 2 GB 的较高部分被分为地址的页库和非页库。非页库编码可被做上记号并总是被保留在物理内存中。虚拟内存管理器（VMM）能够把页库内的数据交换到磁盘中，此项进程自动地和动态地被 Windows 操作系统管理。如图 7-3 所示的是虚拟地址配置示意图。

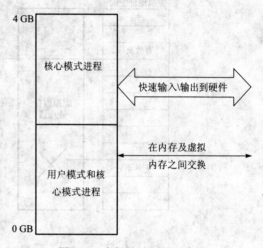

图 7-3　虚拟地址配置示意图

Windows 通过读出和写入数据到磁盘上的文件，使用虚拟内存管理程序方案来扩展物理 RAM 的量。对于一段时间内还没被使用过的，并且还没有标记要保存到物理内存中的指令，可以被分页交换到磁盘上。这就是先进先出系统。当数据被分页交换到磁盘之后，VMM 就会把那些地址标记为空。

虚拟内存可以帮助防止一个进程查询其他进程的内存空间。VMM 管理磁盘上的交换文件，并将数据如读/写段那样换页进/出。页是指在交换文件中传递的 4 KB 的大内存块，也叫做页文件。在没有足够的物理 RAM 并且有太多的页在进行交换时，系统执行就会减慢，并且可以观察到过分频繁的磁盘活动，有时把这种磁盘活动叫作磁盘颠簸。通常把交换文件的量保持在已安装内存大小的 2~3 倍，以减少磁盘颠簸。

在平面或线性内存模式中，操作系统分配一定范围的内存给系统进程或应用程序，该部分内存就处于保护状态。不仅仅是物理内存具有惟一的地址分配，虚拟内存也在虚拟内存空间中分配有惟一的地址。虚拟内存管理器的工作是映射磁盘或内存中的数据地址，并把该地址与虚拟地址相关联。因此，当请求执行线程时，线程或者从 RAM 加载或者从磁盘传递到 RAM 中并加载。这种从磁盘传递到 RAM 并加载的过程叫作抓取。虚拟内存管理器必须维护一个地址表，该表指向进程驻留的位置，并由 VMM 管理分页进程。如图 7-4 所示的是分页进程的工作流程。

在虚拟地址空间中，页被标志为位于物理内存中的有效页或在物理内存中不存在的无效页。当线程需要有效页时，它就会从内存中加载；当线程需要无效页时，操作系统就发布该页失效，抓取此错误，并从磁盘加载所需要的页。在有秩序的应用程序中，线程将再次请求该页。当页变成有效时，它就被加载，线程就被执行。

Windows 2000 使用所谓需求分页的系统，该系统具有加载无效页到物理内存的群集。当一个无效页被加载到内存时，操作系统也加载其附近的页，从而使失效页数减少为最少。如果有空闲物理内存可利用，则 VMM 就会加载无效页到第一个空闲的页。如果物理内存已经满了，则 VMM 必须在其能够加载无效页之前，首先从物理内存中把页换出到 RAM。VMM 为每个进程检查在物理内存中的工作页组，然后把驻留在物理内存中时间最长且没有被访问的页移出去。

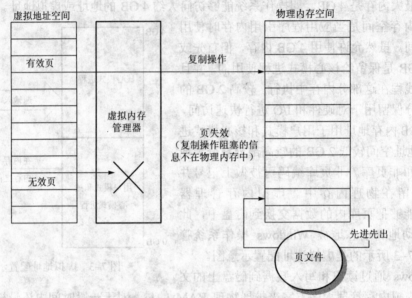

图 7-4　进程工作流程

7.2　Windows 2000 的安装

7.2.1　安装前的准备

1. 系统需要及安装前的准备

在使用 Windows 2000 Server 之前，用户必须先将它安装在计算机上。不管用户在安装以前使用的是何种操作系统，在安装 Windows 2000 Server 之前的准备阶段，都将自动生成一份安装向导，来帮助用户顺利地完成整个操作系统的安装过程。

（1）安装 Windows 2000 Server 的系统需求。

为了确保系统能够充分发挥其应有的性能，安装 Windows 2000 Server 时，用户还必须确保计算机的配置能够达到微软公司推荐的 Windows 2000 Server 的最低配置标准。

1）Pentium200 MHz 或更高级的微处理器。

2）最小 64 MB 内存，建议使用 128 MB，最高可达 8 GB。

3）2 GB 硬盘，最少 850 MB 硬盘空闲空间。

4）VGA 或更高分辨率的显示器和键盘。

5）鼠标或其他定点输入设备（可选）。

6）从光盘安装还需要光盘驱动器（12 倍速或更高速度）和高密度 3.5 英寸软盘驱动器（除非光盘驱动器是可引导的并支持从光盘启动安装程序）。

7）从网络安装还需要一块或一块以上的与 Windows 2000 Server 兼容的网卡、相应的电缆线以及一台存储 Windows 2000 Server 安装文件的网络服务器。

（2）安装前的准备工作。

在安装 Windows 2000 Server 之前，首先要进行以下操作。

1）对硬盘中的重要数据进行备份。完成整个 Windows 2000 Server 的安装过程需要很长的时间，如果在安装过程中出现磁盘或系统错误，很有可能会引起硬盘数据丢失，所以在安装 Windows 2000 Server 前，要将硬盘中的重要数据先备份。

2）对硬盘进行分区。在 Windows 2000 Server 中，如果要用到如活动目录、磁盘配额等一些基于 NTFS 文件系统的组件，必须把安装 Windows 2000 Server 的目标盘由 FAT 或 FAT32格式转换成 NTFS 格式的分区。

● 掌握网络适配器的一些基本参数。在安装过程中，安装软件会自动检测网络适配器，要求确定 IRQ 数、I/O 端口地址、内存缓冲区地址以及其他一些网卡设置，所以必须确定是采用系统默认值还是输入新值，因此，就需要了解所需的网卡设置。

如果用户的网络中已存在其他服务器，则还应知道网络的域名或组名。以确保用户能够正确地加入网络。

指定计算机名称时，注意这个名称是惟一的，不能与组名或域名匹配。计算机名称不可多于 15 个字母，因为服务器上计算机的命名是有意义的。

2. 安装方式

（1）选择升级安装。

升级安装是在已运行 Windows NT 系统的计算机上，安装 Windows 2000 Server 系统。如果用户选择升级安装，那么就必须了解许多有关升级安装的详细信息。例如使用的计算机上已经有一个存在的域，那么又该如何升级。如果选择升级安装，用户必须考虑的另一个问题是，是否改变文件系统格式，这种改变是从可能存在的 FAT 或 FAT32 文件系统转变到 NTFS文件系统。另外，用户还需要了解有关能够升级的 Windows 2000 Server 版本的细节。

1）能够升级安装的 Windows NT Server 版本。升级是在某种现存版本的 Windows NTServer 操作系统的分区上安装 Windows 2000 Server。升级安装自动把 Windows 2000 Server 软件安装在现存的操作系统所在的目录中。

2）选择合适的域服务器。

3）升级 Windows NT 域的步骤。要把 Windows NT 域升级到 Windows 2000 Server，必须先从升级主域控制器开始升级。升级 Windows 2000 Server 域需要 3 个步骤。

① 进行备份或其他的准备工作以便在需要时，可以恢复到安装以前的状态。

在所有的升级安装之前，应该备份域中所有服务器的内容。用户可能需要考虑采取如下措施，以保护现存的网络系统。升级前，断开网络中的备份域控制器的网络连线，在把主域控制器升级到 Windows 2000 Server 之后（必须首先升级主域控制器），如果需要的话，这个备份域控制器能够被提升为 Windows 2000 Server 主域控制器（在正常的情况下，不需要把 Windows 2000 Server 备份域控制器提升为主域控制器，而是继续升级过程，最后再连接到网络使之升级）。

② 升级主域控制器，这一步必须在升级任何其他备份域控制器前完成。

在 Windows NT 域中首先升级的域控制器必须是主域控制器。在升级该服务器时，系统将让安装者选择是创建一个新的域还是一个子域，选择创建一个新的域目录树，还是在现有的域目录树中创建一个新的域目录树。对于有 3～5 个服务器的域，可以创建新的域和新的域目录树。

在升级的过程中，系统可以让安装者选择 3 个重要文件的位置，即包含用户账户和其他 Active Directory 数据的数据库文件、日志文件和系统卷（SYSVOL）文件。

当第一个服务器升级到 Windows 2000 Server 域控制器后，它将是完全向后兼容的。这意味着在一个多服务器环境中，域控制器对于 Windows 2000 Server 和客户机来说是 Windows 2000 域控制器，对于其他的服务器和客户机来说它是一个模拟 Windows NT 4.0 的主域控制器。在完成主域控制器的升级，并确认它符合安装者的要求之后，接着就该升级所有的备份域控制器。

③ 升级域中的其他服务器。

每次只能升级一台备份域控制器（请确保在升级前都已经备份）。在升级下一台备份域控制器之前，请启动升级后的服务器并测试网络中的每一台服务器，以确保它们运行状态良好。

当把所有的服务器都完全升级到 Windows 2000 Server 域控制器时，就可以把域从混合模式（Windows NT 域控制器可以存在于该域中）改为本机模式（只有 Windows 2000 Server 域控制器可以存在于该域中）。这是一个很重要的决定，因为在改变为本机模式之后，系统就不能逆转回到混合模式了。

（2）选择全新的安装。

选择全新的安装和升级安装不同，在全新安装过程中将要删除以前的操作系统或在一个以前没有操作系统的硬盘或硬盘分区上安装 Windows 2000 Server。如果在这个硬盘分区上有需要保留的应用程序，那么用户需要备份好这些应用程序，以便在安装完 Windows 2000 Server 后再重新安装它们。用户除了需要进行必要的备份工作之外，还需要考虑许多其他问题。

1）使用何种许可证方式。Windows 2000 Server 支持两种许可证方式：每客户方式和每服务器方式。如果选择每客户方式，则每一台访问 Windows 2000 Server 的计算机都需要一个单独的客户访问许可证（Client Access License）。客户计算机只需要一个客户访问许可证就可以连接到任意多的 Windows 2000 Server。如果 Windows 2000 Server 不止一台，每客户方式是最合适的许可证方式。

和每客户方式相比，每服务器方式要求连接到服务器上的每个并发的连接都需要一个独立的用户访问许可证。这就意味着该 Windows 2000 Server 只能支持固定数目的并发连接。例如，如果选择每服务器方式并选择 25 个并发连接，那么该 Windows 2000 Server 在任何时候最多只能同 25 台计算机（客户机）相连。这些客户机不再需要任何附加的许可证。

每服务器方式经常被那些只有一台 Windows 2000 Server 的公司使用。对于 Internet 或远程访问服务器来说该种方式也是适用的，在这些情况下，客户计算机不能被授权为 Windows 2000 Server 网络客户端。用户可以设置并发连接服务器的最大数目并拒绝其他多余的客户登录。

如果用户不能确定使用何种方式，则请选择每服务器方式，因为系统可以在每客户方式和每服务器方式之间进行转换。

在使用终端服务的情况下，许可证方式通常都是每客户方式，除非采用终端服务 Internet 连接程序许可证（Terminal Services Internet Connector License），在此种许可证下通常使用每服务器方式。而且，如果使用终端服务，用户必须安装两个组件：终端服务和终端服务授权。

2）使用双重启动配置。计算机可以设置为双重启动，在每次重新启动计算机时，双重启动功能可以让用户在几种操作系统之间进行选择。例如，服务器大部分时间需要运行 Windows 2000 Server，而有时需要运行只能在 Windows NT4.0 Server 下运行的程序时，用户可以把服务器设置为双重启动。在重新启动的过程中，系统将等待用户一段时间，并允许用户在两种操作系统中做出选择。用户可以定义默认的操作系统，在重新启动过程中如果用户没有进行选择，则系统将启动该默认设置。

配置在 Windows 2000 Server 和另一个操作系统之前的双重启动的原因就在于，用户可以使用那些只能在某一特定操作系统下才能使用的应用程序（在启动时选择那种特定的操作系统）。然而，使用双重启动也有其不足之处：昂贵的硬盘空间被操作系统所占用；兼容性需要注意以下事项。

其一，如果使用 Windows 2000 Server 和其他操作系统之间的双重启动，用户必须将 Windows 2000 Server 安装在一个独立的磁盘分区上，这样才能保证 Windows 2000 Server 不会覆盖掉其他操作系统所使用的关键文件。

其二，当用户安装一个新的 Windows 2000 Server 时，在默认情况下，系统被安装到一个没有其他操作系统的磁盘分区上，用户可以在安装过程中指定不同的磁盘分区。

其三，新安装 Windows 2000 Server 之后，必须重新安装所有应用程序，如字处理程序和电子邮件软件等。

其四，如果双重启动的计算机是在一个 Windows NT 域或是在 Windows 2000 Server 域中时，Windows NT4.0 Server 和 Windows 2000 Server 所使用的计算机名称不能相同。

其五，用户应尽量避免在建立 Windows 2000 Server 和 Windows NT Server 双重启动配置的计算机上只使用 NTFS 作为惟一的文件系统。在这样的计算机中，一个装有 Windows NT 操作系统的 FAT 或 FAT32 分区可以确保当系统启动 Windows NT4.0 时，计算机可以访问所需本机文件。

其六，当用户在一台计算机中建立如下双重启动：在 FAT 分区建立 Windows NT 3.1 或更早版本和在 NTFS 分区下配置 Windows 2000 Server，则当系统启动 Windows NT3.1 时，NTFS 分区将是不可见的。

3）使用何种文件系统。运行 Windows 2000 Server 的计算机的磁盘分区可以使用 3 种类型的文件系统，即 NTFS、FAT 和 FAT32，建议用户使用 NTFS 文件系统。FAT 和 FAT32 很相似，只是 FAT32 更适合于较大容量的硬盘（对于大硬盘来说，最佳的文件系统是 NTFS）。

NTFS 文件系统比 FAT 和 FAT32 更加强大。Windows 2000 Server 包括一个新版本的 NTFS，该文件系统在原有灵活的安全特性之上又加入了新的特性，比如说 Active Directory。安装程序可以很容易地从原有的文件系统转换为新版本的 NTFS 格式，即使原有的文件系统是 FAT 格式也一样。用户也可以在安装完毕之后，使用 Conver.exe 程序把 FAT 或 FAT32 的分区转化为新版本的 NTFS 分区。无论是在运行安装程序中还是在运行安装程序之后，这种转换都会保证用户的文件不受损害。

注意：Windows 2000 Server 支持由 Windows 95 或 Windows 98 创建的 FAT32 文件系统格式。然而，Windows 2000 Server 只能格式化最大 32 GB 的 FAT32 格式。如果用户在安装过程中选择的 FAT 分区大于 2 GB，则安装程序自动地把它格式化为 FAT32 格式。对于大于 32 GB 的格式，建议使用 NTFS 格式。

4）为新的安装规划磁盘空间。用户只有在需要进行新安装而不是升级安装的情况下，才需要在安装前规划磁盘分区。在运行安装程序之前，需要设计安装 Windows 2000 Server 的分区的大小。Windows 2000 Server 需要 850 MB 到 1 250 MB 的磁盘空间，建议用户为系统预留比最低要求更多的磁盘空间。预留较大的空间可以满足可能出现的各种需求，包括可选组件、Active Directory 信息、日志文件，以及将来的服务包、操作系统所使用的交换文件等。

安装程序给用户提供了几种改变硬盘分区的方案，用户可以在以下方案中进行选择。

① 如果硬盘是未分区的，用户可以创建并设置 Windows 2000 Server 分区的大小。

② 如果硬盘已经分区但有足够的未分区空间，用户可以在未分区空间中创建 Windows 2000 Server 分区。

③ 如果硬盘有一个足够大的分区，用户可以在这个分区上安装 Windows 2000 Server。如果在这个分区上已安装有操作系统，则可以选择执行新的安装以覆盖这个系统。这种情况下，用户需要重新安装原来的应用程序。

④ 如果硬盘上有分区存在，用户可以删除它，以便为 Windows 2000 Server 提供更大的未分区空间。删除已存在的分区将同时删除分区上的所有数据。

注意：如果用户要在磁盘上删除或创建分区，请确保在操作之前已经对磁盘内容进行了备份，因为这些操作将删除磁盘上所有的数据。

5）确定所要安装的组件。在安装 Windows 2000 Server 时，有许多不同的组件可供选择安装。用户应该依据今后如何使用该服务器来选择安装这些组件。Windows 2000 Server 包括许多核心组件和由安装程序自动安装的许多管理工具。另外，还有许多附加的组件供用户选择安装，以扩展 Windows 2000 Server 的功能。这些组件可以在安装时添加，也可以在安装以后通过"控制面板"中的"添加/删除程序"选项添加。选择更多的组件意味着服务器可以提供更多的功能，同时也需要更多的磁盘空间，所以，用户应该只选择那些确实需要的组件。表 7–1 的内容将帮助用户选择需要安装的组件。

表 7–1　服务器功能需求和需要安装的组件

服务器功能需求	考虑安装的可选组件
DHCP、DNS、WINS 服务器	动态主机配置协议（DHCP）、域名服务系统（DNS）
TCP/IP 网络中	Windows Internet 命名服务（WINS）
网络的中央化管理	管理和监视工具、远程安装服务
授权和安全连接	Internet 验证服务（在"网络服务"中）证书服务
文件访问	微软公司索引服务及远程存储
打印机访问	其他网络文件和打印服务（支持 Macintosh 和 UNIX
终端服务	终端服务、终端服务授权

续表

服务器功能需求	考虑安装的可选组件
应用程序支持	消息队列服务（MSMQ）、QOS 许可控制服务（在"网络服务"中）
Internet（Web）基础结构	Internet 信息服务（IIS）、Site Server LDAP 服务（在"网络服务"中）
电话传真支持	连接管理器组件（在"管理和监视工具"中）
多媒体连接	Windows 媒体服务（Windows Media Services）
多种客户端操作系统支持	其他网络文件和打印服务

7.2.2　安装 Windows 2000 Server

这里采用从 Windows 98 操作系统中安装 Windows 2000 Server，目的是将 Windows 2000 Server 和 Windows 98 设置成多重启动。在安装以前，已事先将硬盘划分为了 C、D、E 三个区，并且都使用了 FAT32 文件系统格式。并在硬盘的 C 驱动器上已经安装好 Windows98 操作系统。

具体的安装有以下几个步骤。

（1）启动计算机并进入 Windows 98 操作系统，插入 Windows 2000 Server 的系统安装光盘，安装程序将自动运行，如图 7-5 所示。

图 7-5　安装画面

（2）安装向导提示用户所要安装的 Windows 比用户现在使用的版本新，询问是否要将现在的系统升级到 Windows 2000 Server。由于本机要使用多重启动，因此这里需要单击"否"按钮。

（3）单击如图 7-5 所示图中的"安装 Windows 2000"选项按钮，打开"Windows 2000 安装程序"对话框，如图 7-6 所示。安装程序向导提示用户 Windows 2000 安装程序不支持从微软公司 Windows 98 到微软公司 Windows 2000 Server 的升级。

（4）单击"确定"按钮，打开"欢迎使用 Windows 2000 安装向导"对话框，如图 7-7 所示。在对话框中的"选择安装方式"选项区域中包含两个选项。

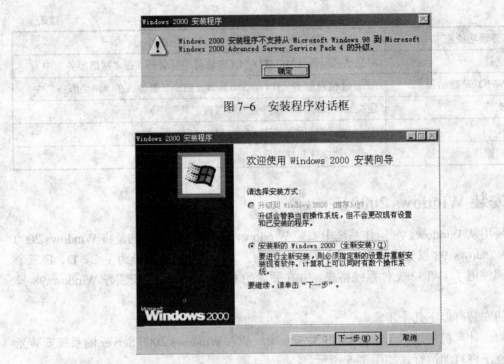

图 7-6　安装程序对话框

图 7-7　安装向导

1）升级到 Windows 2000。该选项为系统推荐安装方式，升级替换当前的操作系统，且不会更现有设置和已安装的程序。但 Windows 2000 Server 安装不支持从旧版本的 Windows 9x 操作系统中升级，故此时该项不可选。

2）安装新的 Windows 2000。该选项为全新安装，选择此安装方式则需要指定新的设置并重新安装现有软件。通过该安装选项会使计算机上同时存在多个操作系统。

（5）选中"安装新的 Windows 2000（全新安装）"单选按钮，单击"下一步"按钮，打开"许可协议"对话框，如图 7-8 所示。

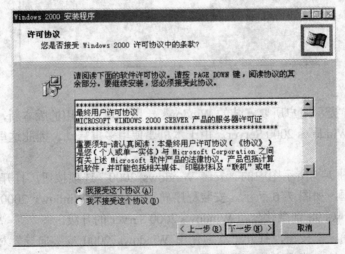

图 7-8　选择许可协议

（6）选中"我接受这个协议"单选按钮，单击"下一步"按钮，在"产品密钥"文本框中输入您的产品密钥："*****-*****-*****-*****-*****"，如图 7-9 所示（安装盘的密钥有所不同，每张安装盘密钥在 CD 光盘封面上有标志）。

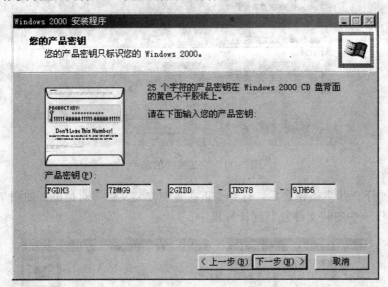

图 7-9 产品序列号

（7）输入您的产品密钥之后，单击"下一步"按钮，打开"选择特殊选项"对话框，如图 7-10 所示。在该对话框中包含 3 个功能选项区域：语言选项、高级选项和辅助功能选项，用户可分别单击这些功能选项按钮来对它们进行设置。用户需要注意的是，在"高级选项"对话框中，"Windows 2000 文件位置"文本框显示安装文件的路径，在安装到选择"D:\Windows 2000 Server"为安装路径，如图 7-11 所示。

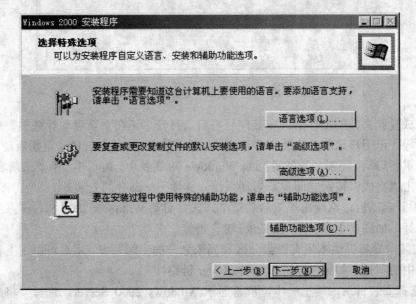

图 7-10 "选择特殊选项"对话框

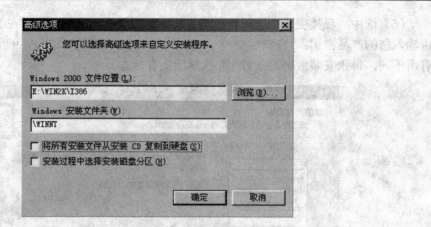

图 7-11　安装文件的路径

（8）单击"下一步"按钮之后，打开"正在复制安装文件"对话框，如图 7-12 所示。安装向导将自动将一些安装文件复制到计算机中。

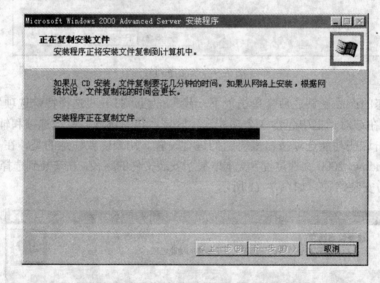

图 7-12　"正在复制安装文件"对话框

（9）完成复制文件的工作后，安装向导将自动打开"正在重新启动计算机"对话框。该对话框中向导提示用户这部分安装程序已完成，系统将在 15 秒之后自动重新启动。如果用户不希望立即重新启动，还需要再次返回到 Windows 98 系统中，可单击"不要重新启动"按钮。这里选择单击"完成"按钮立即重新启动系统，继续下一部分的安装。

（10）重新启动后，系统出现双启动菜单，选择启动 Windows 2000 Server 系统，安装程序将继续进行，如图 7-13 所示。按 Enter 键，继续。

（11）安装向导将提供本机有磁盘分区和尚未划分的空间列表，用户可以用上移和下移箭头选择列表中的项目，如图 7-14 所示。按 Enter 键继续。

（12）选择安装目录，接上一步，屏幕显示 Windows 2000 Server，选择"将此磁盘分区转换为 NTFS"选项并按 Enter 键进入下一步，如图 7-15 所示。

Windows 2000 Server 安装程序

欢迎使用安装程序。

这部分安装程序准备在计算机上运行

Microsoft　Windows 2000（TM）

◎开始安装 Windows 2000，请按 Enter.

◎要修复 Windows 2000 中文版，请按 R。

◎要停止安装 Windows2000 并退出安装程序，请按 F3。

Enter=继续　R=修复　F1=帮助　F3=退出

图 7-13　继续安装选择

Windows 2000 Server 安装程序

以下列表显示这台计算机上现有磁盘分区和尚未划分的空间。

用上移和下移箭头键选择列表中的项目。

○ 要在所选项目上安装 Windows 2000，请按 Enter。

○ 要在尚未划分的空间中创建磁盘分区，请按 C。

○ 删除所选磁盘分区，请按 D。

19093 MB Disk 0 at Id 0 on bus 0 on atapi 上的磁盘分

C：FAT32　3004 MB（1825 MB 可用）

C：FAT32　3004 MB（1825 MB 可用）

D：FAT32　12002 MB（11010 MB 可用）

Enter=安装　F3=退出

图 7-14　文件系统选择

Windows 2000 Server 安装程序

安装程序将安装 Windows 2000 安装在

19093 MB Disk 0 at Id 0 on bus 0 on atapi 上的磁盘分区

C：FAT32　3004 MB（1825 MB 可用）

上述磁盘分区在 6067 MB 磁盘 0 于 ID 0，总线 0，atapi 上。

用上移和下移箭头键选择所需的文件系统，

然后按 Enter。

如果要为 Windows 2000 选择不同磁盘分区，请按 Esc。

将此磁盘分区转换为 NTFS。

保持现有的文件系统（无变化）

Enter=安装　F3=退出

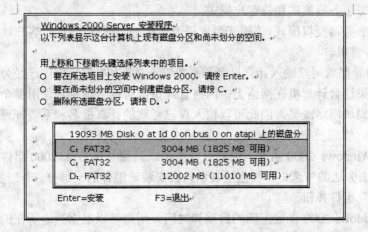

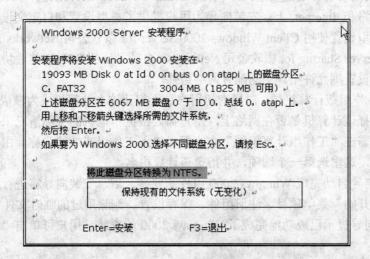

图 7-15　文件系统转换

（13）完成了以上的安装后，安装向导会自动复制一些文件到 Windows 2000 安装文件夹以及初始化安装信息等的工作。由于该阶段的全都是安装基于 Windows 2000 Server 底层结构的系统，所以在该阶段的安装过程中除了选择安装的驱动器之外，很少询问用户其他信息。复制完成后，系统须再次重新启动。

（14）系统重新启动后，安装向导将开始搜索有关用户和计算机的信息，以便正确配置 Windows 2000 Server。然后安装程序会在用户的计算机上检测并安装设备，如键盘和鼠标等。

（15）完成设备安装后，屏幕上将显示"区域设置"对话框，用户可以为不同的区域和语言自定义 Windows 2000 Server，其中包括常规、数字、货币、时间、日期、输入法设定区域设置以便使用标准设置。

（16）安装程序使用用户提供的个人信息，自定义 Windows 2000 软件，并请求用户输入姓名、公司或单位名称。如姓名：XX，公司名称：HDU，输入后单击"下一步"按钮。

（17）屏幕上显示授权模式列表让用户选择所需的授权模式。Windows 2000 Server 支持两种授权模式：每服务器模式和每客户模式。

这里选择每服务器授权模式，该模式要求每个连接都必须有自己的"客户端访问许可证"。选择连接 25 台计算机。

（18）安装向导要求用户输入计算机名和系统管理员密码。安装程序已经为用户提供了一个计算机名，如果这台计算机在网络上，网络管理员则可以告诉用户使用哪个名称。由于本机属于没有域的局域网络成员，因此可以输入自己喜欢的计算机名和系统管理员密码。如计算机名：Server 1，管理员密码：abcde。

（19）安装 Windows 2000 组件。用户可以添加或删除 Windows 2000 组件，要添加或删除新组件，请单击旁边的复选框，灰色框表示只会安装该组件的一部分。若想了解组件内容，单击"详细信息"组件按钮。

（20）为 Windows 2000 设置正确的日期和时间。用户可以根据当地所在的时区来设置系统当前的日期和时间。

（21）进行网络设置。通过安装网络软件，Windows 2000 Server 允许本地计算机连接到其他计算机、网络和 Internet 上。安装向导为用户提供了典型设置和自定义设置两种网络配置方法。其中典型设置使用 Client Windows 2000 Server for 微软公司 Networks、File and Print Windows 2000 Server Sharing for 微软公司 Network 和自动寻址的 TCP/IP 传输协议来创建网络连接。而自定义设置则允许用户手动配置网络组件。

（22）选择工作组或计算机域。向导询问用户是否想让这个计算机成为域成员，并给出两个选项让用户选择该计算机是否在网络上，用户需要根据本地机的实际情况来确定选择哪个选项，之后用户需在"工作组计算机域"文本框中输入工作组或域的名称。由于本机属于没有域的网络成员，这里选第一个选项，并指定该计算机名。

（23）安装向导自动完成 Windows 2000 组件的安装之后，安装向导将进行最后一系列任务，诸如安装"开始"菜单项目、注册组件、保存设置、删除用过的临时文件等。

（24）安装向导提示已成功地完成了 Windows 2000 的安装。用户可单击"完成"按钮，重新启动系统。

（25）再次重新启动系统后，用户会发现计算机已具有了多重启动设置，选择微软公司 Windows 2000 Server 启动方式以开始运行 Windows 2000 Server。

至此，Windows 2000 Server 的安装过程全部结束。

7.2.3　启动 Windows 2000 Server

当启动安装有 Windows 2000 Server 并带有多重引导的计算机时，系统自检后会出现一个让用户选择启动操作系统的菜单。用户可通过键盘上的方向键选择高亮显示的操作系统并按 Enter 键进入操作系统。

启动 Windows 2000 Server 需要进行登录。一般来说，如果拥有管理员的身份，那么用户就可以用 Administrator 或与之有相同权力的用户账户登录，这样可以拥有管理所有设备的权限。但如果用户没有自己的账户，就需要让系统管理员创建一个账户及口令，并赋予一定的权限。在启动过程中系统提示用户按 Ctrl+Alt+Delete 键登录的时候，同时按下 Ctrl+Alt+Delete 组合键进入 Windows 2000 Server 登录界面，并输入用户名与密码。正确地输入密码，根据安装设置用户名：Administrator，密码：abcde。Windows 2000 Server 在经过确认密码、进行个人设置、进行网络的连接等一系列操作后，将进入到如图 7-16 所示的 Windows 2000 Server 界面。

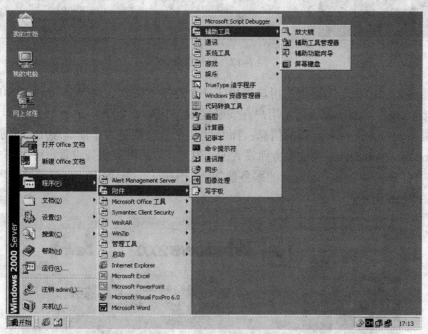

图 7-16　Windows 2000 Server 桌面

在第一次进入 Windows 2000 Server 系统主界面后，系统会自动打开"配置您的服务器"组件，该组件看上去更像个 Web 页。通过"配置您的服务器"对话框用户可以配置 Windows 2000 Server 的大部分网络服务功能。它主要包括：活动目录（Active Directory）、网络服务器、文件服务器、打印服务器、Web 媒体服务器、应用程序服务器、高级应用程序服务器、高级设置等，如图 7-17 所示。选中"这是网络中唯一的服务器"单选按钮，单击"下一步"按钮，设置服务器的域名。

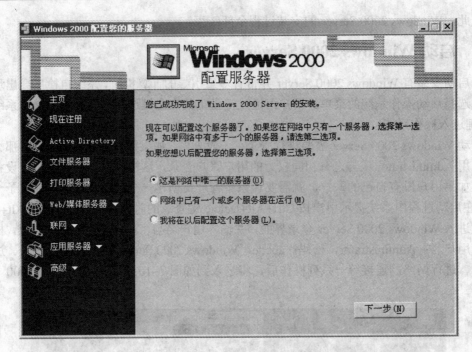

图 7-17　配置服务器

配置服务器"主页"选项中为用户提供了一个连接了微软公司 Windows 2000 主页的一个超级链接;"现在注册"选项提示用户在安装完成 Windows 2000 Server 以后立即进行注册,以便获得最新的技术支持和更新的信息;而其他 7 个选项都是为了能够使用户更加方便快捷地配置 Windows 2000 Server 中的服务而设置的。也可在以后配置服务设置。可以在"开始"→"程序"→"管理工具"→"配置您的服务器"选项中进行,配置后,也可通过此项查看配置信息,如图 7-18 所示。

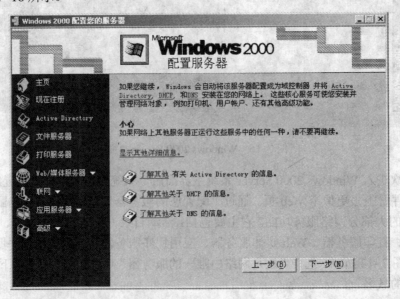

图 7-18　配置服务器

Windows 2000 Server 系统的关闭方法很简单，只需单击"开始"菜单，并选择"关闭系统"选项，在弹出的如图 7-19 所示的对话框中的"希望计算机做什么?"下拉列表框中选择"关机"，并单击"确定"按钮即可完成关闭 Windows 2000 Server 的操作。

图 7-19　系统关机选择

7.3　Windows 2000 系统管理

7.3.1　域或工作组管理

1. 选择域模式

（1）域模式。域是 Windows NT Server 和 Windows 2000 Server 的重要特性。域是账户和网络资源的集合，具有统一的域名和安全性。不管是 Windows NT Server 还是 Windows 2000 Server，如果要使用基于域的用户账户和其他安全特性，就必须建立一个或多个域。

Windows 2000 Server 作为域中的服务器，可以分为以下 3 种类型：主域控制器，它存有所控制的域中的用户账户信息和其他的 Active Directory 数据：成员服务器，它属于某一个域，但没有 Active Directory 数据：独立服务器，它不属于某个域而属于某个工作组。

（2）Windows 2000 对域的定义。Windows 2000 Server 只有一种域控制器，如果一个网络中有两个以上的服务器成为域控制器，那么这两个域，没有主域控制器和备份控制器之分，二者的关系是平等的。另外有成员服务器和独立服务器。

注意：在主域控制器中必须使用 NTFS 文件系统。而且，所有 FAT 或 FAT32 格式分区的服务器都将失去许多安全特性。例如在 FAT 或 FAT32 格式的分区中，共享目录的权限只能设置到目录一级而不能设置到文件一级。

2. 组管理

Windows 2000 引入了 Windows NT 中的组的概念，通过组来对网络中的众多用户进行管理。组是指活动目录或本地计算机对象，它包含用户、联系人、计算机和其他组。在 Windows 2000 中组可以用来管理用户和计算机对共享资源的访问，例如活动目录对象及其属性共享、文件、目录、打印机队列，还可以筛选组策略。引入组的概念主要是为了方便权限相同的一系列用户和计算机账号。因为用户在登录到计算机上时使用的均为用户账号，一个用户账号都有登录后所具有的权限。每个用户的权限可以不同，但可能某些用户权限是相同的。因此，在创建这些用户时，就必须为他们赋予相同的权限，这样就避免了很多重复性的工作。有了组的概念之后，就可以将这些具有相同权限的用户划归到该组些用户成为该组的成员，然后通过赋予该组权限来使这些用户都具有相同的权限。组包括所有具有同样权限和属性的用户账户。Windows 2000 中的组按不同类型、不同用途划分，如果用户将某成员加入到一个组中，那么把该成员加入到组中的同时，该组所具有的权限也将赋予给该用户，因此赋予用户组成员身份是将公共权限赋予给一组用户的简便方法。

7.3.2　Windows 2000 的活动目录

活动目录是 Windows 2000 Server 新增的可扩展和可调整的目录服务，它存储了所有对象的信息，使得网络管理员和用户可以方便地查找和使用该信息。活动目录的目录服务将结构化的数据存储作为目录信息和分层组织的形式。

活动目录使用单个网络登录，并通过登录验证以及对目录中对象的访问控制加强管理。活动目录管理员可以通过自身的网络管理目录中的数据和组织，并且能授权用户可以访问网络中的哪些资源。另外，基于策略的管理可以使复杂的网络管理变得轻而易举。

在 Windows NT 系统中，系统管理员需要通过不同的途径来管理用户账户和计算机要管理用户和组账户必须打开用户管理器，要管理计算机账户和组必须打开域服务器，这样无形中增加了系统管理员的工作量，且不利于管理。

为此，Windows 2000 通过活动目录将网络中用户和计算机账户及组项目集中在"Active Directory 用户与计算机"窗口中，极大地方便了系统管理员对网络用户和计算机的管理。通过"Active Directory 用户与计算机"窗口，管理员可以添加、删除、定义和组织 Windows 2000 用户账户、计算机账户、安全和分布式组以及发布的资源。

活动目录的管理工具在独立管理单元中提供了下列单元。

（1）Active Directory 用户和计算机：建立和管理活动目录对象。

（2）Active Directory 站点服务：建立和管理网站并且可配置域控制器的复制操作。

（3）Active Directory 域和信任：管理域的信任关系，规划用户命名的原则，以及域的模式。

（4）Active Directory Schema：配置活动目录对象的定义及属性。

另一个和活动目录有密切关系的就是 DNS 服务器，因为安装活动目录时，需要 DNS 服务器。所谓"DNS 服务器"，就是域名服务器，而活动目录是利用 DNS 来存储域控制器的信息，在客户端利用 DNS 服务器来确认域控制器的位置，而活动目录所使用的 DNS 服务器，并不一定要运行于域控制器上。

DNS 服务器本质上是一个由数据库组成的数据文件，主要是用在 TCP/IP 网络，而活动目录就是利用这样的数据文件。针对网络环境的变化，服务器上的文件必须能够动态更新，随时配合网络的变化。Windows 2000 网络就是利用活动目录，并且使用多重的域控制器，提供容错和负载平衡的功能，假如一个域控制器发生意外而终止服务，则其他域控制器会自动取代其功能。若是多个域控制器运行于域上，就可利用负载平衡网络功能，在各域控制器上平衡网络上的负荷。

1. 活动目录和安全性

活动目录通过使用对象的访问控制和用户凭据提供用户账户和组信息的保护存储。由于目录不仅存储用户凭据，还包括访问控制信息，所以登录到网络的用户可同时获得访问资源的验证和授权。例如，当用户登录到网络时，Windows 2000 安全系统将使用存储在目录中的信息对用户进行验证。

由于活动目录允许管理员创建组账户，管理员可以更有效地管理系统安全性。例如，管理员可通过调整文件属性来授权组中所有用户可以读取该文件。这样可使对活动目录对象的访问基于组成员。

2. 账户和组的安全性

在域内，建立安全性防卫体制需要域管理员去设计和管理域的安全性。域管理员首先需要为用户和计算机建立账户，然后把用户和计算机进行分组并放入账户数据库中。域管理员可以选择哪一个组被包括进哪一个安全策略之中，并将这些操作的结果放进安全策略。数据管理员为访问 Windows 2000 计算机的用户建立账户，否则此用户将无法对网络进行访问，被建立账户的用户使用权限和特权都是由他们所在的组决定的。

完成上述任务之后，域管理员就可以建立每一个用户和计算机对 Windows 2000 计算机的访问了。在 Windows 2000 中，不需要划分全局组和本地组，组内可以包含任何用户、计算机和组账户，而不用管它们在域中的什么位置。另外，动态目录服务把域详细地划分为组织单元（Organizational Unit，OU），分别管理域中的一些用户、计算机、组、文件和打印资源对象。

7.4　Windows 2000 安全性与可靠性

7.4.1　Windows 2000 安全性

作为新一代的网络操作系统，Windows 2000 为满足基于 Internet 的企业需求，采用了分布式安全系统。Windows 2000 分布式安全服务有很多新功能，包括域管理的简化、性能的提高以及基于公钥加密系统的 Internet 安全技术的集成。Windows 2000 分布式安全服务主要包括以下功能。

（1）与 Windows 2000 的活动目录集成，为具有精确访问控制和委派管理功能的大型域提供了可扩展的和灵活的账户管理。

（2）Kerberos 版本 5 身份验证协议。Kerberos 版本 5 身份验证协议是一个成熟的 Internet 安全标准，在 Windows 2000 中是默认的网络身份验证协议，为身份验证的互操作提供了基础。

（3）公钥证书。使用公钥证书的强大身份验证功能、基于安全套接字层（SSL）3.0 的安全信道，以及在公用网络上保护数据完整性和隐私的行业标准协议 CryptoAPI。

1. 安全概念

以下概念用于描述 Windows 2000 下的分布式安全，它们是了解 Windows 2000 分布式安全的基础。

（1）安全模型。

Windows 2000 安全基于一个使用活动目录服务的身份验证和授权的简单模型。当用户登录并建立与服务间的网络连接时，使用身份验证识别用户。一旦验证后，用户就根据权限被授权访问一组特定的网络资源。授权是通过访问控制的机制，使用定义对文件、系统、网络文件和打印共享、以及活动目录的项目的权限的访问控制列表（ACL）来进行的。

1）验证。身份验证是指系统验证用户登录信息的过程。当用户登录到运行 Windows 2000 Professional 的计算机上的账户时，身份验证由工作站执行。当用户登录到 Windows2000 Server 域上的账户时，身份验证可以由该域的任何服务器执行。Windows 2000 中的身份验证是用 Kerberos v5 协议、NTLM 身份验证来实现的。

2）基于对象的访问控制。访问控制是根据在各种预定义的组中用户的身份标识及其成员身份来限制访问某些信息项或某些控制的机制。访问控制通常由系统管理员用来控制用户访问网络资源（如服务器、目录和文件）的访问，并且通常通过向用户和组授予访问特定对象的权限来实现。

① 权限。权限定义了授予用户或组对某个对象或对象属性的访问类型。例如，财务组可以被授予对 payroll.da 文件的读取、写入和删除权限。

但是，某些权限对于所有类型的对象都是公用的。这些公用权限有：读取权限；修改权限；更改所有者；删除。

权限是在对象的安全描述中定义的。权限与特定的用户和组相关联，或者是对特定的用户和组指定的。

虽然权限可以应用到活动目录中或本地计算机上的任意对象，但是多数权限应该应用到组，而不是单个用户。这样可以减轻对象权限的管理任务。

可以将对象的权限指派到：域中的组、用户和特殊身份；该域或任何受信任域中的组和用户；对象所在的计算机上的本地组和用户。

有几种权限类型：直接和继承权限；对象类型权限和每属性权限。

② 所有权。每个对象（无论是在 Active Directory 中还是在 NTFS 卷中）都有所有者。所有者控制如何设置对象的权限以及将权限授予谁。

对象一经创建，创建对象的人将自动成为其所有者。管理员将创建并拥有活动目录和网络服务器上（在服务器上安装程序时）的多数对象。用户将在其主目录中创建和拥有数据文件，以及在网络服务器上创建和拥有某些数据文件。

③ 安全描述符。安全描述符是网络的每个容器和对象所附加的一组访问控制信息。安全描述符控制用户和组所允许的访问类型。创建容器或对象时，Windows 2000 将自动创建安全描述符。带有安全描述符的对象的典型范例就是文件。

（2）域模型。

1）域和安全性。域是网络对象的分组。例如：用户、组和计算机。域中所有的对象都存储在活动目录下。活动目录可以常驻在某个域中的一个或多个域控制器下。

每个域都是一个安全界限，这意味着安全策略和设置不能跨越不同的域，例如系统管理权利、安全策略和访问控制表。特定域的系统管理员有权设置仅属于该域的策略。

由于每个域都是一个安全壁垒，因此不同的系统管理员可以在单位中创建和管理不同的域。

2）单个域和多个域。Windows 2000 限制了目录可以存储的用户账户的个数。因此，为了适应大计算环境的需要，创建和管理多个域而且每个都拥有自己的用户账户目录对于单位来说就非常必要了。域通常按以下两种类型进行组织：主域（存储用户和组的账户）和资源域（存储文件、打印机、应用程序服务等）。

这种多域的计算环境被称为多主域模式。多主域模式意味着资源域需要与所有的主域具有多个信任关系。这些信任关系允许主域的用户访问资源域中的资源。

3）可转移的信任关系。将对象从多个域转到单个域时，会降低必须建立和保持的域信任关系的数量。同样，将域合并成单个树林时，这些域将自动建立可转移的信任关系，减少了在域之间手动建立信任关系所需的数量。要访问树林中所有其他域，每个域同树林中的另一个域只需要一个信任关系。

4）服务器角色。在域中作为服务器的系统可以充当任何一种角色：域控制器或成员服务器。

① 域控制器。域控制器是运行活动目录的 Windows 2000 服务器。在域控制器上，活动目录存储了所有的域范围内的账户和策略信息。由于活动目录的存在，域控制器不需要安全账户管理器（SAM）。

由于域控制器为域存储了所有的用户账户信息，因此每个域控制器都可以出现在物理位置非常安全的环境中。同样，只有管理员才允许交互式地登录到域控制器的控制台中。

② 成员服务器。成员服务器是这样的计算机：运行 Windows 2000 Server；域的成员；不是域控制器。这些成员服务器类型有一组公用的安全相关功能：成员服务器服从为域定义的并且存储在活动目录中的策略；只访问控制配置可在成员服务器上使用的资源；成员服务器用户具有分配给他们的用户权利；成员服务器包含当地安全账户数据库，即安全账户管理器（SAM）。

（3）信任管理。

信任是域之间建立的一种逻辑关系，其目的是允许传递身份验证。在身份验证中，信任域认可受信域的登录身份验证。可传递信任是指通过一个信任关系链接的身份验证。为了后向兼容，在 Windows 2000 中，信任关系支持跨域的身份验证，这是用 Kerberos v5 协议以及 NTLM 身份验证来实现的。

Windows 2000 支持两种类型的信任：域信任和证书颁发机构（CA）信任。

1）域信任。域信任是域之间建立的关系，它允许用户对其他域上的资源进行身份验证。同样，管理员可以为其他域上的用户管理用户权利。身份验证请求遵循信任路径。

Windows 2000 使用以下两种协议之一验证用户和应用程序：Kerberos v5 或 NTLM。

信任路径是身份验证请求在域之间必须遵循的一组信任关系。在用户可以访问另一个域中的资源之前，Windows 2000 安全机制必须确定信任域（含有用户试图访问的资源的域）和受信任域（用户的登录域）之间是否有信任关系。为此，Windows 2000 安全系统将计算信任域中的域控制器和受信任域的域控制器之间的信任路径。在如图 7-20 所示图中，信任路径由显示信任方向的箭头标出。

所有域信任关系都只能有两个域：信任域和受信任域。域信任关系按以下特征进行描述。

① 单向信任。单向信任是域 A 信任域 B 的单一信任关系。所有的单向关系都是不可传递的，并且所有的不可传递信任都是单向的。

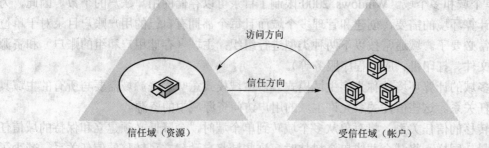

图 7-20　域的信任关系

Windows 2000 的域可与以下域建立单向信任：不同树林中的 Windows 2000 域；Windows NT 4.0 域；MIT Kerberos V5 领域。

② 双向信任。Windows 2000 树林中的所有域信任都是双向可传递信任。

建立新的子域时，双向可传递信任在新的子域和父域之间自动建立。在双向信任中，域 A 信任域 B，且域 B 信任域 A。这意味着身份验证请求可在两个目录中的两个域之间传递。要建立不可传递的双向信任，必须在相关域之间建立两个单向信任。

③ 可传递信任。Windows 2000 树林中的所有域信任都是可传递的。可传递信任不受信任关系中的两个域的约束。每次建立新的子域时，在父域和新子域之间就自动建立起双向可传递信任关系。这样，可传递信任关系在域树中按其形成的方式向上流动，并在域树中的所有域之间建立起可传递信任。

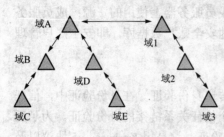

图 7-21　信任域资源传递

如图 7-21 所示，显示了可传递信任在树林的所有域中流动的情况。因为域 1 和域 2 有可传递信任关系，域 2 和域 3 有可传递信任关系，所以域 3 中的用户在获得相应权限时可访问域 1 中的资源。因为域 1 和域 A 具有可传递信任关系，并且域 A 的域树中的其他域和域 A 具有可传递信任关系，所以当域 B 中的用户被授予适当权限时，可访问域 3 中的资源。

④ 不可传递信任。不可传递信任受信任关系中的两个域的约束，并不流向树林中的任何其他域。不可传递信任默认为单向信任关系，但也可通过建立两个单向信任来建立一个双向关系。在混合模式环境中，相同树林中的域之间建立的所有信任关系都是不可传递的。

2）证书颁发机构（CA）信任。证书颁发机构（CA）是受委托向个人、计算机或单位颁发证书的机构，它确认属于其他机构的证书的身份及其他属性。CA 接受证书申请，根据 CA 的策略验证申请者的信息，然后使用其私钥将其数字签名应用于证书。然后 CA 将证书颁发给证书的受领人，用作公钥基础结构（PKI）内的安全凭证。CA 还负责吊销证书并发布证书吊销列表（CRL）。

（4）安全设置。

安全设置包括安全策略（账户和本地策略）、访问控制（服务、文件、注册表）、事件日志、组成员（受限的组）、网际协议（IP）的安全策略和公钥策略。

1）安全模板。安全模板是安全配置的物理表现：一组安全设置应该存储于一个文件中。

Windows 2000 包括一组以计算机的角色为基础的安全模板：从低安全域客户端的安全设置到非常安全的域控制器。这些模板可用于创建自定义安全模板，修改模板或者作为自定义安全模板的基础。

2）安全配置与分析。"安全配置和分析"使用数据库执行分析和配置功能。数据库的结构允许使用个人数据库、安全模板导入和导出以及将多个基本安全模板合并成一个复合安全模板，然后可以用于分析或配置。

① 安全性分析。计算机上的操作系统和应用程序的状态是动态的。例如，可能要求暂时更改安全等级以允许立即解决管理或网络问题；此更改常常不被恢复。这意味着计算机不能再满足企业安全性的要求。

常规分析作为企业风险管理程序的一部分，允许管理员跟踪并确保在每台计算机上有足够的安全级。分析是高度明确的，分析结果提供了关于系统所有的有关安全方面的信息。这允许管理员调整安全级别，并且最重要的是能检测在系统长期运行过程中出现的任何安全故障。

② 安全性配置。此工具也可以用于直接配置本地系统的安全性。通过使用个人数据库，可以导入使用安全模板管理单元创建的安全模板，并将这些模板应用于本地计算机的"组策略"对象。这将立即使用模板中指定的级别配置系统安全性。

（5）安全审核。

安全审核是 Windows 2000 的一项功能，负责监视各种与安全性有关的事件。监视系统事件对于检测入侵者以及危及系统数据安全性的尝试是非常必要的。失败的登录尝试就是一个应该被审核的事件的范例。

除了审核与安全性有关的事件，Windows 2000 还生成安全日志并提供了查看日志中所报告的安全事件的方法。

Windows 2000 的审核功能会生成一个审核指针来追踪发生在系统上的所有安全管理事件。建立审核的跟踪记录是安全性的重要内容。监视对象的创建和修改提供了追踪潜在安全性问题的方法，确保用户账户的可用性，并在可能出现安全性破坏事件时提供证据。

（6）数据保护。

数据的保密性和完整性开始于网络的身份验证。用户可以通过适当的凭据，如安全的密码或者公钥凭据，在网络上登录，并在此过程中获得访问存储数据的权限。

确保数据整体性意味着保护数据免受恶意的或意外的修改。对存储起来的数据，这意味着只有被授权的用户才能编辑、重写或删除数据。在网络中，这意味着数据包必须包含某个数字签名以便接收计算机可以检测到对数据包的篡改。

数据机密性策略意味着在数据通过网络之前对其加密并在之后对其解密。这个策略防止了数据被网络上的窃听者读取（数据截取）。一个通过网络传输的未加密数据包可以很容易地被网络上的任何一台计算机用一个数据包监探程序看到，这个数据包监探程序是从 Intenet 上下载的。

2. 用户、计算机和组

在域中定义的用户、计算机和组通过"Active Directory 用户和计算机"来管理。出于安全方面的考虑，可以查看或设置活动目录对象以及授予权限的用户或组的权限。

通过"Active Directory 用户和计算机"，还可以查看或为对象及对象的所有者设置审核事件。

（1）活动目录用户和计算机账户。

活动目录用户和计算机账户代表物理实体，诸如计算机或人。用户账户和计算机账户以及组称为安全主体。安全主体是自动分配安全标识符的目录对象。带安全标识符的对象可登录到网络并访问域资源。

1）活动目录用户账户。活动目录用户账户允许用户登录到具有可验证并授权访问域资源的身份的计算机和域。登录到网络的每个用户应有自己的惟一账户和密码。用户账户也可用作某些应用程序的服务账户。

2）活动目录用户账户选项。每个活动目录用户账户有许多与安全性相关的选项，这些选项确定如何在网络上验证通过特殊用户账户登录的人。其中几个选项专用于密码：用户下次登录时须更改密码；用户不能更改密码；密码永不过期；使用可逆转的加密过程存储密码。其余选项为活动目录用户账户配置安全性方面的特定信息：交互式登录所需的智能卡；信任可用于委派的账户；账户敏感并且不能委派；该账户使用 DES 加密技术；不需要 Kerberos 预验证。

选择"交互式登录所需的智能卡"选项安全地存储该用户账户的公钥和私钥、密码以及其他类型的个人信息。必须有连接到用户计算机的智能卡阅读器，并且必须有可登录到网络的个人标识号（PIN）。

选择"信任可用于委派的账户"选项可给予用户将部分域名称空间的管理责任指派给另一用户、组或单位的能力。

如果该账户不能由另一个账户指派为代理账户，请选择"账户敏感且不能委派"选项。如果账户使用另一种 Kerberos 协议实现系统，则选中"不需要 Kerberos 预验证"。并非所有 Kerberos 协议实现或配置均使用该功能。Kerberos 密钥分发中心使用授票票证在域中取得网络验证。密钥分发中心颁发授票票证的时间对 Kerberos 协议非常重要。Windows 2000 使用其他机制进行时间上的同步，这样使用 Kerberos 预验证选项会比较好。

如果需要数据加密标准（DES），请选择"为该账户使用 DES 加密类型"选项。DES 支持多级加密，包括 MPPE 标准（40 位）、MPPE 标准（56 位）、MPPE 强加密（128 位）、IPSecDES（40 位）、IPSec 56 位 DES 以及 IPSec Triple DES（3DES）。

3）计算机账户。加入到域中后，运行 Windows 2000 或 Windows NT 的每一台计算机均具有计算机账户。与用户账户类似，计算机账户提供了一种验证和审核计算机访问网络以及域资源的方法。连接到网络上的每一台计算机都应有自己的惟一计算机账户。也可使用"Active Directory 用户和计算机"创建计算机账户。

运行 Windows 98 和 Windows 95 的计算机没有运行 Windows 2000 和 Windows NT 的计算机的高级安全特性，并且不能在 Windows 2000 域中指派计算机账户。但是，可以登录到网络并使用活动目录域中的 Windows 98 和 Windows 95 计算机。

（2）了解组类型。

Windows 2000 中有两种类型：安全组和通信组。

安全组列于定义资源和对象权限的选择性访问控制表（DACL）中。安全组也可用作电子邮件实体。向组发送电子邮件的同时会将邮件发给组的所有成员。

通信组不采用安全机制，它们不能列于 DACL 中。只有在电子邮件应用程序（如 Exchange）中，才能使用通信组将电子邮件发送给一组用户。如果不需要安全的组，请创建通信组而非安全组。虽然联系人可添加到安全组和通信组，但是不能为联系人指派权利和权限。可向组中的联系人发送电子邮件。任何时候，组都可以从安全组转换为通信组，反之亦然，但仅限于域处于本机模式的情况下，域处于混合模式时不能转换组。

1）组作用域。每个安全组和通信组均具有作用域，该作用域标识组在域树或树林中所应用的范围。有三类不同的作用域，包括通用、全局和域本地。

有通用作用域的组可将其成员作为来自域树或树林中任何 Windows 2000 域的组和账户，并且在域树或树林的任何域中都可获得权限。有通用作用域的组称为通用组。

有全局作用域的组可将其成员作为仅来自组所定义的域的组和账户，并且在树林的任何域中都可获得权限。有全局作用域的组称作全局组。

具有域本地作用域的组可将其成员作为来自 Windows 2000 或 Windows NT 域的组和账户，并且可用于仅在域中授予权限。具有域本地作用域的组称作域本地组。

如果具有多个树林，仅在一个树林中定义的用户不能放入在另一个树林中定义的组，并且仅在一个树林中定义的组不能指派另一个树林中的权限。

表 7-2 总结了不同组作用域的行为。

表 7-2　不同组作用域的区别

通用作用域	全局作用域	域本地作用域
在本机模式域中，可将其成员作为来自任何域的账户、来自任何域的全局组和来自任何域的通用组	在本机模式域中，可将其成员作为来自相同域的账户和来自相同域的全局组	在本机模式域中，可将其成员作为来自任何域的账户、全局组和通用组，以及来自相同域的域本地组
在本机模式域中，不能创建有通用作用域的安全组	在本机模式域中，可将其成员作为来自相同域的账户	在本机模式域中，可将其成员作为来自任何域的账户和全局组
组可被放入其他组（当域处于本机模式时）并且在任何域中指派权限	组可被放入其他组且在任何域中指派权限	在本机模式域中，可将其成员作为来自相同域的账户
不能转换为任何其他组作用域	只要它不是有全局作用域的任何其他组的成员，则可以转换为通用作用域	只要不把具有域本地作用域的其他组作为其成员，则可转换为通用作用域

创建新组时，在默认情况下新组配置为具有全局作用域的安全组，而与当前域模式无关。

虽然不允许在混合模式域中更改组作用域，但是在本机模式域中允许进行下列转换。

① 在组不是另一个有全局作用域的组的成员时，允许全局转至通用。

② 域本地转至通用时，被转换的组不能将具有域本地作用域的其他组作为它的成员。

2）内置和预定义组。安装域控制器时，部分默认的组安装于"Active Directory 用户和计算机"控制台的"内 置用户"文件夹中。这些组是安全组并且代表一些公用的权利和权限集合，可用于将某些权利和权限授予放入默认组的账户和组。

有域本地作用域的默认组放在"内置"文件夹中。有全局作用域的预定义组放在"用户"文件夹中。可将内置和预定义组移动到域中的其他组或组织单位文件夹，但不能将它们移动至其他域。

① 内置组放入"Active Dirctory 用户和计算机"的"内置"文件夹中的默认组为：账户操作员；管理员；备份操作员；来宾；打印操作员；复制器；服务器操作员；用户。

这些具有域本地作用域的内置组主要用于将默认权限集合指派给在该域中具有某些管理控制权的用户。例如，域中的管理员组对域中的所有账户和资源具有广泛的管理权限。

表 7-3 显示了这些组拥有的默认权利。

表 7-3   默认情况下域中用户权利的分配

用户权利	允　　许	在默认情况下分配有此权利的组
从网络访问该计算机	连接到网上的计算机	管理员、每个人、超级用户
备份文件和文件夹	备份文件和文件夹，该权利将取代文件和文件夹权限	管理员、备份操作员
旁路遍历检查	即使用户没有访问父文件夹的权限，也可在文件夹之间移动以访问文件	每个人
更改系统时间	设置计算机内部时钟的时间	管理员、超级用户
创建页面文件	该权利无效	管理员
调试程序	调试各种底层对象，例如线程	管理员
从远程系统强制关机	关闭远程计算机	管理员
增加调度优先级	提高进程的执行优先级	管理员、超级用户
加载和卸载设备驱动程序	安装和删除设备驱动程序	管理员
本地登录	通过计算机键盘在计算机上登录	管理员、备份操作员、每个人、来宾、超级用户和用户
管理审计和安全日志	指定需要审计的资源访问（诸如文件访问）类型，并且查看和清除安全日志。该权利不允许用户设置系统审计策略。管理员组的成员始终可以查看和清除安全日志	管理员
修改固件环境变量	修改存储于支持此类配置的计算机非易失内存中的系统环境变量	管理员
图示单独的进程	用图表的形式显示某个进程的情况（性能数据采集）	管理员、超级用户
图示文件系统性能	用图表的形式显示计算机的情况（性能数据采集）	管理员
还原文件和文件夹	恢复备份文件和文件文件夹，该权利将取代文件和目录权限	管理员、备份操作员
关闭系统	关闭 Windows 2000	管理员、备份操作员、每个人、超级用户和用户
取得文件或其他对象的所有权	取得文件、文件夹、打印机和计算机上（或连接在计算机上）的其他对象的所有权。该权利将取代保护对象的权限	管理员

② 预定义组。放在 "Active Directory 用户和计算机" 的 "用户" 文件夹中的预定义组有：组名称；证书发行者；域管理器；域计算机；域控制器；域来宾；域用户；企业管理员；组策略管理员；架构管理员。

可使用这些有全局作用域的组将该域中各种类型的用户账户（普通用户、管理员和来宾收集到组中，然后这些组可以放入该域和其他域中有域本地作用域的组。

3）特殊身份。除 "内置" 和 "用户" 文件夹中的组以外，Windows 2000 Server 还包括几种特殊身份。为方便起见，这些身份通称为特殊组。这些特殊组没有可修改的特别成员身份，但是它们能根据环境在不同时间代表不同用户。这三个特殊组为：

① 每个人，代表所有当前网络的用户，包括来自其他域的来宾和用户。无论用户何时登录到网络上，它们都将被自动添加到 Everyone 组。

② 网络，代表当前通过网络访问给定资源的用户（不是通过从本地登录到资源所在的计算机来访问资源的用户）。无论用户何时通过网络访问给定的资源，它们都将自动添加到网络组。

③ 交互，代表当前登录到特定计算机上并且访问该计算机上给定资源的所有用户（不是通过网络访问资源的用户）。无论用户何时访问当前登录的计算机上所给的资源，它们都被自动添加到交互组。

3. 公钥基础结构

通常缩写为 PKI 的公匙系统是数字证书、证书颁发机构（CA）以及核实和验证通过公匙加密方法进行电子交易的每一方的合法性的其他注册颁发机构所构成的系统。尽管作为电子商务必要组成部分的公匙基础结构（PKI）已被广泛应用，但它仍然在发展之中。

（1）智能卡。

智能卡是防止篡改的简便方法，它可以向诸如客户身份验证、登录到 Windows 2000 域、代码签名和保护电子邮件之类的任务提供安全性解决方案。

对加密智能卡的支持是 Microsoft 集成到 Windows 2000 中的公匙基础结构（PKI）的关键功能。智能卡提供以下功能。

① 保护私钥和其他形式个人信息的防篡改存储区。

② 将安全性关键计算隔绝起来，包含从不必 "必须知道" 的其他组织部门进行的身份验证、数字签名和密钥交换。

③ 在单位、家庭或路上的不同计算机之间发凭据及其他私人信息的可携带性。

通过智能卡登录到网络提供了很强的身份验证方式，因为，在验证进入域的用户时，这种方式使用了基于加密的身份验证和所有权证据。

注意：PIN 不必是一列数字，它也可以使用其他字母、数字或字符。

（2）证书。

公钥证书，通常简称为证书，是一种数字签名的声明，它将公钥值与拥有对应私钥的个人、设备或服务的身份绑定到一起。

可以颁发证书来执行各种功能，如 Web 用户身份验证、Web 服务器身份验证、安全电子邮件（S/MIME）、IP 安全、事务处理层安全（TLS），以及代码签名等。如果在组织内部使用 Windows 2000 企业证书颁发机构，则可以用证书登录到 Windows 2000 域。证书还可以从一个证书颁发机构颁发给另一个证书颁发机构，以便创建证书层次结构。

被颁发证书的实体称为证书的"主题"。证书的颁发者和签名者称为证书颁发机构。现在使用的大多数证书都基于 X.509 标准，这也是 Windows 2000 公钥基本结构（PK1）中使用的基本技术。

通常，证书包含以下信息：主题公钥值；主题标识符信息，如名称和电子邮件地址；有效期，即证书的有效时间；颁发者标识符信息；颁发者的数字签名。

1）证书和证书颁发机构。只有证书的实体信任颁发者时，该实体才可以将证书作为识别证书持有者（证书的"主题"）的方法。颁发者通常指证书颁发机构。

2）生成加密密钥和证书申请。当生成新证书申请时，请求中的信息将首先从申请程序传送到 Microsoft 加密应用程序接口 CryptoAPI。CryptoAPI 将正确的数据传递到安装在计算机或计算机可以访问的设备上的称为加密服务提供程序（CSP）的程序上。如果 CSP 是基于软件的，它将在计算机上生成密钥对：公钥和私钥。如果 CSP 是基于硬件的，例如智能卡 CSP，它将指导硬件生成密钥对。

生成密钥后，软件 CSP 加密并在计算机的注册表中保护私钥智能卡 CSP 将私钥存储在智能卡上，智能卡控制对私钥的访问。公钥连同证书申请者信息被发送到证书颁发机构（CA）。在 CA 根据其策略验证证书请求后，它将使用自己的私钥在证书中创建数字签名，然后将其颁发给申请者。于是证书申请者将获得来自 CA 的证书，并可以决定将证书安装在相应的计算机或是硬件设备的证书存储区中。

3）证书存储区。

Windows 2000 在申请证书的计算机或设备中本地存储证书，如果申请证书的是一位用户，则证书将存放在该用户所使用的计算机或设备上。存储位置称为证书存储区。证书存储区将经常会有可能从许多不同的证书颁发机构所颁发的大量证书。

（3）证书服务。

证书服务提供可自定义的服务，用以颁发和管理在使用公钥技术的软件安全系统中所用的证书。可使用 Windows 2000 中的证书服务来创建证书颁发机构 CA，它负责接收证书申请、验证申请中的信息和申请者的身份、颁发证书、吊销证书以及发布证书吊销列表 CRL。

证书服务也可用于以下情况。

① 根据 CA 所使用的策略，使用 Web 或"证书"管理单元为来自 CA 的证书登记用户。

② 根据 CA 所使用的策略，使用证书模板帮助简化在申请证书时申请者必须作出的选择。

③ 利用活动目录发布信任的根证书、已颁发的证书以及 CRL。

④ 使用智能卡实现登录到 Windows 域的功能。

（4）公钥策略。

使用 Windows 2000 组策略中的公钥策略设置可以完成以下功能。

① 使计算机自动将证书请求提交到企业证书颁发机构并安装颁发的证书。这对确保计算机拥有在本组织中执行公钥加密操作所需的证书非常有用，例如用于 IP 安全或客户身份验证。

② 创建和发布证书信任列表。证书信任列表是根证书颁发机构的证书的签名列表，管理员认为该列表对指定目的来说值得信任，例如客户身份验证或安全电子邮件。如果要使证书颁发机构的证书对于 IP 安全可信，但是对于客户身份验证不可信，则证书信任列表是实现该

信任关系的途径。

③ 建立常见的受信任的根证书颁发机构。该策略设置对于使计算机和用户服从常见的根证书颁发机构（除了已经单独信任的机构）非常有用。Windows 2000 域中的证书颁发机构不必使用该策略设置，因为它们已经获得了该域中所有用户和计算机的信任。该策略主要用于在不属于本组织的根证书颁发机构中建立信任。

④ 添加加密数据恢复代理，并更改加密数据恢复策略设置。

7.4.2　Windows 2000 可靠性

对操作系统来说，用户的主要需求就是系统的可靠性。通常所说的可靠性实际上指的是两个方面的操作系统特性：可靠性和可用性。

Windows 2000 在三个主要方面提高了可靠性和可用性：对操作系统进行基本的改进；帮助开发人员创建可靠的代码；提供管理员提高系统可用性的新的工具。

首先，通过结构的修改，操作系统的稳定性得到了增强，结构的修改主要集中在保护操作系统的内核和共享内存上面。包括：内核模式的写保护，这有助于阻止错误的代码干涉操作系统的工作；Windows 文件保护，阻止新的软件安装替代了基本的系统文件；Windows 2000 使用 Driver Signing（驱动程序数字签名）来识别通过了 Windows Hardware Quality Labs 测试的驱动程序，并且在用户将要安装没有数字签名的驱动程序时对用户提出警告。

第二，新的工具可以帮助开发人员创建更可靠的驱动程序。例如一个公共的驱动程序问题的来源是不正确的使用共享内存。Pool Tagging 和 Guard Pages 特性使得跟踪内存使用更加简单，因此可以帮助开发人员对设备驱动程序进行调试。Driver Verifier 和 Device Path Exerciser 工具可以让开发人员检查错误分类，而在以前这些问题在测试环境中很难被发现。

第三，Windows 2000 包括了新的管理特性，这些特性和增强改进了可用性。其中最重要的是减少了要求系统重新启动的维护功能的数目。关键的诊断过程运行得更快速，例如进行硬盘检查或者在系统失败时创建一个关于内存使用的详细报告。另外的几个改进减少了关机和重新启动的时间。

1. 可靠性改进

（1）系统结构和内存使用。

可靠性和可用性的改进的核心是对操作系统和内存的保护。许多会引起系统不稳定的问题主要是由于对操作系统内核的意外的影响。因为内核控制着整个操作系统，所以影响内核的代码错误对可靠性有极大的影响。影响内存的错误也是不稳定的一个经常的来源。

在 Windows 2000 中对可靠性的改进主要在三个领域：结构改进；核心模式代码开发工具；以及用户模式代码开发工具。

结构改进有助于保护操作系统核心模式操作。这些改进包括以下几个方面。

1）核心模式写保护。为了保护操作系统中的每一部分不会受其他部分的错误的影响，Windows 2000 在内核部分和设备驱动程序中添加了写保护和只读部分，正像 Windows NT 总是有用户模式应用程序和动态连接库一样。

为了提供这种保护，物理内存映射标志出包含代码的内存页面，保证它们不能够被覆盖，即使是操作系统也不能。这样就阻止了核心模式软件破坏其他核心模式软件。

2）Windows 文件保护。在 Windows 2000 以前的 Windows 版本中，安装软件可能覆盖共享的系统文件（例如，DLL 和可执行文件）。如果系统文件被覆盖，系统性能就会变得不可靠，程序的行为就会混乱，操作系统可能会失败。

Windows 文件保护在安装前检查原来的系统文件的版本。这样就保证像 .sys，.dll，.ocx，.ttf，.fon，.exe 等系统文件不会被替代。Windows 文件保护在后台运行，保护所有的由 Windows 2000 安装程序安装的文件。它检测其他程序要替换或删除一个被保护的系统文件的企图。Windows 文件保护检查文件的数字签名来确定新文件是否为正确的版本。如果这个文件的版本不正确，Windows 文件保护就从 dllcache 目录、网络安装路径或者 Windows 2000 光盘中替换这个文件。如果 Windows 文件保护找不到合适的文件，它就会提示用户输入正确的路径。Windows 文件保护还会将替换文件的企图写入事件日志。

3）驱动程序签名。驱动程序签名有助于提高驱动程序的质量，因为它允许 Windows 2000 和 Windows 98 通知用户他们安装的驱动程序是否通过了微软的认证程序。驱动程序签名将一个加密的数字签名附加在通过了 Windows Hardware Quality Labs（WHQL）测试的代码文件上。

如果驱动程序运行在 Windows 2000 和 Windows 98 操作系统中，那么给驱动程序签名则是 WHQL 测试的一部分。数字签名与独立的驱动程序包结合在一起，Windows 2000 可以识别它。这种认证证明用户使用的驱动程序是经过微软测试的那个驱动程序，如果在该驱动程序被放在 HCL 中后被修改过，Windows 2000 就会通知用户。

驱动程序允许三种反应：Warn，Block，Ignore.

（2）核心模式代码开发。

设备驱动程序是核心模式代码，它将操作系统和硬件联系到一起。为了使系统的性能达到最大，核心模式代码没有应用程序那样的内存保护机制。相反，操作系统充分信任核心模式代码没有错误。这就是为了与其他的驱动程序和操作系统组件安全地协调工作，这些驱动程序和核心模式代码必须遵循复杂的规则的原因。

某些核心模式代码错误在测试阶段就可以发现。但是，像内存不足等错误，则可能经过很长时间才能导致系统崩溃，因此要找到在哪儿产生的错误非常困难。另外，对驱动程序开发人员来说，要完全测试核心模式代码也是非常困难的，因为要模拟驱动程序将会碰到的整个环境是非常困难的。

为了解决这些问题，Windows 2000 Server 增加了下面的特性和工具来帮助开发人员创建更高质量的驱动程序：Pool Tagging，Guard Pages，Driver Verifier，Device Path Exerciser。

（3）用户模式代码开发。

Windows 2000 包括一个新的工具——PageHeap。它可以帮助开发人员在开发非核心模式代码的时候找到内存访问错误。

Heap（堆）指的是用于临时存放代码的内存。堆错误在应用程序开发中是一个经常遇到的问题。Windows 2000 中新添加的 PageHeap 特性就可以帮助开发人员发现它们的内存错误。

当 PageHeap 被激活时，该应用程序的所有的堆分配被放到内存中，这样堆的边界就与虚拟内存的边界排在一起了。与堆相邻的虚拟内存页面被设置为 NO_ACCESS。在该应用程序中对堆后面的空间的访问就会立刻引起错误，这就可以在一个调试工具中被捕获，开发人员就可以找到出错的代码。

在释放堆时，过程与之类似。PageHeap 修改释放的应用程序虚拟页面为 NO_ACCESS，这样，如果应用程序试图读写该内存时就会发生访问错误。

2. 可用性的改进

Windows 2000 中对可用性的改进减少了正常的维护工作而导致系统离线的时间。它还提高了恢复速度，增强了数据存储功能。

既然系统失败是不可避免的，管理员就必须能够快速地备份重要的数据，在系统崩溃时能够迅速抽取信息以确定发生错误的原因，不管这个问题是硬件的、操作系统的，还是第三方产品的。

下面的特性减少了为了维护而必须使系统离线的时间，也减少了诊断系统错误和重新启动系统的时间。

（1）减少维护宕机时间。在 Windows NT 4.0 中有许多配置修改需要重新启动计算机，在 Windows 2000 中不再需要了。这些工作包括以下内容。

1）文件系统维护：扩展一个 NTFS 卷；镜像一个 NTFS 卷。

2）硬件安装和维护：将笔记本电脑插入或移出坞站（Dock）；激活网卡或者使网卡失效；安装或者删除 PCMCIA 设备；安装或删除即插即用存储设备；安装或删除即插即用调制解调器；安装或者删除网络接口控制器；安装或者删除 Internet Locator Service；安装或者删除 USB 设备，包括鼠标、游戏杆、键盘、视频捕获设备，以及扬声器。

3）网络和通信：添加或删除网络协议，包括 TCP/IP，IPX/SPX，NetBEUI，DLC，AppleTalk；添加或删除网络服务，包括 SNMP，WINS，DHCP，RAS；添加 PPTP 端口；修改 IP 设置，包括缺省网关，子网掩码，DNS 服务器地址和 WINS 服务器地址；修改 ATMARP 服务器的 ATM 地址；如果有多于一个网卡，修改 IP 地址；修改 IPX 帧类型；修改协议绑定顺序；为 AppleTalk 工作站修改服务器名；在安装了拨号网络客户并且运行着 RAS 的系统中安装拨号网络服务器；加载并使用 TAPI provider；解决 IP 地址冲突；在静态和动态 IP 地址之间转换；转换 MacClient 网卡并且查看共享卷。

4）内存管理：添加新的 PageFile；增加 PageFile 的初始大小；增加 PageFile 的最大值。

5）软件安装：安装设备驱动程序工具集（DDK）；安装软件开发工具集（SDK）；安装 Internet Information Server；安装 Microsoft Connection Manager；安装 Microsoft Exchange 5.5；安装 Microsoft SQL Server 7.0；安装 Microsoft Transaction Services；安装或删除 File and Print Services for NetWare；安装或删除 Gateway Services for NetWare。

6）性能优化：在应用程序和后台服务之间修改性能优化参数。

（2）改进的诊断能力。在 Windows 2000 中有助于帮助用户快速排除系统错误的特性包括：Kernel-Only Crash Dumps；更快的 CHKDSK；MSINFO。

（3）更快的系统恢复和重新启动。Windows 2000 中的改进减少了从一个崩溃的系统中进行恢复的时间，也减少了重新启动操作系统的时间。这些改进包括：Recovery Console；Safe Mode Boot；Kill Process Tree；Recoverable File System；Automatic Restart；IIS Reliable Restart；Storage Management。

（4）Windows 2000 中的存储管理特性包括：Remote Storage Services；Removable Storage Manager；Dynamic Volume Management。

（5）Clustering（集群）。集群指将单独的服务器连接起来并且协调它们之间的通信。Windows 2000 Advanced Server 中集群的系统服务是一个标准的部件。一个服务器集群就是一个独立的服务器集合，这些服务器可以互相管理。集群的目标是提供高度的应用程序和数据的可用性。

集群能够使宕机的时间减到最少，减少了 IT 支持的花费，因为它提供了一个即使一个系统失败了整个系统也可以继续运行的结构。这就意味着集群解决了计划中的宕机（例如硬件或软件升级）和意外的宕机。

7.5　Windows 98 工作站的设置

在 Windows 2000 网络中，作为一般工作站也需要一定的设置，下面以 Windows 98 为例介绍工作站的设置。

1. 添加网络组件

（1）打开计算机 use_1 的电源，启动 Windows 98，单击"开始"→"设置"→"控制面板"→"网络"图标。

注意：如果网卡具备即插即用功能，在启动计算机时，系统会自动检测到安装的网卡。

（2）打开"配置"选项卡。选择"开始"→"设置"→"控制面板"→"网络"图标，单击"配置"标签，打开"配置"选项卡，添加"客户"、"适配器"、"协议"和"服务"等网络组件。

2. 设置网络组件的属性

（1）配置网络客户属性。在"网络"对话框的"配置"选项卡中选择"Microsoft 网络用户"选项，单击"属性"按钮，打开"Microsoft 网络用户属性"对话框，如图 7-22 所示。在"登录身份验证"选项区域中选中"登录到 Windows NT 域"复选框，然后在"Windows NT 域"文本框中输入相应的域名"TSG"。这样在启动 Windows 并将计算机作为 Micrsoft 网络用户登录到网络时，将由指定的 Windows 2000 域 TSG 中的 PDCF 来验证用户的身份。

在"网络登录选项"选项区域中选中"登录及恢复网络连接"单选按钮后，单击"确定"按钮。这样，在用户登录到网络时就试图与网络上的每个驱动器建立连接。如果在"网络登录选项"选项区域中选中"快速登录"单选按钮，则在用户登录到网络时不与网络上的驱动器建立连接，所以登录用时较少，待此后需要使用网络驱动器时再重新连接。

（2）设置网络适配器属性。PCI 网卡不必由用户自己配置，如果是其他类型的网卡，可能要设置中断号和 I/O 地址范围。

（3）设置网络协议属性。在"网络"对话框的"配置"选项卡中，单击"TCP/IP 协议"→"属性"按钮，打开如图 7-23 所示的"TCP/IP 属性"对话框。打开"IP 地址"选项卡，选中"指定 IP 地址"单选按钮。在"IP 地址"文本框中输入"202.68.110.10"，在"子网掩码"文本框中输入"255.255.255.0"后，单击"确定"按钮，IP 地址设置完成。

（4）选择主网络登录。主网络登录是指启动计算机登录到网络时由哪个网络验证您的身份。在"网络"对话框中，单击"主网络登"录下拉列表框右端的下三角按钮，显示了可选的登录网络，例如：Microsoft 网络用户、Windows 登录及 Windows 友好登录等。

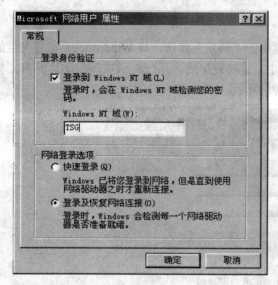

图 7-22 Microsoft 网络用户

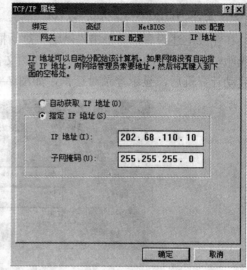

图 7-23 IP 地址属性

如果选择"Microsoft 网络用户",在启动该 Windows 98 系统时,由 Windows 2000 server 域验证身份。一般将用户的 Windows 98 的密码和用户的 Windows 2000 域密码设置为相同,这样在登录时只需输入一次密码。

(5)设置文件和打印机共享。单击"网络"对话框中的"设置文件和打印机共享"按钮,在对话框中有两个复选框:"允许其他人访问我的文件"和"允许其他人打印到我的打印机"。在对话框中,两个复选框都已选中,目的是允许他人访问,单击"确定"按钮,返回网络对话框。

3. 计算机的标识

打开"网络"对话框中的"标识"选项卡,如图 7-24 所示。

输入计算机名:use_1,工作组名:TSG,计算机说明:WIN98 工作组,单击"确定"按钮。

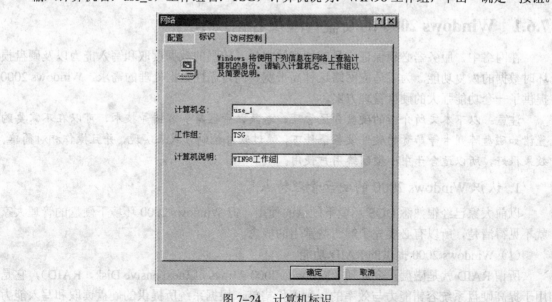

图 7-24 计算机标识

4. 登录 Windows 2000 server

在完成上述设置后，单击"网络"对话框中的"确定"按钮，将 Windows 98 安装光盘放到光驱，设置程序将复制或更新一系列的文件。复制完毕后，系统提示重新启动计算机。重新启动计算机后，显示登录对话框，如图 7–25 所示。

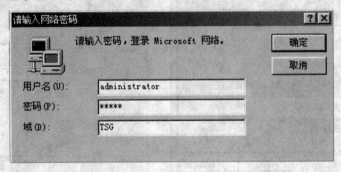

图 7–25　登录界面

在登录对话框中输入用户名"administrator"及相应的密码"abcde"，以及域名"TSG"后，单击"确定"按钮，PDC 将对输入的账号进行身份检验。检验合法，此 Windows 98 计算机就登录到 TSG 域中。双击桌面上的"网上邻居"图标，可看到 TSG 域，双击 TSG 域中的文件夹即可以访问网络文件夹中的共享资源。

注意：Administrator 是 Windows 2000 中的缺省用户，其登录密码是安装 PDC 时所设置的。也可以使用其他已建立的用户名或 NT 域中缺省的来宾用户 guest 登录到域。在登录 Windows 或网络时，如果单击登录对话框中的"取消"按钮，将不能访问网络。

7.6　Windows 2000 系统的维护

7.6.1　Windows 2000 的硬盘管理及容错技术

在网络中，服务器必须保证有足够的存储容量、较强的数据读取和写入能力以及硬盘损坏时数据的恢复功能。为了适应网络这种高带宽、高可靠性数据处理的需求，Windows 2000 提供了一套功能强大的硬盘管理方案。

注意：以下本文所介绍的硬盘分区管理、卷集、带区集和容错等技术，可以在不需要购置诸如磁盘阵列卡等昂贵的硬件设备条件下，通过软件控制方式来实现，并且操作相对简单，效果很好，所以适合于中小型网络用户使用。

1. 认识 Windows 2000 的硬盘管理特点

以前大家已经很熟悉 DOS 环境下硬盘的使用，但 Windows 2000 环境下硬盘的管理大家就不见得清楚，所以有必要先了解一些常用的概念。

（1）Windows 2000 提供的 RAID 功能。

所谓 RAID 就是磁盘冗余阵列（Redunda 2000 Arrays of Inexpensive Disk，RAID），它是用于提高硬盘系统容错能力与效率的一种廉价措施，根据系统所提供的硬盘读取和写入能力以及数据存储安全性的不同，RAID 可分为 6 个级别，即 RAID 0、RAID 1、RAID 0+1、RAID 3、RAID 4 和 RAID 5，较常使用、同时也是 Windows 2000 所支持的有以下 3 种。

① RAID 0：带区集。在 Windows 2000 中，可以从多个（最多 32 个）硬盘中各取一个相同容量的磁盘空间，组成一个独立的集合，并赋予一个驱动器代号，这个具有同一代号的硬盘空间集合称为带区集。当写入数据时，数据先被分割成大小为 64 KB 的数据块，然后并行写入到带区集中的每个磁盘中。系统读取磁盘数据时，将同时从各个磁盘并行发送读取数据块，经自动整合后形成一个完整的数据。RAID 0 的最大优势是通过快速读取和写入，提高了硬盘的读写性能。但当带区集中的任何一个硬盘或分区损坏时，将造成所有数据的丢失。

② RAID 1：即通常所讲的磁盘镜像。它是在一个硬盘控制卡上安装两块硬盘，操作中，一个设置为主盘（Master），另一个设置为镜像盘或者从盘（Slaver）。当系统写入数据时，会分别存入两个硬盘中，两个硬盘中保存有完全相同的数据。一旦一个硬盘损坏，另一个硬盘会继续工作。RAID 1 具有很好的容错能力，但是当硬盘控制卡受到损坏时，数据将无法读取。为了克服一个硬盘控制卡管理两个硬盘时存在的安全问题，可将两个硬盘分别安装在不同的硬盘控制卡上，如果一块硬盘控制卡损坏，另一块硬盘控制卡还会继续工作，从而提高了系统的容错能力，这种组合方式又叫做磁盘双工。在 Windows 2000 中，磁盘镜像和双工只是在硬盘安装时有所不同，而软件的设置方法基本一致。

③ RAID 5：带奇偶校验的带区集。它是在 RAID 0 的基础上增加了对写入数据的安全恢复功能。数据块仍分散存放在带区集的所有硬盘中，同时每个硬盘都有一个固定区域（约占所使用硬盘分区的 1/3）来存放一个奇偶校验数据。当任何一个硬盘失效时，可利用此奇偶校验数据推算出故障盘中的数据来，并且这个恢复操作在不停机的状态下由系统自动完成。RAID 5 在使整个硬盘的读取和写入性能得到明显改善的同时，还具有非常好的容错能力，但硬盘空间无法全部用来正常保存数据。

（2）卷集的作用及特点。

卷集是 Windows 2000 环境下用于管理硬盘的一个非常有效的方式。当一台机器中安装多个硬盘时，一般情况下不同硬盘或同一硬盘的不同分区是相互独立的，当写入数据时，如果一个硬盘或分区已满，系统不会将待写数据自动存入下一个硬盘或分区中。但是使用卷集时，可将一个或多个（最多为 32 个）硬盘中的多个可用硬盘空间组合起来，形成一个单元，并给予一个驱动器名。当数据保存到卷集中的硬盘空间时，先存放到第一个硬盘或分区中，存满后，紧接着再自动存放到第二个可用的硬盘或分区空间，依次类推。卷集最大的优势是可以将多个较小容量的硬盘空间合并起来，甚至可以将多个硬盘合并成一个硬盘来使用，提高了磁盘的可利用率，并有利于一些大型软件的安装和运行。但是，当卷集中的一个硬盘发生故障时，卷集中的所有数据都会丢失。因此，卷集既不能提高硬盘的读取和写入性能，也不具备系统容错功能。

2. Windows 2000 下创建并管理分区

在 DOS 下可以采用 Fdisk 命令对硬盘进行分区，而 Windows 2000 环境下对硬盘的分区是通过"磁盘管理器"来完成的，以下介绍其实现过程（本文具体操作中所使用的是中文 Windows 2000 Server，假定系统中安装了三个硬盘）。

（1）创建主分区

选择"开始"→"程序"→"管理工具（公用）"→"磁盘管理器"，显示在系统中已安装了三个硬盘（分别为磁盘 0、磁盘 1 和磁盘 2）以及一个光驱（**CD–ROM0**）。现在对磁盘 2 进行分区操作，有以下几个步骤。

① 选择磁盘 2（单击"可用空间"中标有右斜线的区域）后，在"磁盘分区"菜单下的"创建"选项，在出现的对话框中输入待建主分区的大小（应小于可用空间的总容量，本操作中输入 1 000 MB），单击"确定"按钮，对话框中会增加一个"尚未格式化 1 000 MB"的空间就是刚才所创建的主分区；

② 选取新创建的主分区空间，选择"磁盘分区"菜单下的"立即更改"选项进行确认；

③ 选择"工具"菜单下的"格式化"选项，对刚才创建的主分区进行格式化，可在出现的对话框中选择文件系统的类型（**FAT** 或 **2 000 FS**）以及其他的选项，但应注意，如果该硬盘用于 **DOS** 或 **Windows95/98** 等系统时，必须格式化成 **FAT** 格式；

④ 如果需要，还可以采用同样的方法创建 2～3 个主分区（一个硬盘中最多可存在 4 个主分区）。

⑤ 创建主分区的主要目的是用来启动计算机系统，当有 2 个以上的主分区时，系统默认由第一个主分区作为启动分区，当用户希望其他主分区作为启动分区时，可先选择该主分区，再选择"磁盘分区"菜单下的"标为活动"选项来完成。

（2）建立扩展分区。

一个硬盘中除主分区之外，剩余的所有硬盘空间都可作为扩展分区。不管是 **DOS** 还是 **Windows 2000**，一个硬盘中只能存在一个扩展分区。在"磁盘管理器"窗口中选择硬盘中的一块可用空间（带右斜线的部分），选择"磁盘分区"菜单下的"创建扩展分区"选项可将所选空间的部分或全部建立成扩展分区，紧接着还需选择"立即更改"选项，这一操作才算真正完成。

（3）在扩展分区中建立逻辑驱动器。

选取已建立的扩展分区，选择"磁盘分区"菜单下的"创建"选项，先将扩展分区划分成多个（由用户按硬盘剩余空间的大小和实际需要来确定）可用空间，再选择"立即更改"、"格式化"等选项后，便可将一个扩展分区分割成多个逻辑驱动器。

以上所创建的主分区、逻辑驱动器和扩展分区都可以通过选择"磁盘分区"菜单下的"删除"选项来删除。

3. 卷集和带区集的建立及应用

（1）卷集的建立和应用。

创建卷集的目的是为了更加有效的利用硬盘空间。现在，以上例中的硬盘为例，介绍创建卷集的具体方法。

① 上例中有 4 个分别分布于 3 个硬盘中的可用空间，先选定第一个可用空间，接着按住 **Ctrl** 键，依次单击其他的可用空间。

② 当所有要纳入卷集的可用空间（不能包括已创建的主分区和逻辑驱动器）都选定后，选择"磁盘分区"菜单下的"创建卷集"选项，可将所选可用空间的全部或部分创建成为一个卷集，并经"立即更改"这一操作后，卷集创建成功。

③ 重新启动计算机，在"磁盘管理器"窗口中对所建卷集进行"格式化"操作。格式化时，卷集中所有的分区同时进行，结束后每个分区都有一个相同的驱动器名。

④ 其中 J 驱动器就是已建立的一个跨越 3 个硬盘的卷集，可以像使用其他类型的驱动器一样来使用 J 驱动。

（2）带区集的特点和建立方法。

建立带区集的目的是为了提高整个硬盘系统的读取和写入能力。在进行数据读写操作时，带区集中的所有硬盘都会同时工作，所以带区集比单硬盘系统具有更快的数据访问速度，但是它不具备系统容错功能。下面是带区集的建立过程。

① 选取第一个可用空间（带右斜线的部分），按住 Ctrl 键，分别在其他硬盘中各选定一个可用空间。

② 选择"磁盘分区"菜单中的"创建带区集"选项，在出现的对话框中输入所创建带区集的大小，再选择"磁盘分区"菜单中的"立即更改"选项，带区集便建立完成。

③ 选择"工具"菜单中的"格式化"选项对新建的带区集进行格式化，结束后才能正常使用。

④ 最后还可选择"磁盘分区"菜单中的"删除"选项删除已建立的带区集。

（3）卷集和带区集的区别。

卷集和带区集是 Windows 2000 中管理硬盘时常用的两种方法。不过，两者之间不尽相同。

① 采用卷集的目的是为了更加有效地利用硬盘空间，而使用带区集的目的则是提高硬盘系统的读取和写入能力。

② 在一个硬盘中，卷集可使用两个以上的分区，而带区集只能使用其中的一个。

③ 在建立卷集时，每个分区的大小不必相同，但是在建立带区集时一般应要求相同，最起码相差不能太大。

④ 卷集在工作时，数据先存放在第一个分区或硬盘中，存满后再存入第二个分区或硬盘，依次类推。而当数据保存到带区集时，先将数据分成大小为 64 KB 的数据块，然后再将这些数据块分别存放到每个分区内。

⑤ 不管是卷集还是带区集，当其中一个分区出现故障时，整个数据将全部丢失。

4. Windows 2000 环境下的系统容错技术

容错是为了使数据避免遭受意外损坏而采取的一种保护措施。保护数据的方式有许多，以下介绍的是 Windows 2000 所提供的两种容错方式，它非常适合于一般网络用户使用。

（1）带奇偶校验的带区集的使用。

带奇偶校验的带区集是在带区集的基础上增加了系统容错的功能。建立带奇偶校验带区集的方法与建立带区集的方法基本相同。

① 先选定第一个可用空间，按住 Ctrl 键，而后各选取其他硬盘上的一个大小相当的可用空间。

② 选择"容错"菜单中的"创建带奇偶校验的带区集"选项，之后选择"磁盘分区"菜单中的"立即更改"选项，并经"格式化"后建立成功。

以下介绍带奇偶校验的带区集中的某一个硬盘发生故障后的修复方法。因为带奇偶校验的带区集具有容错功能，所以当其中一个硬盘发生故障时，系统仍然能够正常工作，只是速度明显减慢，为了保证数据访问的速度，必须对出现故障的硬盘进行修复。其修复方法有以下几个步骤。

① 首先换掉已出故障的硬盘，添加一个新硬盘，并进行相关参数的设置。

②　启动计算机并进入"磁盘管理器"窗口，在新安装的硬盘上创建一块可用空间，此可用空间的大小应等于或大于故障盘或带区集中其他硬盘上对应空间的值。

③　选定带奇偶校验的带区集（当一个硬盘出故障时，带区集仍然存在），按住 Ctrl 键，再选取新安装硬盘中所建的可用空间，接着选择"容错"菜单下的"再生"选项即可完成修复工作。

④　重新启动计算机后，带奇偶校验的带区集又恢复到正常的工作状态。

（2）磁盘镜像和双工技术。

磁盘镜像和双工是中小型网络中经常使用的另一种容错技术。如果两个硬盘同时接在同一个硬盘控制卡上便称为磁盘镜像，当两个硬盘分别连接在两个不同的硬盘控制卡上时称为磁盘双工。因为在磁盘镜像中存在谁镜像谁的问题，所以应将系统中原有的一个硬盘或已存放数据的一个硬盘作为主盘（Master），而把被镜像的一个硬盘作为从盘（Slaver），在硬件连接时也要注意这一点。磁盘镜像和双工在 Windows 2000 中的软件设置方法完全相同，只是在硬件的连接上有所差异，一般情况下建议大家使用磁盘双工技术。

①　创建镜像磁盘。启动系统进入"磁盘管理器"窗口，在从盘上创建一块可用空间，其大小应等于或大于主盘（镜像盘）上对应分区的空间。先选定主盘上的镜像分区，按住 Ctrl 键，再选定从盘的可用空间作为被镜像分区。接着选择"容错"菜单下的"创建镜像"选项，并选择"磁盘分区"菜单下的"立即更改"选项后创建完成。重新启动系统，会发现主盘与从盘之间会有一个较长时间的初始化过程，初始化结束后镜像磁盘开始投入工作。

②　中断镜像关系。如果要中断已建立的镜像关系，可通过选择"容错"菜单下的"中断镜像"选项来完成，还要经过选择"磁盘分区"菜单下的"选项立即更改"来确认。重新启动系统后，原有的镜像操作被中断。

③　镜像磁盘的故障修复。任何物理设备都有可能发生故障，当镜像磁盘中的一个分区出现故障时，虽然计算机仍然可以正常运行，但是这时的硬盘已失去了容错功能，必须将其恢复。恢复时先中断原有的镜像关系，再重新建立新的镜像。

注意：最后还需提醒一点，每次对硬盘进行以上的相关操作后，都需使用 RDISK.EXE 程序对"紧急修复磁盘"的内容进行更新，以确保系统出现启动故障时使用"紧急修复磁盘"来修复。

7.6.2　Windows 2000 系统的诊断与修复

1．Windows 2000 系统环境的保护

Windows 2000 Server 中提供了一系列的工具以保证系统的管理维护工作。

首先，用户（管理员）利用 Active Directory 、组策略及 Kerberos 验证等工具，建立一整套完善的安全策略，保证系统的安全可靠性，将人为造成破坏的可能降到最低。

其次，利用系统备份、配置容错能力（如磁盘镜像、RAID）、病毒检查、磁盘碎片整理等工具保证将由硬件问题引起系统故障的功能降到最低。

第三，在实施以上步骤后，管理员还要利用事件查看器、网络监视器、系统信息实时监视系统，从而实现及时发现问题、解决问题，保证系统的安全稳定。

管理员可以通过设定系统异常的反应措施、制作紧急修复盘、安全模式启动、故障恢复

控制台、自动系统恢复等措施，保证当系统发生问题的时候及时地排除问题。

　　管理员还可以通过任务管理器和性能监视器监测系统的运行性能，发现系统的瓶颈，提高系统的性能。

　　2. 事件查看器

　　通过使用事件查看器（如图 7-26 所示）和事件日志，用户可以收集有关硬件、软件、系统问题的信息并监视 Windows 2000 安全事件。

图 7-26　事件查看器

　　（1）Windows 2000 以 3 种日志方式记录事件。

　　① 应用程序日志。应用程序日志包含程序所记录的事件。例如，数据库程序可记录程序日志中的文件错误。程序开发人员决定监视哪个事件。

　　② 安全日志。安全日志包括有效和无效的登录尝试以及与资源使用相关的事件，如创建、打开或删除文件或其他对象。例如，如果用户已经启用登录和注销审核，则登录到系统的尝试将记录在安全日志中。

　　③ 系统日志。系统日志包含 Windows 2000 的系统组件记录的事件。例如，在启动过程中将加载的驱动程序或其他系统组件的失败记录在系统日志中。Windows 2000 预先确定由系统组件记录的事件类型。

　　注意：*启动 Windows 2000 时事件日志服务会自动启动。所有用户都可查看应用程序和系统日志。只有系统管理员才能访问安全日志。在默认情况下，安全日志是关闭的。要启用安全日志，请使用组策略来设置审核策略。管理员也可以在注册表中设置审核策略，以便当安全日志满出时使系统停止响应。*

　　（2）事件查看器显示这些事件的 5 种类型。

　　① 错误：重要的问题，如数据丢失或功能丧失。例如，如果在启动过程中某个服务加载失败，这个错误将会被记录下来。

　　② 警告：并不是非常重要，但有可能说明将来的潜在问题的事件。例如，当磁盘空间不足时，将会记录警告。

　　③ 信息：描述了应用程序、驱动程序或服务的成功操作的事件。例如，当网络驱动程序加载成功时，将会记录一个信息事件。

　　④ 成功审核：成功的审核安全访问尝试。例如，用户试图登录系统成功会被作为成功审核事件记录下来。

　　⑤ 失败审核：失败的审核安全登录尝试。例如，如果用户试图访问网络驱动器并失败了，

则该尝试将会作为失败审核事件记录下来。

启动 Windows 2000 时，EventLog 服务会自动启动。所有用户都可以查看应用程序和系统日志。只有管理员才能访问安全日志。

在默认情况下，安全日志是关闭的。可以使用组策略来启用安全日志。管理员也可以在注册表中设置审核策略，以便当安全日志满出时使系统停止响应。

3. 事故恢复

计算机故障就是任何导致计算机无法启动或继续运行的事件。计算机出现故障的原因小到一个硬件损坏，大到整个系统丢失。Windows 2000 在遇到此类事件时，会报告一个"停止"错误消息，并显示一些必要的信息，用户和 Microsoft 产品支持服务工程师可以利用这些信息确定并识别问题所在。

故障恢复就是在发生故障后恢复计算机，使用户能够登录并访问系统资源。Windows 2000 提供以下选项可帮助用户识别计算机故障并进行恢复。

① 安全模式。用户可以使用安全模式启动选项来启动系统，在该模式下只启动最少的必要的服务。安全模式选项包括最后一次的正确配置，如果新安装的设备驱动程序在启动系统时出现问题，该选项尤其有用。

② 故障恢复控制台。如果安全模式不起作用，用户可以考虑使用故障恢复控制台选项。建议只有高级用户和管理员才使用该选项。使用安装光盘或从光盘创建的软盘来启动系统。然后，就可以访问"故障恢复控制台"，这是一个命令行界面，可从该处执行诸如启动或停止服务、访问本地驱动器（包括格式化成 NTFS 文件系统的驱动器）等任务。详细信息，请参阅故障恢复控制台。

③ 紧急修复盘。如果安全模式和故障恢复控制台不起作用，而且事先已做了适当的高级准备，则可以试着用紧急修复磁盘来修复系统。紧急修复磁盘可以帮助修复内核系统文件。

（1）安全模式。

安全模式允许用最少的设备驱动程序和服务设置启动系统。安全模式选项包括"最后一次的正确配置"，如果新安装的设备驱动程序在启动系统时出现问题，该选项尤其有用。以安全模式启动 Windows 2000 有以下几个步骤。

① 打开"开始"菜单，然后选择"关闭系统"选项。

② 选择"重新启动"，然后单击"确定"按钮。

③ 在看到消息"请选择要启动的操作系统"后，按 F8 键。

④ 使用箭头键高亮显示适当的安全模式选项，然后按 ENTER 键。

必须关闭 NUM LOCK，数字键盘上的箭头键才能工作。

⑤ 使用箭头键高亮显示操作系统，然后按 ENTER 键。

注意：在安全模式下，Windows 2000 只使用基本文件和驱动程序（鼠标、监视器、键盘、大容量存储器、基本视频、默认系统服务，并且不连接网络）。可以选择"网络安全模式"选项（该选项加载上面所有的文件和驱动程序，加上启动网络所必要的服务和驱动程序），或者"命令提示符安全模式"选项（该选项除了是启动命令提示符而不是启动 Windows 2000 以外，与安全模式完全相同）。也可以选择"最近一次的正确配置"，它使用 Windows 2000 在上次关闭时保存的注册表信息启动计算机。安全模式可帮助用户诊断问题。如果以安全模式启动时没有再出现故障，用户可以将默认设置和最小设备驱动程序排除在可能的原因之外。如果新添加的设备或已更改的驱动程序产生了问题，用户可以使用安全模式删除该设备或还原更改。某些情况下安全模式不能帮助用户解决问题，例如当启动系统所必需的 Windows 系统文件已经毁坏或损坏时。在此情况下，紧急修复磁盘（ERD）能够提供帮助。

安全模式选项包括以下内容。

① 安全模式。只使用基本文件和驱动程序（鼠标——串行鼠标除外、监视器、键盘、大容量存储器、基本视频、默认系统服务并且无网络连接）启动 Windows 2000。如果计算机没有使用安全模式成功启动，则可能需要使用紧急修复磁盘（ERD）功能以修复用户的系统。

② 网络安全模式。只使用基本文件和驱动程序以及网络连接来启动 Windows 2000。

③ 命令提示符的安全模式。使用基本的文件和驱动程序启动 Windows 2000。登录后，屏幕出现命令提示符，而不是 Windows 桌面、"开始"菜单和任务栏。

④ 启用启动记录。启动 Windows 2000，同时将由系统加载（或没有加载）的所有驱动程序和服务记录到文件。该文件称为 ntbtlog.txt，它位于"%windir%"目录中。安全模式、网络安全模式和命令提示符的安全模式，会将一个加载的所有驱动程序和服务的列表添加到启动日志。启动日志对于确定系统启动问题的准确原因很有帮助。

⑤ 启用 VGA 模式。使用基本 VGA 驱动程序启动 Windows 2000。当安装了使 Windows 2000 不能正常启动的新视频卡驱动程序时，这种模式十分有用。当用户在安全模式（安全模式、网络安全模式或命令提示符安全模式）下启动 Windows 2000 时，总是使用基本的视频驱动程序。

⑥ 最近一次的正确配置。使用 Windows 上一次关闭时所保存的注册表信息来启动 Windows 2000，只在配置不正确时使用。最近一次的正确配置不解决损坏或缺少驱动程序或文件所导致的问题。最后一次成功启动以来所作的任何更改也将丢失。

⑦ 目录服务恢复模式。不适用于 Windows 2000 Professional。这是针对 Windows 2000 Server 操作系统的，并只用于还原域控制器上的 SYSVOL 目录和 Active Directory 目录服务。

⑧ 调试模式。启动 Windows 2000，同时将调试信息通过串行电缆发送到其他计算机。

使用"最后一次正确的配置"启动 Windows 2000 有以下几个步骤。

① 打开"开始"菜单，然后选择"关闭系统"选项。

② 选择"重新启动"，然后单击"确定"按钮。

③ 在看到消息"请选择要启动的操作系统"后，按 F8 键。

④ 使用箭头键高亮显示"最近一次的正确配置"，然后按 ENTER 键。

必须关闭 NUM LOCK，数字键盘上的箭头键才能工作。

⑤ 使用箭头键高亮显示操作系统，然后按 ENTER 键。

（2）故障恢复控制台。

如果安全模式和其他启动选项不能工作，则可以考虑使用"恢复控制台"；然而，只有用户是高级用户或管理员（可以使用基本命令标识和定位有问题的驱动程序和文件）时，才推荐用户使用该方法。"恢复控制台"是命令行控制台，在使用计算机 CD 驱动器中的启动光盘或使用从创建的软盘启动计算机后即可使用。有关如何从启动光盘中创建软盘的详细信息，

要使用"恢复控制台"，用户需要以 Administrator 账户登录。该控制台提供了可用于执

行简单操作的命令（例如转到不同的目录中或查看目录）和功能更强大的操作命令（例如修复启动扇区）。通过在"恢复控制台"的命令提示符下输入"help"，可以获得这些命令的帮助信息。

使用"恢复控制台"，可以启动和停止服务，在本地驱动器（包括用 NTFS 文件系统格式化的驱动器）上读、写数据，从软盘或 CD 上复制数据，修复启动扇区或主引导记录，并执行其他管理任务。如果需要通过从软盘或 CD-ROM 上复制文件来修复系统，或需要重新配置使计算机无法正常启动的服务，则"恢复控制台"特别有用。例如，可以使用"恢复控制台"用软盘中的正确副本替换被覆盖或损坏的驱动程序文件。

1）启动计算机并使用"恢复控制台"

① 在适当的驱动器中，插入"Windows 2000 安装"光盘或用该光盘创建的第一张软盘。对于不能从 CD 驱动器中启动的系统，必须使用软盘。

对于可从 CD 驱动器中启动的系统，可以使用 CD 或软盘。

② 重新启动计算机，如果使用软盘，要在系统提示下依次插入每张软盘。

③ 当开始基于文本部分的安装时，请根据提示，按 R 键选择修复或恢复选项。

④ 当系统提示时，按 C 键选择"修复控制台"。

⑤ 按照屏幕上的说明，重新插入为启动系统而创建的一张或多张软盘。

⑥ 如果有双启动或多启动系统，请选择需要从"恢复控制台"中访问的 Windows 2000 安装。

⑦ 系统提示时，输入 Administrator 的密码。

⑧ 在系统提示处，输入"恢复控制台"命令，输入"help"可获得一系列命令的帮助信息，或者输入"help command name"获得特定命令的帮助信息。

⑨ 要退出"恢复控制台"并重新启动计算机，请输入"exit"。

2）从运行 Windows 2000 的计算机上使用"恢复控制台"。

① 将 Windows 2000 光盘插入到光盘驱动器中。

② 单击"文件"，然后单击"运行"。

③ 在"打开"框中，输入命令"d:\i386\winnt32 /cmdcons"（d 是指派给 CD-ROM 驱动器的驱动器号）。

④ 重新启动计算机并从可用操作系统列表中选择"故障恢复控制台"选项。

⑤ 系统提示时，输入 Administrator 的密码。

⑥ 在系统提示处，输入"恢复控制台"命令，输入"help"可获得一系列命令的帮助信息，或者输入"help command name"获得特定命令的帮助信息。

⑦ 要退出"恢复控制台"并重新启动计算机，输入"exit"。

（3）紧急修复磁盘

① 准备一张空白的、已格式化的 1.44 MB 的软盘。

② 打开"备份"。

③ 在"欢迎"选项卡中，单击"紧急修复磁盘"图标按钮。

④ 根据屏幕上显示的说明进行。

完成安装之后，将原始系统设置的信息保存在系统分区的 systemroot\Repair 文件夹中。如果使用"紧急修复磁盘"来修复用户的系统，那么可以访问该文件夹中的信息。一定不要更改或删除该文件夹。

4. 性能监视器

使用"系统监视器"（如图 7-27 所示）可以衡量自己计算机或网络中其他计算机的性能。

（1）收集并查看本地计算机或多台远程计算机上的实时性能数据。

（2）查看计数器日志中当前或以前搜集的数据。

（3）在可打印的图形、直方图或报表视图中表示数据。

（4）利用自动操作将"系统监视器"的功能并入 Microsoft Word 或 Microsoft Office 套件中的其他应用程序。

（5）在性能视图下创建 HTML 页。

（6）创建可使用 Microsoft 管理控制台在其他计算机上安装的可重新使用的监视配置。

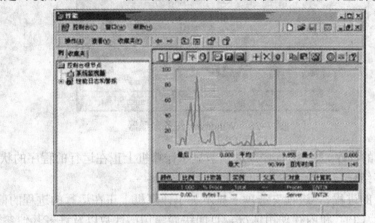

图 7-27　性能监视器

使用"系统监视器"可以收集和查看大量有关管理的计算机中硬件资源使用和系统服务活动的数据。可以通过下列方式定义要求图形搜集的数据。

（1）数据类型。要选择搜集的数据，请指定性能对象、性能计数器和对象实例。一些对象提供有关系统资源（例如内存）的数据，而其他对象则提供有关应用程序运行的数据（例如计算机中正在运行的系统服务或 Microsoft BackOffice 应用程序）。

（2）数据源。"系统监视器"可以从本地计算机或网络上用户拥有权限的其他计算机中搜集数据（默认情况下，应该拥有管理权限）。此外，可以包含实时数据和以前使用计数器日志搜集的数据。

（3）采样参数。"系统监视器"支持根据需要手动采样或根据指定的时间间隔自动采样。查看记录的数据时，还可以选择开始和停止时间，以便查看跨越特定时间范围的数据。

5. 任务管理器

"Windows 任务管理器"（如图 7-28 所示）提供了有关计算机性能、计算机上运行的程序和进程的信息。要打开"Windows 任务管理器"，右击"任务栏"上的空白处，在打开的快捷菜单中选择"任务管理器"。任务管理器提供正在用户的计算机上运行的程序和进程的相关信息。也显示最常用的度量进程性能的单位。

使用任务管理器可以监视计算机性能的关键指示器，可以快速查看正在运行的程序的状态，或者终止已停止响应的程序，也可以使用多达 15 个参数评估正在运行的进程的活动，以及查看 CPU 和内存使用情况的图形和数据。

图 7-28　Windows 任务管理器

（1）正在运行的程序。"应用程序"选项卡显示计算机上正在运行的程序的状态。在此选项卡中，用户能够结束、切换或者启动程序。

（2）正在运行的进程。"进程"选项卡显示关于计算机上正在运行的进程的信息。例如，用户可以显示关于 CPU 和内存使用情况、页面错误、句柄计数以及许多其他参数的信息。

（3）性能度量单位。"性能"选项卡显示计算机性能的动态概述，其中包括：CPU 和内存使用情况的图表，计算机上正在运行的句柄、线程和进程的总数，物理、核心和认可的内存总数（KB）。

6. 任务计划

使用任务计划程序，用户可以安排任何脚本、程序或文档在最方便的时候运行。每次启动 Windows 2000 时，任务计划程序也会启动，并在后台运行。

使用任务计划程序可以完成以下任务：

① 计划让任务在每天、每星期、每月或某些时刻（如系统启动时）运行。

② 更改任务的计划。

③ 停止计划的任务。

④ 自定义任务如何在计划的时间运行。

Windows 2000 自动安装任务计划程序。要使用计划服务，可以在"控制面板"中双击"任务计划"文件夹。

双击"添加任务计划"启动"任务计划向导"，可以计划新任务。将脚本、程序或文档从 Windows 资源管理器或桌面拖到"任务计划"窗口中可以进行任务添加。

也可以使用任务计划程序来修改、删除、禁用或停止已经计划的任务，查看已计划任务的日志，或者查看在远程计算机上计划的任务。

网络管理员可以创建用于维护目的的任务文件，并在需要时将其添加到用户的计算机。可以在电子邮件中发送和接收任务文件，并且可以共享计算机上的"任务计划"文件夹以便通过"网上邻居"远程访问它。

本章小结

本章简要地讲解了 Windows 2000 Server 的系列组成、体系结构以及 Windows 2000 Server 的安装、设置。并希望通过 Windows 2000 Server 的安全性、可靠性的讨论使大家对 Windows 2000 Server 的稳定性有一个全面的认识和了解。

在阅读完本章后要求掌握 Windows 2000 Server 系统中的域和组的概念，学习活动目录的作用和网络服务等。重点要求大家掌握 Windows 2000 Server 的安装和简单的配置 DNS、DHCP、活动目录等服务功能、配置网络打印机以及配置客户机（Windows 98）。

习　　题

1. 在一台配置为 CPU：赛扬 800、主板：INTER815、硬盘：15 G、内存：256 M、显卡内存：8 M 的计算机上安装 Windows 2000 Server。试写一份安装计划书。

2. 安装 Windows 2000 Advanced Server，并将其设为主域控制器。

3. 设置 DNS、DHCP 服务器。

4. 添加账户 shiyan 并设置账户的权限为：读取、更改。

5. 在安装好的服务器上配置 WWW 服务。

6. 在服务器上设置一个共享文件夹"备份"。

7. 添加一台打印机。并将其设置为网络打印机。

第8章 Internet 技术

8.1 Internet 的基础知识

什么是 Internet？

对于 Internet 的解释有很多，但由于 Internet 本身还在迅速发展，Internet 到底涵盖了怎样的信息，目前还没有一个完善的概念能确切表述。其实现在也不必给 Internet 下一个过于明确的定义，毕竟它还在发展，将来 Internet 会发展得怎样，没有谁会给出一个明确的答案。如果一定要从技术角度来阐述这个词，那么现在的 Internet 至少应该包含以下几个方面的信息。

Internet 是一个基于 TCP/IP 协议簇的网络；Internet 是一个网络用户集团，用户使用网络资源，也为该网络的发展壮大贡献了力量；Internet 是所有可被访问和利用的信息资源的集合。

8.1.1 Internet 的发展史

Internet 起源于美国国防部高级研究计划局（Defense Advanced Research Projects Agency，DARPA）的前身 ARPA 建立的分布式、存活力强的全国性计算机信息网络 ARPAnet，该网于1969 年投入使用。从 20 世纪 60 年代开始，ARPA 就开始向美国国内大学的计算机系和一些私人有限公司提供经费，以促进基于分组交换技术的计算机网络的研究。最初，ARPAnet 主要用于军事研究目的，它有 5 大特点。

（1）支持资源共享；

（2）采用分布式控制技术；

（3）采用分组交换技术；

（4）使用通信控制处理机；

（5）用分层的网络通信协议。

1972 年，ARPAnet 在首届计算机后台通信国际会议上首次与公众见面，并验证了分组交换技术的可行性，由此，ARPAnet 成为现代计算机网络诞生的标志。

ARPAnet 在技术上的另一个重大贡献是 TCP/IP 协议簇的开发和使用，并在 1980 年，将TCP/IP 加进 UNIX 的内核中，使 TCP/IP 协议成为 UNIX 操作系统的标准通信模块。1982 年，Internet 由 ARPAnet、MILnet 等几个计算机网络合并而成，作为 Internet 的早期骨干网，ARPAnet 试验奠定了 Internet 存在和发展的基础，较好地解决了异种机网络互联的一系列理论和技术问题。

1983 年，从 ARPAnet 分裂出来的民用 ARPAnet 主干网逐渐被人们称为 Internet，TCP/IP协议簇便在 Internet 中进行研究、试验、并改进成为使用方便、效率极好的协议簇。

在 ARPAnet 分裂的同时，局域网和广域网的产生和发展对 Internet 的进一步发展起了重要的促进作用。NSF（National Science Foundation，美国国家科学基金会）在 1986 年建立了美国国家科学基金网（NSFnet），并将建立起的六大超级计算机中心互连起来，NSF 的计算机网络 NSFnet 同样也是基于 TCP/IP 协议簇的网络系统。NSFnet 的最初目的是为全国的科研服务，由于其高速数据专线的特点，使用户不仅可以在网上使用超级计算中心的计算设备和存储设备，还可以通过网络系统进行通信。后来，NSFnet 逐渐对社会开放，不再局限于局部。最终，由于 NSFnet 的出色表现，1990 年 6 月 NSFnet 彻底取代了 ARPAnet 成为 Internet 的主干网。其后，NSFnet 的全部主干网都已同 ANS 提供的 T3 级主干网相通。

Internet 从 20 世纪 90 年代初进入了商业化阶段，很多的商业机构开始进入 Internet，使 Internet 开始了商业化的新进程，也成为 Internet 发展的强大推动力。1995 年，NSFnet 停止运作，而且 Internet 已彻底商业化了。

Internet 以迅雷不及掩耳的速度发展，已成为目前规模最大的国际性计算机网络。21 世纪初，Internet 已连接 60 000 多个网络，正式连接 86 个国家，电子信箱能通达 150 多个国家，有 480 多万台主机通过它连接在一起，用户有 2 500 多万，每天的信息流量达到万亿比特以上，每月的电子邮件突破 10 亿封。

8.1.2　Internet 在中国

Internet 进入中国的时间相对较晚，1987 年中国科学院高能物理研究所（简称高能所）首先通过租用实现了国际远程联网，并于 1988 年实现了与欧洲及北美洲地区的 E-mail 通信。1993 年 3 月经电信部门的大力配合，开通了由北京高能所到美国 Stanford 直线加速器中心的高速计算机通信专线。1994 年 5 月高能所的计算机正式进入了 Internet 网。与此同时，以清华大学作为物理中心的中国教育与科研计算机网（CERnet）正式立项，并于 1994 年 6 月正式连通 Internet 网。中国的网络建设进入了大规模发展阶段，到 1996 年初，中国的 Internet 已形成了四大主流体系，如图 8-1 所示。

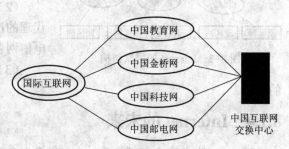

图 8-1　中国 Internet 的主流体系

互联网在中国的发展也在逐步规范，1996 年 2 月，国务院令第 195 号《中华人民共和国计算机信息联网国家管理暂行规定》中明确规定只允许四家互联网络拥有国际出口：中国科学网（CSTnet）、中国教育网（CERnet）、中国互联网（chinaGBN）、金桥信息网（chinaGBN）。其中，中国科学网和中国教育网面向科研和教育机构，中国互联网和金桥信息网属于商业性的 Internet。

中国的互联网发展速度也紧跟世界的发展脚步，根据 CNNIC（中国互联网信息中心）的调查结果可以看出我国 Internet 的发展变化。

全国上网人数：

1997 年 8 月 15 万；

2000 年 6 月 1 690 万；

2001 年 7 月 2 250 万；

2002 年 12 月 5 910 万；

2003 年 12 月 31 日 7 950 万。

到 2003 年年底，7 950 万网民数量已经达到了世界第二位，我国上网计算机达到 3 089 万台，网络国际出口带宽总数达到 27 216 MB，CN 下注册的域名数、网站数分别达到 34 万和 59.6 万。互联网已经发展成为中国影响最广、增长最快、市场潜力最大的产业之一，正以超出人们想象的深度和广度迅速地发展。

截至 2003 年上半年，我国的国际出口带宽总数已达到 18 599 MB，其中，中国公用计算机互联网为 10 595 MB，占 57%；在所有相连的国家和地区中，美国与我国的连接带宽最多，达到 10 202 MB，占 55%。同时，我国九大互联单位与国家互联网交换中心的连接带宽也达到 15 818 MB，比 2002 年同期增长 10 个百分点。

8.1.3　Internet 的组成

Internet 的连接体现在物理连接和网络逻辑连接，从逻辑上看，为了便于管理，因特网采用了层次网络的结构，即采用主干网、次级网和园区网的逐级覆盖结构。

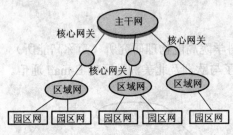

图 8-2　Internet 的层次结构

（1）主干网：由代表国家或者行业的有限个中心节点通过专线连接形成；覆盖到国家一级，连接各个国家的因特网互联中心，如中国互联网信息中心（CNNIC）。

（2）次级网（区域网）：由若干个作为中心节点代理的次中心节点组成，如教育网各地区网络中心，电信网各省互联网中心等。

（3）园区网（校园网、企业网）：直接面向用户的网络。

8.1.4　Internet 的未来

Internet 的未来会怎样？Internet 在将来会将科幻电影中的情景变为现实吗？这些问题并不容易回答。但是，Internet 的发展必将深刻地影响整个社会和人们的生活。这种影响不仅仅是技术层面上的影响也是文化和观念层面上的影响；这种影响更将决定着人类社会未来文明的发展，因此，不能只注重未来 Internet 技术的发展，还要注重 Internet 对文化的影响。

8.2　Internet 的入网方式

对于任何希望使用 Internet 的人来说，首先必须进入 Internet，目前进入 Internet 的方式有多种，最为常见的方式是通过电话直接拨号和通过局域网连接到 Internet。

8.2.1　通过电话线接入 Internet

采用通过电话线直接接入 Internet 的方式是目前主要的接入方式，由于采用具体技术的差别，此种接入方式又分为仿真终端方式、普通 Modem 拨号上网、ISDN 和 ADSL。

1. 仿真终端方式

这是一种逐渐被淘汰的接入方法，它利用仿真终端软件将本地计算机仿真成 Internet 上的某个主机的终端，通过该主机访问 Internet。Internet 上的数据和信息只能通过主机间接获得，并且不能享有 Internet 上所有的功能，如不能使用图形界面浏览器。

2. 普通 Modem 拨号上网

普通 Modem（调制解调器）拨号上网是目前个人接入 Internet 的一种主要方式，利用普通 Modem 上网的优点是方便、快捷。采用这种方式接入 Internet 对计算机的要求比较低，接入设备也只有普通调制解调器。普通调制解调器按照安装方式分为：内置式和外置式，按照速度可划分为：33.6 Kbps、44 Kbps 和 56 Kbps 几种。利用普通 Modem 上网连接过程也比较简单，在 Windows 下可利用其拨号程序连接，在 Linux 下可以使用 PPP 相关工具连接。目前，仍有很多的 ISP 提供这种传统的接入方式。通过 Modem 接入 Internet 的方式，由于其采用设备（Modem）对现有的电话线路带宽的使用率较低，因此，目前普通的调制解调器最大传输速率只能达到 56 Kbps，这是限制其发展的瓶颈。

3. ISDN

ISDN 是综合业务数字网的简称，它比较充分地利用了现有电话线路的带宽资源，以纯数字方式进行语音、数据、图像的传输，可在一条普通电话线上提供以 64 Kbps 速率为基础的端到端的数字连接，可开展上网、打电话、视频会议等多种业务，使用 ISDN 需要两个设备，一个是相当于接线盒的 NT1 为一个是终端适配器（Terminal Adapter，TA），计算机通过 TA 连接至 ISDN。虽然 ISDN 有着众多的技术优势，但由于其设备较复杂和昂贵，速度上与 56 Kbps 调制解调器的竞争优势也不大，而且 ISDN 的适配器无法同普通调制解调器互联，从而使其不能得到较大范围的应用。

4. ADSL

ADSL 是 xDSL 的一种，xDSL（Digital Subscriber Line）数字用户线路是以铜电话线为传输介质的传输技术组合，它包括普通 DSL、HDSL（对称 DSL）、ADSL（不对称 DSL）、VDSL（甚高比特率 DSL）、 SDSL（单线制 DSL）、CDSL（Consumer DSL）等，一般称之为 xDSL。

ADSL（Asymmetrical Digital Subscriber Loop）非对称数字用户环路是 xDSL 中应用最广泛、最成熟的技术。它是运行在原有普通电话线上的一种新的高速宽带技术，使用这种技术可将一组一般的电话线变成高速的数字线路，在一对双绞线上提供上行 640 Kbps，下行 8 Mbps 的带宽，它可以同时提供即时的电话、传真和高速的 Internet 服务。ADSL 使用频分复用技术将话音与数据分开，话音和数据分别在不同的通路上运行。

传统的电话系统使用的是铜线的低频部分（4 kHz 以下频段）。而 ADSL 采用 DMT（离散多音频）技术，将原来的电话线路 0 Hz～1.1 MHz 频段划分成 256 个频宽为 4.3 kHz 的子频带。其中，4 kHz 以下频段仍用于传送 POTS（传统电话业务），20 kHz～138 kHz 的频段用来传送上行信号，138 kHz～1.1 MHz 的频段用来传送下行信号。DMT 技术可根据线路的情况调整在每个信道上所调制的比特数，以便更充分地利用线路。

目前采用 ADSL 接入 Internet 的方式有两种。专线入网方式：用户拥有固定的静态 IP 地址，24 小时在线；虚拟拨号入网方式：并非真正的电话拨号，而是用户输入账号、密码，通过身份验证，获得一个动态的 IP 地址，可以掌握上网的主动性。

由于采用 ADSL 接入 Internet 的方式与其他的宽带接入方式相比较有着较强的竞争力，因此其发展相当迅速，由于其技术特点仍具有一定的先进性，因此在今后的若干年内仍然会是主要的宽带接入方式。

8.2.2　通过局域网接入 Internet

对于已经建成局域网的单位和部门，最常用的接入 Internet 的方式是通过路由器或远程访问服务器等设备将局域网整个接入 Internet，从而使用户能够利用 Internet。采用这种方式将局域网与 Internet 相连，一般需要租用电信局的专线，可使用的方式有 DDN、ISDN、帧中继和 ATM 等。通过 DDN 接入数据传输率可达到 2 Mbps，使用 ATM 可达到 10～100 Mbps，且可以提供光纤接入方式。

采用这种方式对用户来讲性能较好、效率高、平均上网费用较低，但只有具有一定规模的局域网才会有这样的优点。对于局域网内部的用户来讲，可以达到 10 Mbps 甚至 100 Mbps 到桌面的速度。

8.2.3　其他接入方式

1．通过有线电视网接入 Internet

利用现有的有线电视网络系统，通过对其进行相应的改造接入 Internet 也是一种获得 Internet 服务的方式。采用这种方式接入 Internet 时，必须对现有的有线电缆进行双向改造，然后利用 Cable Modem（线缆调制解调器，CM）接入有线电视数据网，有线电视数据网再和 Internet 高速相连，用户即可在家中高速连入 Internet 网。利用 Cable Modem 接入 Internet 可以实现 10 Mbps～40 Mbps 的带宽，下载速度可以轻松超过 100 Kbps，有时甚至可以高达 300 Kbps。

Cable Modem 系统通常放在有线电视前端，采用 10Base-T、100Base-T 或 ATM OC3 等接口通过交换型 Hub 与外界设备相连，并通过路由器与 Internet 连接或者直接连到本地服务器，享受本地业务。Cable Modem 是用户端设备，通过 10Base-T 接口与用户的计算机相连。一般 Cable Modem 有三种类型：单用户外置式、单用户内置式以及 SOHO（Small Office/Home Office）型。SOHO 型 Modem 可用于基于 HFC 网络的计算机互联网络，形成小型和在家办公系统（SOHO 系统）。

2．无线接入方式

传统的无线接入方式是用户通过高频天线和 ISP 连接，距离在 10 km 左右，带宽为 2～10 Mbps，费用较低，但是受地形和距离的限制，适合城市里距离 ISP 不远的用户。其性能价格比很高。

无线接入 Internet 的方式是近几年出现的新型接入方式，利用移动通信设备（主要是手机）以及笔记本电脑和掌上电脑通过无线通信网络接入 Internet。目前，通过手机接入 Internet 的技术主要有 GPRS、CDMA、WCDMA、CDMA2000 1x 等。在这些技术当中较成熟和使用较广泛的是 GPRS 技术。GPRS 的全名为 General Packet Radio Service（整合封包无线服务），它是在"分封交换"（Packet-Switched）的概念上发展而来的一套无线传输方式。

随着卫星通信逐渐向民用化转移，通过卫星接入 Internet 的方式也逐渐兴起，一种称作

Direct to PC 或称 PCVSAT 的技术在此起到了重要的作用。卫星通过点到多点连接方式将 ISP 服务器直连到用户计算机，使各种公司无论大小，甚至个人用户均可利用空间数据通信的强大功能。国际上，单向卫星 Internet 接入在中小企业和家庭应用比较成功。随着技术的不断发展，卫星联网服务也将逐渐开始成为一种上网的新选择。

8.3　Internet 的域名

8.3.1　Internet 的域名服务

在 Internet 上成千上万的主机是依靠 IP 地址来相互区分和识别的，对于用户来说，想要记住很多的 IP 地址几乎不大可能，因此在 Internet 上为用户提供了域名解析系统 DNS（Domain Names System）来帮助用户使用 IP 地址。域名服务系统通过分层定义的方式来定义域名，通过分布式的管理方式来管理域名。DNS 系统规定了一套完整的命名规则，用于对主机命名，并通过相应的服务器将域名转换为 IP 地址。

Internet 的域名采用四层的分层命名方式：

主机名.三级域名.二级域名.一级域名

域名从左到右表示的区域越来越大，每部分都以字符组成。一级域名又称"顶级域名"一般代表国家和组织，在地理性域名中，根据地理位置来命名主机所在的区域。对于美国以外的主机，其最高层次域基本上都是按地理域命名的。地理域指明了该域名源自的国家。在几乎所有的情况中，地理域都是两个字母的国家代码。美国虽然也有地理域，但很少使用。如果在一个域名的末尾没有找到地理域，就可以假定该域名是源自美国的。其他国家的右边第一个域名则代表国家。表 8-1 是按照国家划分的顶级域名。

表 8-1　地域性域名

域名	表示国家或地区	域名	表示国家或地区
AR	阿根廷	DE	德国
AU	澳大利亚	GL	希腊
AT	奥地利	HK	中国香港
BE	比利时	ID	印度尼西亚
BR	巴西	IE	爱尔兰
CA	加拿大	IL	以色列
CL	智利	IN	印度
CN	中国	IT	意大利
CU	古巴	JP	日本
DK	丹麦	KR	韩国
EG	埃及	MO	中国澳门
FI	波兰	MY	马来西亚
FR	法国	MX	墨西哥

域名	表示国家或地区	域名	表示国家或地区
NL	荷兰	ES	西班牙
NZ	新西兰	ES	瑞典
NO	挪威	CH	瑞士
PT	葡萄牙	TW	中国台湾
RU	俄罗斯	TH	泰国
SG	新加坡	UK	英国
EA	南非	US	美国

在机构性域名中，最右端的末尾都是三个字母的最高域字段。由于 Internet 诞生于美国，当时只为美国的几类机构指定了顶级域，延续至今，所以大多数的域名都为美国、北美或与美国有关的机构。目前共有 14 种，见表 8-2。

表 8-2　机构性域名

域名	表示的组织或机构的类型	域名	表示的组织或机构的类型
Com	商业机构	Firm	商业或公司
Edu	教育机构或设施	Store	商场
Gov	非军事性的政府机构	Web	和 WWW 有关的实体
Int	国际性机构	Arts	文化娱乐
Mil	军事机构或设施	Arc	消遣性娱乐
Net	网络组织或机构	Infu	信息服务
Org	非赢利性组织机构	Nom	个人

在许多国家的二级域名注册中，也遵守机构性域名和地理性域名的注册办法。中国互联网络的二级域名也分为机构性域名和地理性域名两大类。机构性域名表示各单位的机构，共6 个，见表 8-3。

表 8-3　我国的机构性域名

二级域名	表示机构	二级域名	表示机构
AC	科研院及科技管理部门	NET	互联网络、接入网络的信息和运行中心
GOV	国家政府部门	COM	工、商和金融等企业
ORG	各社会团体及民间非盈利组织	EDU	教育单位

地理性域名使用 4 个直辖市和各省、自治区的名称缩写表示，共 34 个，见表 8-4。

表 8-4　我国的地理性域名

二级域名	地理区域	二级域名	地理区域
BJ	北京市	SH	上海市
TJ	天津市	CQ	重庆市
HE	河北省	SX	山西省
NM	内蒙古自治区	LN	辽宁省
JL	吉林省	HL	黑龙江省
JS	江苏省	ZJ	浙江省
AH	安徽省	FJ	福建省
JX	江西省	SD	山东省
HA	河南省	HB	湖南省
HN	湖南省	GD	广东省
GX	广西壮族自治区	HN	海南省
SC	四川省	GZ	贵州省
YN	云南省	XZ	西藏自治区
SN	陕西省	GS	甘肃省
QN	青海省	NS	宁夏回族自治区
XJ	新疆维吾尔族	TW	台湾
HK	香港	MO	澳门

下面这个域名 hang.npu.edu.cn 表示：顶级域名"cn"表示中国，二级域名"edu"表示属于教育网，三级域名"npu"表示组织机构，四级域名"hang"表示主机名。

8.3.2　Internet 域名服务器与域名解析

域名系统构成的一个重要组成部分是：域名服务器。域名服务器的主要作用是存储所有该域内的信息，以及负责域名解析操作的功能。

域名解析的目的是将用户提供的域名信息通过域名服务器进行映射，将其映射为相应的 IP 地址。域名解析系统是一个通用的分布式系统，分布在多个网点的服务器协同操作完成映射问题。通常情况下将名字映射在本地操作，只有少数名字需要在互联网上通信。

名字对地址的映射由一组名字服务器完成，名字服务器是提供名字对地址转换、域名对 IP 地址映射的服务器程序。

域名服务器的概念布局通常是一个树结构。树的根是识别顶层域的服务器，并要知道解析美格域的服务器。

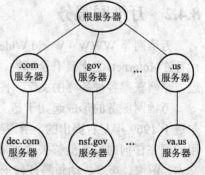

图 8-3　域名服务器的树型结构

给定要解析的名字后，根据可为该名字选择一个正确的服务器，并逐级向下搜索，最后将结果返回。

8.4 Internet 的网络服务

8.4.1 文件传输

文件传输（FTP）是 Internet 上一项使用广泛的服务，也是较早使用的服务。FTP（File Transfer Protocol）是在 Internet 网络上最早用于传输文件的一种通信协议，经过不断地改进和发展，已成为 Internet 上普遍应用的重要信息服务工具之一。尽管 FTP 的最初设计是从一般网络文件的传输角度出发的，但至今它已用于从 Internet 网络上获取远程主机的各类文件信息，包括公用程序、源程序代码、可执行程序代码、程序，说明文件、研究报告、技术情报、科技论文、数据和图表，等等。

使用 FTP 的用户能够使自己的本地计算机与远程计算机（一般是 FTP 的一个服务器）建立连接，通过合法的登录手续进入该远程计算机系统。这样，用户便可以使用 FTP 提供的应用界面，以不同的方式从远程计算机系统获取所需文件，或者从本地计算机对目标计算机发送文件。

分布在 Internet 上的 FTP 文件服务器简称为 FTP 服务器（FTP Server），其数量已达数千个，内容极其广泛，涉及现代人类文明的各种领域。这些服务器能为用户查寻文件和传送文件服务。对于工作在不同领域的人来说，FTP 是一个开放的非常有用的信息服务工具，可用来在全世界范围内进行信息交流。

使用 FTP 的过程是一个基于 B/S（浏览器/服务器）方式建立"请求–服务"会话的过程，这个过程按照 FTP 协议完成。当用户使用 FTP 访问作为服务器的一台远程计算机时，首先在本地计算机启动 FTP 的客户机程序，提交同指定服务器连接的请求。一旦远程计算机响应并实现连接，就在两台计算机之间建立起一条临时通路，借以执行会话命令和传输文件。在用户完成文件传送操作后，对服务器发出解除连接的请求，结束整个 FTP 会话过程。

FTP 的用户和服务器凭借 FTP 协议进行的全部会话（通信活动），其根本上还是依靠 TCP/IP 协议进行的，因此 FTP 可以在不同平台之间进行资源共享。

8.4.2 万维网服务

万维网是 WWW（World Wide Web）的中文译名，有时也叫做"环球网"。万维网是一个运行在 Internet 之上具有全球性、互动性、分布式和跨平台的超文本信息系统。用户可以通过万维网获得各种各样的文字、图像和多媒体信息，而且非常便于查询和检索。

万维网服务的形成起始于超文本文件和 Web 浏览，超文本（Hypertext）这一概念是托德•尼尔逊于 1969 年左右提出的。所谓超文本实际上是一种描述信息的方法。在这里，文本中所选用的词在任何时候都能够被"扩展"（expand），以提供有关词的其他信息。这些词可以连到文本、图像、声音、动画等任何形式的文件中，也就是说：一个超文本文件，含有多个指针，这一指针可以指向任何形式的文件。正是这些指针指向的"纵横交错"、"穿越网络"，使得本地的、远程服务上的各种形式的文件如文本、图像、声音、动画等连接在一起。

超文本标记语言（Hyper Text Marked Language，HTML）是一种专门的编程语言，它用于编制将要通过 WWW 显示的超文本文件。HTML 对文件显示的具体格式进行了规定和描述。例如，它规定了文件的标题、副标题、段落等如何显示，如何把"链接"引入超文本，以及如何在超文本文件上嵌入图像、声音和动画等。

Web 浏览是万维网的一项重要任务，通过 Web 可以浏览的资源也相当丰富，但 Web 的信息资源是分散在 Internet 上的，为了使 Web 的客户机程序能够查询存放在不同计算机上的信息，统一资源定位器 URL（Uniform Resource Locator）使用了一个标准的资源地址访问方法。对于用户而言，URL 是一种统一格式的 Internet 信息资源地址表达方法，它将 Internet 提供的各类服务统一编址，以便用户通过 Web 客户程序进行查询。在格式上 URL 可以分成三个基本部分：信息服务类型：//信息资源地址/文件路径。

1. 信息服务类型

目前编入 URL 中的信息服务类型有以下几种。

http://HTTP 服务器。这是主要用于提供超文本信息服务的 Web 服务器。

telnet://Telnet 服务器。供用户远程登录使用的计算机。

ftp://FTP 服务器。用于提供各种普通文件和二进制代码文件的服务器。

gopher://Gopher 服务器。

wais://WAIS 服务器。

news://网络新闻 USEnet 服务器。

双斜线"//"表示跟在后面的字符串是网络上的计算机名称，即信息资源地址，以示与跟在单斜线"/"后面的文件路径相区别。

2. 信息资源地址

信息资源地址给出提供信息服务的计算机在 Internet 上的域名（host name）。如 www.cnc.ac.cn 是中国科学院计算机网络中心的 Web 服务器域名。在一些特殊情况下，信息资源地址还由域名和信息服务所用的端口号（port）组成，其格式为：

计算机域名：端口号

这里的端口是指 Internet 用来辨认特定信息服务用的一种软件标识。当一台计算机上的信息服务程序启动时，它将通知网络软件其用以相应用户请求的端口号。所以，当客户机程序试图和某一远程信息服务建立连接时，在给出对方计算机网络地址的同时也必须给出对方信息服务程序的端口号。一般情况下，由于常用的信息服务程序采用的是标准的端口号，这时就要求用户必须在 URL 中进行端口号说明。端口号的作用有些类似于电视台在播送电视节目时要选择一定的播放频道。

3. 文件路径

根据查询要求的不同，这个部分在给出 URL 时可以有，也可以没有。包含文件名的文件路径，在 URL 中具体指出要访问的文件名称，它是一种类似 UNIX 系统的文件路径表示方法。下面是一个 URL 的实例。

http://www.npu.edu.cn./net/index.html

8.4.3　远程登录

远程登录（Telnet）是一个利用 Telnet 协议与另一台计算机通信，从而使本地主机或终端成为远程计算机的终端程序。远程登录是 Internet 提供的基本服务之一，它允许用户在本地机器上对远方节点进行账号注册，注册成功之后，可以把本地机器看作是远方节点的一个普通终端，用户可以同远方节点上的其他用户一样使用远方机器上的软、硬件资源。Telnet 有时也被称作 rlogin。远程登录的作用是把本地主机作为远程主机的一台仿真终端使用，这是一种非常重要的 Internet 基本服务。事实上，Internet 上的绝大多数服务都可以通过 Telnet 进行访问。

具体来说，通过远程登录（Telnet）可得到如下服务：访问 Internet 上的各种联机数据库，连接到 Internet 以外的专用商业网和一些服务（如 DIALOG 电子数据库的集合）或 CompuServe（一种商业电子公告牌系统）；查阅图书馆的馆藏目录或图书，许多大型图书馆允许用户通过 Telnet 访问它们的某些程序。

由于 URL 将万维网上的资源进行统一的规划，用户可以在 Web 客户浏览器中直接访问 Internet 的 Telnet 资源空间。例如，用户希望对域名为"nic.ddn.mil"的计算机进行远程访问。用户在浏览器（如 Microsoft Internet Explorer）地址栏中输入"telnet：//nic.ddn.mil"后，系统立即通过 Internet 发起 telnet 连接呼叫，并在连通之后弹出一个专门的 Telnet 工作窗口。在窗口中可以看到终端端口的编号，以及已经登录到的计算机。

8.4.4　电子邮件服务

电子邮件服务（E-Mail）是 Internet 提供的一项重要服务功能，通过调查表明，目前人们利用率最高的 Internet 服务就是电子邮件服务。电子邮件有着如此高使用率与其自身的特点密切相关。

首先，电子邮件传输快捷、方便。普通邮件的传递时间较长，而且手续麻烦，而电子邮件则快速灵活，使用电子邮件传递信息虽不及电话通信那样同步，但也可以在很短的时间内收到邮件，对于洲际间的信息来往使用电子邮件是最为经济和便捷的。使用电子邮件进行信息交流的方便性也是传统方式所不能比拟的，只要能够上网的地方，就可以收发电子邮件。

其次，电子邮件的应用范围非常广泛，尤其是多媒体数据的传输，使得人们在交流的时候有了更多的表达方式。目前电子邮件不仅可以传输文字性的信息，而且也可以传送图片、图像和声音信息，真正实现了多媒体传输。

除了上述特点，电子邮件很容易实现一对多地发送邮件。

电子邮件系统的构成分为四个主要部分。

（1）邮件服务器

它是整个邮件系统的核心部分，其功能是发送和接收邮件，同时还负责向发信人报告邮件传送的情况，如邮件已经交付、邮件被拒绝和邮件丢失等。电子邮件在网络中的传输并不是点对点的方式，而是采用"存储转发"（Store and Forward）的方式，从始发计算机取出邮件，在网络传输过程中经过多个计算机的中转，最后到达目标计算机，并送进收信人的电子邮箱。

（2）简单邮件传输协议（SMTP）：规定在两个相互通信的 SMTP 进程之间如何交换信息。SMTP 使用客户服务器方式。

（3）邮局协议 3（POP3）：该协议是一个相对较为简单的协议，主要负责邮件的读取工作，其工作方式也是使用客户服务器。

（4）用户代理：此代理是在用户和邮件系统之间创建的接口，一般情况下它是安装在用户计算机上的一个特定软件，如 Outlook Express，用户通过这个代理来收发电子邮件。

本章小结

本章学习了 Internet 的基本知识，了解 Internet 的发展概况和 Internet 在中国的发展历程以及 Internet 的未来。

学习了 Internet 的组织结构，了解 Internet 的接入方式。

学习了 Internet 的服务功能，包括超文本链接、文件传输、远程登录和电子邮件等。

习　　题

1. 常见的 Internet 的接入方式有哪些？
2. 如何使用客户端软件收发电子邮件？
3. 常见 Internet 的服务有哪些？
4. 域名服务器的工作原理是怎样的？

第9章 网络安全

9.1 网络安全概述

随着网络应用的不断发展，网络安全问题也越来越受到人们的关注，同样在网络安全方面的进步也是有目共睹的。

在这个世界上没有绝对的安全可言，只要用户将计算机接入到 Internet 上就存在安全问题。在众多的安全隐患中，人为的安全问题是最为突出的，也是网络安全所要重点关注的。

计算机安全技术的不断发展越来越体现出一种全面的特性，从安全策略制定、安全技术措施和网络管理员等多个方面综合面对网络安全问题，注重攻击和防御的全面结合，不仅做正面的防御工作，还要从攻击者的角度出发考虑系统存在的安全隐患，真正做到全面认识、全面管理。

9.1.1 网络安全的定义

网络安全的实质是信息安全，在信息社会中，信息主权是一个国家继政治主权和经济主权之后的新主权。如果一个国家的信息主权操控在他人手中，那么政治主权和经济主权也会削弱甚至丧失。掌控信息主权是一个国家独立的要求，也是一个国家独立的标志之一。对于个人来讲，私人信息的安全也是至关重要的。

从广义上讲，网络安全是利用网络管理控制和技术措施，保证在网络环境里信息数据的机密性、完整性和可使用性受到保护。

9.1.2 常见的攻击手段

为了保证网络的安全，防止非法入侵，必须对入侵的方式和解决办法有所了解，做到知己知彼，才能保证网络的安全。下面是常见的攻击手段以及解决方法，拒绝服务攻击（Denial of Service）包括分布式 DDos 攻击、电子邮件攻击、缓冲区溢出攻击、网络监听攻击技术、IP 欺骗攻击、扫描程序与口令攻击、计算机病毒、Trojan Horse 和 PGP 攻击路由和防火墙技术引发的攻击等。

1. 拒绝服务攻击

TCP/IP 协议是网络的基本协议，几乎网络上的每台计算机都安装有这个协议。拒绝服务（Denial of Service）攻击主要是用来攻击域名服务器、路由器以及其他网络操作服务的，攻击之后能够造成被攻击者无法正常运行和工作，严重的可以使网络一度瘫痪。拒绝服务的攻击者往往占据大量的共享资源，使系统没有剩余的资源给其他用户再提供服务拒绝服务攻击的结果是降低系统资源的可用性，这些资源可以是 CPU、CPU 时间、磁盘空间、Mode、打印机，甚至是系统管理员的时间，通常是减少或者失去服务。

　　拒绝服务攻击通常可以跨多种平台，例如在 UNIX 系统面临的一些拒绝服务的攻击方式，完全可能以相同的方式出现在 Windows NT 和其他系统中，他们的攻击方式和原理都大同小异。拒绝服务攻击的方式很多，有将连接局域网的电缆接地；向域名服务器发送大量垃圾请求数据包，使其无法完成来自其他主机的解析请求；制造大量的信息包，占据网络的带宽，减慢网络的传输速率，从而造成不能正常服务等。

　　一般的拒绝服务类型大多有两种，第一种是试图破坏资源，使目标网络中无人可以使用这个资源。第二是过载一些系统服务或者消耗一些资源，这个有时候是攻击者攻击所造成的，也有时候是因为系统错误造成的。但是通过这样的方式可以造成其他用户不能使用这个服务。

　　下面介绍几种网络中的常见的拒绝服务攻击的方式。

　　（1）信息数据包流量式：此类方式经常发生在 Internet 中某一台主机向另一台机器发送大量的大尺寸的数据包，用来减慢这台机器处理数据的速度，从而破坏其正常处理服务的请求情况。

　　（2）SYN-Flooding 攻击：其实这样的攻击也就是所谓的 IP 欺骗。就是用一个伪装的地址向目标机器发送一个 SYN 的请求，多发便可占用目标机器足够的资源，从而造成服务拒绝。它的原理就是向目标机器发出这样的请求之后，就会使用一些资源来为新的连接提供服务，接着回复请求一个 SYN-ACK 的答复。由于这个回复是返回到一个伪装的地址上了，所以它没有任何响应，目标机器便会无休止地继续发送这个回复直到"对方"反应为止，但事实上"对方"根本上不会做出任何反应。

　　（3）"Paste"式攻击：在很多 UNIX 系统的 TCP/IP 协议实现程序中，往往存在着被滥用的可能性，那么这样就会被别人利用从而使用 TCP 的半连接来消耗系统资源造成服务拒绝。TCP 连接是通过三次握手来建立一个连接和设置参数的。如果向一个目标机器发出很多个连接的请求，这样就可以建立初步的连接，但并非是个完全的连接，因为它没有完成所有的连接步骤，这就是所谓的半连接，当目标机器收到这样的半连接之后便会将其保留，并占用有限的资源。但大多时候这样的连接所使用的是伪造的源地址，表明了连接来自一台不存在的机器或者一台根本无法访问的机器，这样就不可能去跟踪这个连接，唯一能做的只能是等待这个连接因为超时而释放。

　　（4）服务过载式：当大量的服务请求发送到一台目标机器中的守护进程，这样就使目标机器忙于处理这样的请求，造成无法处理其他的常规任务，同时一些其他的连接也将被丢弃，因为已经没有余力和空间来存放这些请求，这时候就会发生服务过载。如果攻击所针对的是 TCP 协议的服务，那么这些请求还将会被重发，会更加造成网络的负担。类似的攻击多半是源于想隐藏自己，防止所攻击的机器将自己记录，这样的攻击还可以阻止系统提供的其他一些特定的服务。

　　（5）分布式拒绝服务（DDos）攻击

　　1999 年 7 月份左右，微软公司的视窗操作系统的一个 bug 被人发现和利用，并且进行了多次攻击，这种新的攻击方式被称为"分布式拒绝服务攻击"即为"DDos（Distributed Denial of Service Attacks）攻击"。这也是一种特殊形式的拒绝服务攻击。它是利用多台已经被攻击者所控制的机器对某一台单机发起攻击，在这样的带宽相比之下被攻击的主机很容易失去反应能力。现在这种方式被认为是最有效的攻击形式，并且很难防备。但是利用 DDos 攻击是有一定难度的，没有高超的技术是很难实现的，因为不但要求攻击者熟悉入侵的技术，而且还要有足够的时间和智慧。但是现在因为有黑客编写出了傻瓜式的工具来帮助攻击者进行入侵，所以也就使 DDos 攻击相对变得简单了。比较杰出的此类工具有 Trin00、TFN 等。这些源代码包的安装使用过程比较复杂，因为攻击者首先得找到目标机器的漏洞，然后通过一些远程溢出漏洞攻击程序，获取系统的控制权，再在这些机器上安装并运行的 DDos 分布端的攻击守护进程。

DDos 攻击的主要效果是消耗目标机器的带宽，所以是很难防御的。但有很多方法可以检测得到这种攻击。可以通过 IDS 来防御和检测，分析得到的 UDP 报文，寻找那些针对本地不同端口的而且又是从一个源地址的同一个端口发来的 UDP 报文。或者可以拿出十个以上的 UDP 报文，分析是否来自同一个地址，相同的地址、相同的端口、不同的只是端口报文，那么这个就必须得注意了。还有一种就是寻找那些相同的源地址和相同的目标地址的 ICMP Port Unreachable 的信息。这些方法都可以使管理员识别到攻击来自何方。

2. 过载攻击

过载攻击可分为进程过载攻击、系统过载攻击、磁盘过载攻击等。

（1）进程过载攻击是最简单的拒绝服务攻击。它攻击的效果就是拒绝同时连接目标机器的其他用户，这样往往表现在发生共享的机器上。

（2）系统过载攻击是一种基于进程的攻击，当一个用户产生了许多进程，消耗了大量的 CPU 的时间，这样就减少了其他用户可用的 CPU 处理时间。比如说当用户使用了近 10 个 "find" 命令，并使用了 "gerp" 在一些目录里查找文件，这些都可以使系统变得很慢。

3. 电子邮件的攻击

传统的邮件炸弹大多只是简单地向邮箱内扔去大量的垃圾邮件，从而充满邮箱，大量的占用了系统的可用空间和资源，使机器暂时无法正常工作。如果是拨号上网的用户利用 pop 来接收的话那么还会增加连网时间，造成费用和时间的浪费。事实上现在这样的工具在网络中随时都可以找到。同时这些工具有着很好的隐藏性，能保护到发起攻击者的地址。过多的垃圾邮件往往会加剧网络的负载并消耗大量的空间资源来储存它们，过多的垃圾邮件还将导致系统的 log 文件变得很大，甚至有可能溢出文件系统，这样会给 UNIX、Windows 等系统带来危险。除了系统有崩溃的可能之外，大量的垃圾邮件还会占用大量的 CPU 时间和网络带宽，造成正常用户的访问速度成了问题。例如同时间内有近百人同时向某国的大型军事站点发去大量的垃圾信件的话，那么很有可能会使这个站的邮件服务器崩溃，甚至造成整个网络中断。其实电子邮件因为它的可实现性比较广泛，所以也使网络面临着很大的安全危害，恶意地针对 25（缺省的 SMTP 端口）进行 SYN-Flooding 攻击等都会是很可怕的事情。电子邮件攻击有很多种，主要表现有以下几个方面。

窃取、篡改数据：通过监听数据包或者截取正在传输的信息，可以使攻击者读取或者修改数据。通过网络监听程序，在 Winodws 系统中可以使用 NetXRay 来实现。UNIX、Linux 系统可以使用 Tcpdump、Nfswatch（SGI Irix、HP/US、SunOS）来实现。而著名的 Sniffer 则是有硬件也有软件，这就更为专业了。

伪造邮件：通过伪造的电子邮件地址可以用诈骗的方法进行攻击。

拒绝服务：让系统或者网络充斥了大量的垃圾邮件，从而没有余力去处理其他事情，造成系统邮件服务器或者网络的瘫痪。

病毒：在现代生活中，很多病毒都是通过电子邮件广泛传播的。"I love you"就是新千年里最为鲜明的例子。

以上三种攻击方式被称为利用型攻击，它是一类试图直接对用户的机器进行控制的攻击。

4. 口令猜测

当攻击者识别了一台主机而且发现了基于 NetBIOS、Telnet 或 NFS 这样的服务以及可利用的用户账号，成功的口令猜测能提供对机器的控制。因此，用户应选用难以猜测的口令，比如词和标点符号的组合。另一方面确保 NFS、NetBIOS 和 Telnet 这样可利用的服务不暴露在公共范围。如果该服务支持锁定策略，就进行锁定。

5. 特洛伊木马

特洛伊木马是一种在用户计算机上安装客户端程序，然后通过这个程序远程控制用户的计算机。通常入侵者通过邮件、下载文件等方法将客户端下载到目标计算机，并用欺骗的手段将程序安装在目标计算机上。这个客户端程序就是木马。木马在被植入攻击主机后，它一般会通过一定的方式把入侵主机的信息，如主机的 IP 地址、木马植入的端口等发送给攻击者，这样攻击者有这些信息才能够与木马里应外合控制攻击主机。由于木马程序的实现原理简单，因此在 Internet 上流行的木马程序非常多，如：Back Oriffce、冰河、广外女生等。防止这种攻击首先要做到的是避免下载可疑程序并拒绝执行，运用网络扫描软件定期监视内部主机上的监听 TCP 服务。

6. 缓冲区溢出

由于在很多的服务程序中大意的程序员使用像 strcpy（），strcat（）类似的不进行有效位检查的函数，最终可能导致恶意用户编写一小段应用程序来进一步打开安全豁口，然后将该代码缀在缓冲区有效载荷末尾，这样当发生缓冲区溢出时，返回指针指向恶意代码，这样系统的控制权就会被夺取。

以下 3 种类型的攻击手段被称为信息收集型攻击。这种攻击并不对目标本身造成危害，只是用来为进一步入侵收集有用的信息。主要包括：扫描技术、体系结构刺探、利用信息服务。

7. 扫描技术

（1）地址扫描：运用 ping 这样的程序探测目标地址，对此作出响应的表示其存在，获得的 IP 地址的信息可用于进一步的攻击使用。

（2）端口扫描：通常使用一些软件，向大范围的主机连接一系列的 TCP 端口，扫描软件报告它成功地建立了连接的主机所开的端口。

（3）反响映射：攻击者向主机发送虚假消息，然后根据返回"host unreachable"这一消息特征判断出哪些主机是存在的。目前由于正常的扫描活动容易被防火墙侦测到，黑客转而使用不会触发防火墙规则的常见消息类型，这些类型包括：RESET 消息、SYN-ACK 消息、DNS 响应包。

（4）慢速扫描：由于一般扫描侦测器的实现是通过监视某个时间帧里一台特定主机发起的连接的数目（例如每秒 10 次）来决定是否在被扫描，这样黑客可以通过使用扫描速度慢一些的扫描软件进行扫描。

8. 体系结构探测

黑客使用具有已知响应类型的数据库的自动工具，对来自目标主机的、对坏数据包传送所作出的响应进行检查。由于每种操作系统都有其独特的响应方法（例如 NT 和 Solaris 的 TCP/IP 堆栈具体实现有所不同），通过将此独特的响应与数据库中的已知响应进行对比，黑客经常能够确定出目标主机所运行的操作系统。

9. 利用信息服务

（1）DNS 域转换。DNS 协议不对转换或信息性的更新进行身份认证，这使得该协议被人以一些不同的方式加以利用。如果用户维护着一台公共的 DNS 服务器，黑客只需实施一次域转换操作就能得到这台主机的名称以及内部 IP 地址。

（2）Finger 服务。黑客使用 finger 命令来刺探一台 finger 服务器以获取关于该系统的用户的信息。

（3）LDAP 服务。黑客使用 LDAP 协议窥探网络内部的系统和它们的用户的信息。

10. 假消息攻击

（1）DNS 高速缓存污染。由于 DNS 服务器与其他名称服务器交换信息的时候并不进行身份验证，这就使得黑客可以将不正确的信息掺进来并把用户引向黑客自己的主机。

（2）伪造电子邮件。由于 SMTP 并不对邮件的发送者的身份进行鉴定，因此黑客可以对用户的内部客户伪造电子邮件，声称是来自某个客户认识并相信的人，并附带上可安装的特洛伊木马程序，或者是一个引向恶意网站的链接。

9.1.3　网络安全的关键技术

从广义上讲，计算机网络安全的技术主要有：主机安全技术；身份认证技术；访问控制技术；密码技术；防火墙技术；安全审计技术；安全管理技术。

所谓"道高一尺，魔高一丈"，计算机网络安全的技术伴随着攻击手段的不断更新而提高，同时对计算机网络安全的危害也会因为安全手段的不断提高而提高。

9.1.4　网络安全的等级标准

随着计算机安全问题逐渐被人们所重视，如何评价计算机系统的安全性，建立一套完整的、可信的评价标准成为人们所关心的问题。1983 年美国国防部提出了《可信计算机系统评测标准》（TCSEC–Trusted Computer System Evaluation Criteria），又称"橙皮书"。"橙皮书"规定了安全计算机的基本准则。1987 年又发布了《可用网络说明》（TNI–Trusted Network Interpre-tation），规定了一个安全网络的基本准则，根据不同的安全强度要求，将网络分为四级安全模型。

在 TCSEC 准则中将计算机系统的安全分为了四大类，依次为 D、B、C 和 A，A 是最高的一类，每一类都代表一个保护敏感信息的评判准则，并且一类比一类严格。在 C 和 B 中又分若干个子类，称为级，下面分别进行介绍。

D 类：最小的保护。这是最低的一类，不再分级，这类是那些通过评测但达不到较高级别安全要求的系统。早期商用系统属于这一类。

C 类：无条件的保护。C 类提供的无条件的保护也就是"需要则知道"（need-to-known）的保护，又分两个子类。C1——无条件的安全保护。这是 C 类中较低的一个子类，提供的安全策略是无条件的访问控制，具有识别与授权的责任。早期的 UNIX 系统属于这一类。C2——有控制的存取保护。这是 C 类中较高的一个子类，除了提供 C1 中的策略与责任外，还有访问保护和审计跟踪功能。

B 类：属强制保护，要求系统在其生成的数据结构中带有标记，并要求提供对数据流的监视，B 类又分三个子类。B1——标记安全保护，是 B 类中的最低子类，除满足 B 类要求外，要求提供数据标记。B2——结构安全保护，是 B 类中的中间子类，除满足 B1 要求外，要实行强制性的控制。B3——安全域保护，是 B 类中的最高子类，提供可信设备的管理和恢复，即使计算机崩溃，也不会泄露系统信息。

A 类：经过验证的保护，是安全系统等级的最高类，这类系统可建立在具有结构、规范和信息流密闭的形式模型基础之上。

A1：经过验证保护。

TCSEC 共定义了四类 7 级可信计算机系统准则，银行界一般都使用满足 C2 级或更高的计算机系统。

9.2 防火墙技术

目前网络安全的一个重要保障是防火墙技术，它可以保护本地系统或网络免受来自外部网络的安全威胁，同时也是当前网络安全的诸多技术中较为成熟，商品化程度较高的一项技术。

9.2.1 防火墙的定义和工作原理

防火墙是一套可以增强机构内部网络资源的安全系统，用于加强网络间的访问控制，防止外部用户非法使用内部网的资源，保护内部网络的设备不被破坏，防止内部网络的敏感数据被窃取。防火墙只允许授权的数据通过，并且防火墙自身也必须能够免于渗透。但是，没有不透风的墙，防火墙一旦被攻击者突破或者迂回，就不会再有任何的保护效果了。

按照实体性质分类，防火墙可分为硬件方式和软件方式，其中硬件方式是在内部网与 Internet 之间放置一个硬件设备，以隔离或过滤外部人员对内部网络的访问；而软件方式则是在 Web 主机上或单独一台计算机上运行一类软件，监测、侦听来自网络上的信息，对访问内部网的数据起到过滤的作用，从而保护内部网免受破坏。最常用的防火墙软件是代理服务器软件，如微软的 Proxy 2.0 等。

防火墙实质上是一种隔离控制技术，从逻辑上看它既是一个分析器又是一个限制器。它要求所有进出网络的数据流都应该通过它，并且，所有通过它的数据流都必须有安全策略和授权。防火墙的工作原理是：按照事先约定好的配置和规则，检测并过滤所有通向外部网或者从外部网传来的信息，只允许授权的数据通过。防火墙还应该能够记录有关连接的信息、服务器的通信量以及试图闯入者的任何企图，以方便管理员监测和跟踪。

9.2.2 防火墙的主要技术

防火墙使用的主要技术包括：包过滤技术、代理技术、状态检查技术、地址翻译技术等。

1. 包过滤技术

数据包过滤（Packet Filtering）技术是在网络层对数据流中的每一个数据包进行分析、选择，根据数据包的源地址、目标地址，以及包所使用的端口确定是否允许该类数据包通过，选择的依据是系统内事先设置好的过滤逻辑，称为访问控制表（Access Control Table）。

在互联网这样的信息包交换网络上，所有往来的信息都被分割成许许多多一定长度的信息包，包中包括发送者的 IP 地址和接收者的 IP 地址。当这些包被送上互联网时，路由器会读取接收者的 IP 并选择一条物理上的线路发送出去，信息包可能以不同的路线抵达目的地，当所有的包抵达后会在目的地重新组装还原。包过滤式的防火墙会检查所有通过信息包里的 IP 地址，并按照系统管理员所给定的过滤规则过滤信息包。如果防火墙设定某一 IP 为危险的话，从这个地址而来的所有信息都会被防火墙屏蔽掉。

数据包过滤技术的优点是速度快、逻辑简单、成本低、易于安装和使用、网络性能和透明度好。由于它对于用户来说是透明的，用户不需要用户名和密码就可以登录。目前这种技术广泛地应用于 Cisco、Sonic System、Lucent/Ascend 等公司的路由器上。

数据包过滤技术的缺点是配置困难、容易出现漏洞，而且为特定的服务开放的端口存在着潜在危险。采用数据包过滤技术的防火墙通常没有用户的使用记录，因此不能从访问记录中发现黑客的攻击记录。由于攻击一个单纯的包过滤式的防火墙的成熟手段很多，因此，对于攻击者来说成功率较高。较常用的一种攻击手段是"信息包冲击"，入侵者对包过滤式防火墙发出一系列信息包，不过这些包中的 IP 地址已经被替换掉了（FakeIP），取而代之的是一串顺序的 IP 地址。一旦有一个包通过了防火墙，黑客便可以用这个 IP 地址来伪装他们发出的信息。

2. 代理技术

应用代理服务技术能够将所有跨越防火墙的网络通信链路分为两段。它使网络内部的客户不直接与外部的服务器通信。防火墙内外计算机系统间应用层的连接，由两个代理服务器之间的连接来实现，外部计算机的网络链路只能到达代理服务器，从而起到隔离防火墙内外计算机系统的作用。不过它的缺点也很明显：执行速度慢，操作系统容易遭到攻击。应用代理防火墙需要在一定范围内定制用户的系统，这取决于所使用的应用程序，而一些应用程序可能根本不支持代理连接。

3. 状态检测技术

状态检测技术又称动态包过滤技术。状态检测防火墙在网络层由一个检查引擎截获数据包并抽取出与应用层状态有关的信息，并以此作为依据决定对该连接是接受还是拒绝。检查引擎维护一个动态的状态信息表并对后续的数据包进行检查。一旦发现任何连接的参数有意外的变化，该连接就被中止。

状态检测防火墙克服了包过滤防火墙和应用代理服务器的局限性，状态检测防火墙根据协议、端口及源、目的地址的具体情况决定数据包是否可以通过。对于每个安全策略允许的请求，状态检测防火墙启动相应的进程，可以快速地确认符合授权流通标准的数据包，这使得本身的运行非常快速。该类防火墙已经在国内外得到广泛应用。状态检测防火墙惟一的缺点是这种状态检测可能造成网络连接的某种迟滞，不过硬件越快，这个问题就越不易察觉。

状态检测防火墙的抗攻击功能还有一个特色是，当检测到 SYN FLOOD 攻击时，会启动代理，此时，如果是伪造源 IP 的话，因为不能完成三层握手，攻击报文就无法到达服务器，但正常访问的报文仍然可达。

4. 地址翻译技术

当受保护网连到 Internet 上时，受保护网用户若要访问 Internet，必须使用一个合法的 IP 地址。但合法 Internet IP 地址有限，而且受保护网络往往有自己的一套 IP 地址规划。网络地址转换器就是在防火墙上装一个合法 IP 地址集。当内部某一用户要访问 Internet 时，防火墙便从地址集中选一个未分配的地址分配给该用户，该用户即可使用这个合法地址进行通信。同时，对于内部的某些服务器如 Web 服务器，网络地址转换器允许为其分配一个固定的合法地址。外部网络的用户就可通过防火墙来访问内部的服务器。这种技术既缓解了少量的 IP 地址和大量的主机之间的矛盾，又对外隐藏了内部主机的 IP 地址，提高了安全性。

5. SOCKS 技术

SOCKS 是一个电路层网关的标准，遵循 SOCKS 协议。SOCKS 是一种非常强大的电路级网关防火墙，它只中继基于 TCP 的数据包。如果一个基于 TCP 的应用要通过 SOCKS 代理进行中继，则首先须将客户端的程序 SOCKS 化。当内部网络用户需要申请外部网络节点的应用服务时，客户程序首先建立一个与 SOCKS 服务器的连接，然后将包括应用服务器的地址、端口和认证信息的访问请求发给 SOCKS 服务器，SOCKS 根据其配置的安全策略验证请求的有效性，最后建立与目标的合适连接，此种方式对用户来说是完全透明的。

SOCKS 主要是由一个运行在防火墙系统上的代理服务器软件包和一个链接到各种网络应用程序的函数包组成，这样的结构使得用户能够根据自己的需要定制代理软件，从而有利于增添新的应用。

9.2.3　防火墙的体系结构

对于防火墙来说，从其体系结构上进行划分，可将防火墙分为以下几种。

1. 屏蔽路由器

屏蔽路由器（Screening Router）又称筛选路由器、包过滤防火墙等。屏蔽路由器一般由专门的路由器充当，但也可以用主机来实现。如图 9-1 所示，屏蔽路由器作为内外连接的唯一通道，要求所有的报文都必须在此通过检查。路由器上可以安装基于 IP 层的报文过滤软件，实现报文过滤功能。许多路由器本身带有报文过滤配置选项，但一般比较简单。

图 9-1　屏蔽路由器

采用屏蔽路由器的防火墙处理包的速度快，对用户来说是一种透明的服务。其缺点表现在维护困难、安全性较差，一旦遭到攻击很难发现，而且不能识别不同的用户。

2. 双宿网关

双宿网关（DualHomed Gateway）又称双穴主机网关，是用一台装有两块网卡的堡垒主机做防火墙。如图 9-2 所示。两块网卡各自与受保护网和外部网相连。堡垒主机上运行着防火墙软件，可以转发应用程序、提供服务等。与屏蔽路由器相比，双宿网关堡垒主机的系统软件可用于维护系统日志、硬件拷贝日志或远程日志。但弱点也比较突出，一旦黑客侵入堡垒主机并使其只具有路由功能，任何网上用户均可以随便访问内部网。

图 9-2　双宿主机

3. 被屏蔽主机网关（Screened Gatewy）

屏蔽主机网关易于实现也最为安全。一个堡垒主机安装在内部网络上，通常在路由器上设立过滤规则，并使这个堡垒主机成为从外部网络惟一可直接到达的主机，这确保了内部网络不受未被授权的外部用户的攻击。如图 9-3 所示。如果受保护网是一个虚拟扩展的本地网，即没有子网和路由器，那么内部网的变化不影响堡垒主机和屏蔽路由器的配置。危险带限制在堡垒主机和屏蔽路由器之间。网关的基本控制策略由安装在上面的软件决定。如果攻击者设法登录到它上面，内网中的其余主机就会受到很大威胁。

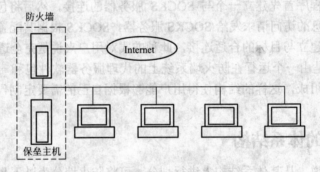

图 9-3　被屏蔽主机网关

4. 被屏蔽子网

被屏蔽子网（Screened Subnet）就是在内部网络和外部网络之间建立一个被隔离的子网，用两台分组过滤路由器将这一子网分别与内部网络和外部网络分开。如图 9-4 所示。在很多实现中，两个分组过滤路由器放在子网的两端，在子网内构成一个 DNS，内部网络和外部网络均可访问被屏蔽子网，但禁止它们穿过被屏蔽子网进行通信。有的屏蔽子网中还设有一个堡垒主机作为惟一可访问点，支持终端交互或作为应用网关代理。这种配置的危险仅包括堡垒主机、子网主机及所有连接内网、外网和屏蔽子网的路由器。如果攻击者试图完全破坏防火墙，他必须重新配置连接三个网的路由器，既

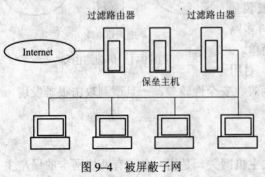

图 9-4　被屏蔽子网

不切断连接又不要把自己锁在外面，同时又不使自己被发现，这样也还是可能的。但若禁止网络访问路由器或只允许内网中的某些主机访问它，则攻击会变得很困难。在这种情况下，攻击者得先侵入堡垒主机，然后进入内网主机，再返回来破坏屏蔽路由器，并且整个过程中不能引发警报。

建造防火墙时，一般很少采用单一的技术，通常是多种解决不同问题的技术的组合。这种组合主要取决于网管中心向用户提供什么样的服务，以及网管中心能接受什么等级的风险。采用哪种技术主要取决于经费、投资的大小或技术人员的技术、时间等因素。一般有以下几种形式：

(1) 使用多堡垒主机；

(2) 合并内部路由器与外部路由器；

(3) 合并堡垒主机与外部路由器；

(4) 合并堡垒主机与内部路由器；

(5) 使用多台内部路由器；

(6) 使用多台外部路由器；

(7) 使用多个周边网络；

(8) 使用双宿主机与屏蔽子网。

9.2.4　防火墙的发展趋势

防火墙技术发展的脚步紧紧跟随 Internet 技术的发展，由于 Internet 技术发展更新速度很快，因此防火墙产品的发展也相当迅速。要全面地展望防火墙的未来是不可能的，但是，一般的发展趋势还是可以看到的。总的来说，未来防火墙的发展趋势是朝着高速、多功能化、更安全的方向发展。

1. 高速

从国内外历次测试的结果都可以看出，目前防火墙一个很大的局限性是速度不够，真正达到线速的防火墙少之又少。防范 Dos（拒绝服务）是防火墙一个很重要的任务，防火墙往往用在网络出口，如造成网络堵塞，再安全的防火墙也无法应用。

应用 ASIC、FPGA 和网络处理器是实现高速防火墙的主要方法，但尤以采用网络处理器最优，因为网络处理器采用微码编程，可以根据需要随时升级，甚至可以支持 IPv6，而采用其他方法就不那么灵活。

实现高速防火墙，算法也是一个关键，因为网络处理器中集成了很多硬件协处理单元，因此比较容易实现高速。对于采用纯 CPU 的防火墙，必须有算法支撑，例如 ACL 算法。目前有的应用环境，动辄应用数百乃至数万条规则，没有算法支撑，对于状态防火墙，建立会话的速度会十分缓慢。

上面提到，为什么防火墙不适宜于集成内容过滤、防病毒和 IDS 功能（传输层以下的 IDS 除外，这些检测对 CPU 消耗小）呢？说到底还是因为受现有技术的限制。目前，还没有有效的对应用层进行高速检测的方法，也没有哪款芯片能做到这一点。因此，对于 IDS，目前最常用的方式还是把网络上的流量镜像到 IDS 设备中处理，这样可以避免流量较大时造成网络堵塞。此外，应用层漏洞很多，攻击特征库需要频繁升级，对于处在网络出口关键位置的防火墙，如此频繁地升级也是不现实的。

这里还要提到日志问题，根据国家有关标准和要求，防火墙日志要求记录的内容相当多。网络流量越来越大，如此庞大的日志对日志服务器提出了很高的要求。目前，业界应用较多的是 SYSLOG 日志，采用的是文本方式，每一个字符都需要一个字节，存储量很大，对防火墙的带宽也是一个很大的消耗。二进制日志可以大大减小数据传送量，也方便数据库的存储、加密和事后分析。可以说，支持二进制格式和日志数据库，是未来防火墙日志和日志服务器软件的一个基本要求。

2. 多功能化

多功能也是防火墙的发展方向之一，鉴于目前路由器和防火墙价格都比较高，组网环境也越来越复杂，一般用户总希望防火墙可以支持更多的功能，满足组网和节省投资的需要。例如，防火墙支持广域网口，并不影响安全性，但在某些情况下却可以为用户节省一台路由器；支持部分路由器协议，如路由、拨号等，可以更好地满足组网需要；支持 IPSec VPN，可以利用因特网组建安全的专用通道，既安全又节省了专线投资。据 IDC 统计，国外 90% 的加密 VPN 都是通过防火墙实现的。

3. 安全

未来防火墙的操作系统会更安全。随着算法和芯片技术的发展，防火墙会更多地参与应用层分析，为应用提供更安全的保障。"魔高一尺，道高一丈"，在信息安全的发展与对抗过程中，防火墙的技术一定会不断更新，日新月异，在信息安全的防御体系中起到堡垒的作用。由于商业、政府、军队等行业的需求不同，需针对不同应用进行类别化处理，用户希望厂商也能针对不同应用推出相应产品，以适宜不同的安全级别；市场的发展要求防火墙具备高质量。因为防火墙不是简单的家电产品，它是专用安全产品，产品本身必须安全以外，还需要在使用前、使用中进行维护、增值服务，这一点甚至比产品本身更重要。

本章小结

本章主要介绍了以下几方面的内容：学习了网络安全的定义、介绍网络安全的发展状况以及黑客常用的攻击方法。介绍了网络安全的关键技术，介绍了网络安全的等级标准。介绍了防火墙的工作原理和主要技术以及防火墙的结构，防火墙未来的发展趋势。实训部分介绍了网络系统的口令设置以及网络安全的保证。还介绍了常见杀毒软件的使用和木马程序的手工清除。

习　题

1. 什么是网络安全？
2. 特洛伊木马的原理是什么？
3. 拒绝服务攻击是怎样实现的？
4. 防火墙的工作原理是什么？
5. 防火墙的体系结构有哪些？
6. 如何手工清除木马程序？

第10章 常见网络故障及解决方案

10.1 常见网络故障的排除工具

构建网络是一件复杂烦琐的事情，而维护网络同样也是一件不简单的事情。网络系统是由一套复杂而有规律的硬件系统和软件系统共同组成的统一体，因此，其系统的复杂性就势必带来维护的复杂性，但其规律性又让维护过程有规律可循。由于网络协议和网络设备的复杂性，许多故障解决起来绝非像解决单机故障那么简单。网络故障的定位和排除，既需要长期的知识和经验积累，也需要一系列的软件和硬件工具，更需要维护者的智慧。因此，多学习各种最新的知识，是每个网络管理员都应该做的。

在日常维护网络的过程中出现的问题一般有两类，即硬件设备问题和软件问题，这两类问题产生的对象不同，因此解决时使用的工具、采取的方法也有所不同。

10.1.1 硬件工具

网络硬件出问题的时候需要专门的设备来检测，这里介绍一些最为常用的进行网络检测的工具。

1. 万用表

万用表是主要用于网络线路的检测的工具。使用万用表可以测量终结器的阻值，测量确定 T 型接头是否正常以及整个网络是否连通。

2. 电缆测试仪

万用表适合于较短距离的网线的测量，但当测试的网线长度较长或者线路已经布线完成时，万用表就不能够使用了。电缆测试仪可以测量较长线路的网线的通断。测试的时候，在电缆的一端接上电缆测试仪，另外一端接上反馈器，就可以测量出线路的通断。

3. 电缆扫描仪

万用表和电缆测试仪只能检查出网线是否导通，但不能够正确测出网络数据是否传送到指定的地址。而电缆扫描仪不仅可以检测到网络线路的通断，还可以检测到线路上的衰减率和反射干扰，并且可以用具体的数据作相应的量化。

10.1.2 Windows 网络使用工具

在网络问题中除了硬件会产生这样那样的故障，软件也会出现各种各样的问题。这里介绍在 Windows 操作系统中经常使用的软件测试工具。

1. ipconfig 和 winipcfg

ipconfig 和 winipcfg 两个程序都是 Windows 自带的用于诊断和检测 TCP/IP 配置的工具，

这两个程序的功能基本一样,只是 ipconfig 是在 DOS 提示符下使用,而 winipcfg 是在 Windows 下使用。

ipconfig 用于显示当前计算机 IP 协议的一些配置属性,如 IP 地址、网关、子网掩码和网卡的物理地址。将 ipconfig 直接输入提示符并回车就可以显示以上信息。如图 10-1 所示。另外,ipconfig 还有两个较为常用的参数 release 和 renew 用来释放和更新从 DHCP 服务器上获得的 IP 地址,这样,不必重新启动计算机就能够获得新的 IP 地址。

winipcfg 程序采用 Windows 窗口的形式来显示 IP 协议的具体配置信息,如果 winipcfg 命令后面不跟任何参数直接运行,程序将会在窗口中显示网络适配器的物理地址、主机的 IP 地址、子网掩码以及默认网关等,还可以查看主机的相关信息如主机名、DNS 服务器、节点类型等。其中网络适配器的物理地址在检测网络错误时非常有用。在命令提示符下输入 "winipcfg/?" 可获得 winipcfg 的使用帮助,而输入 "winipcfg/all" 可获得 IP 配置的所有属性。

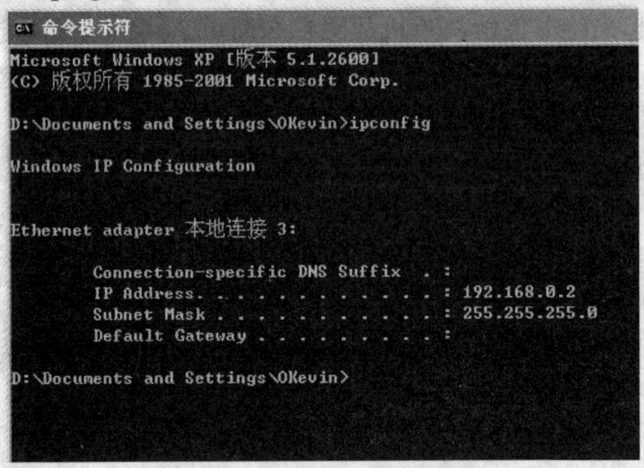

图 10-1　使用 IPConfig 命令

2. Ping

Ping 命令主要用来检查路由是否能够到达,由于该命令的包长非常小,所以在网上传递的速度非常快,可以快速地检测用户要去的站点是否可达,一般用户在去某一站点时可以先运行一下该命令看看该站点是否可达。如果执行 ping 命令不成功,则可以预测故障出现在以下几个方面:网线是否连通,网络适配器配置是否正确,IP 地址是否可用等;如果执行 ping 命令成功而网络仍无法使用,那么问题很可能出在网络系统的软件配置方面,ping 成功只能保证当前主机与目的主机间存在一条连通的物理路径。

它的使用格式是在命令提示符下输入:ping IP 地址或主机名,如图 10-2 所示。执行结果显示响应时间,重复执行这个命令,可以发现 ping 报告的响应时间是不同的。具体的 ping 命令后还可以跟参数。

使用格式:ping [-t] [-a] [-n count] [-l size]

参数介绍:

-t——让用户所在的主机不断向目标主机发送数据;

-a——以 IP 地址格式来显示目标主机的网络地址;

-n count——指定要 ping 多少次,具体次数由后面的 count 来指定

-l size——指定发送到目标主机的数据包的大小。

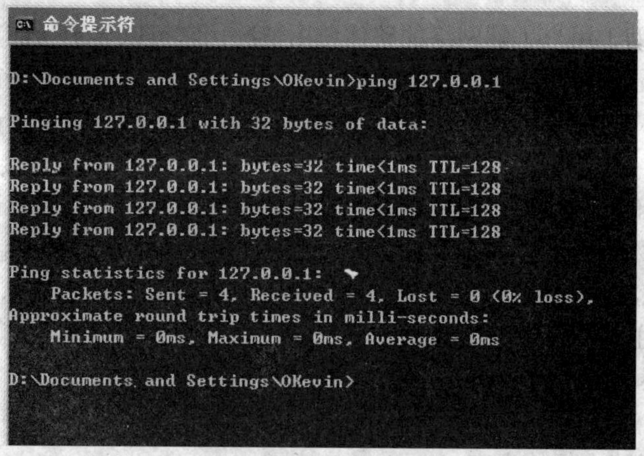

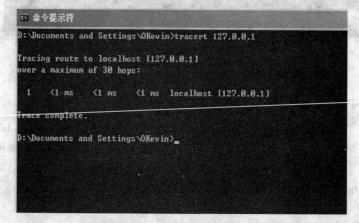

图 10-2　使用 ping 命令

3.　tracert

tracert 应用程序主要用来显示数据包到达目的主机所经过的路径。该命令的使用格式是在 DOS 命令提示符下或者直接在"运行"对话框中输入如下命令：tracert 主机 IP 地址或主机名。执行结果返回数据包到达目的主机前所经历的中继站清单，并显示到达每个中继站的时间。如图 10-3 所示。该功能同 ping 命令相似，但它所看到的信息要比 ping 命令详细得多，它把用户送出的到某一站点的请求包所走的全部路由，以及通过该路由的 ip 是多少、通过该 ip 的时延是多少都告诉给用户。具体的 tracert 命令后还可跟参数，具体参数有以下几个。

使用格式：tracert [-d] [-h maximum_hops] [-j host_list] [-w timeout]

参数介绍：

-d——不解析目标主机的名字；

-h maximum_hops——指定搜索到目标地址的最大跳跃数；

-j host_list——按照主机列表中的地址释放源路由；

-w timeout——指定超时时间间隔，程序默认的时间单位是毫秒。

图 10-3　使用 tracert 命令

4. netstat

netstat 程序有助于用户了解网络的整体使用情况。它可以显示当前正在活动的网络连接的详细信息，例如显示网络连接、路由表和网络接口信息，可以让用户得知目前总共有哪些网络连接正在运行。如图 10–4 所示。可以使用"netstat/？"命令来查看该命令的使用格式以及详细的参数说明，该命令的使用格式是在 DOS 命令提示符下或者直接在"运行"对话框中输入如下命令：netstat［参数］，利用该程序提供的参数功能，可以了解该命令的其他功能信息，例如显示以太网的统计信息，显示所有协议的使用状态，这些协议包括 TCP 协议、UDP 协议以及 IP 协议等，另外还可以选择特定的协议并查看其具体使用信息，还能显示所有主机的端口号以及当前主机的详细路由信息。

使用格式：netstat [-r] [-s] [-n] [-a]

参数介绍：

-r——显示本机路由标的内容；

-s——显示每个协议的使用状态（包括 TCP 协议、UDP 协议、IP 协议）；

-n——以数字表格形式显示地址和端口；

-a——显示所有主机的端口号。

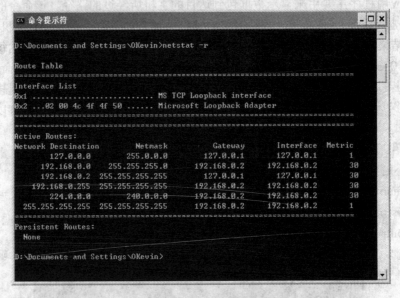

图 10–4　使用 netstat 命令

5. nslookup

nslookup 显示可用来诊断域名系统（DNS）基础结构的信息。使用此工具之前，应该熟悉 DNS 的工作原理。只有在已安装 TCP/IP 协议的情况下才可以使用 nslookup 命令行工具。

使用格式：nslookup [-SubCommand ...] [{ComputerToFind| [-Server]}]

参数介绍：

-SubCommand ...——将一个或多个 nslookup 子命令指定为命令行选项。

ComputerToFind——如果未指定其他服务器，就使用当前默认的 DNS 名称服务器来查阅 ComputerToFind 的信息。要查找不在当前 DNS 域的计算机，请在名称上附加句点。

-Server——指定将该服务器作为 DNS 名称服务器使用。如果省略了 -Server，将使用默认的 DNS 名称服务器。

{help|?}——显示 nslookup 子命令的简短总结。

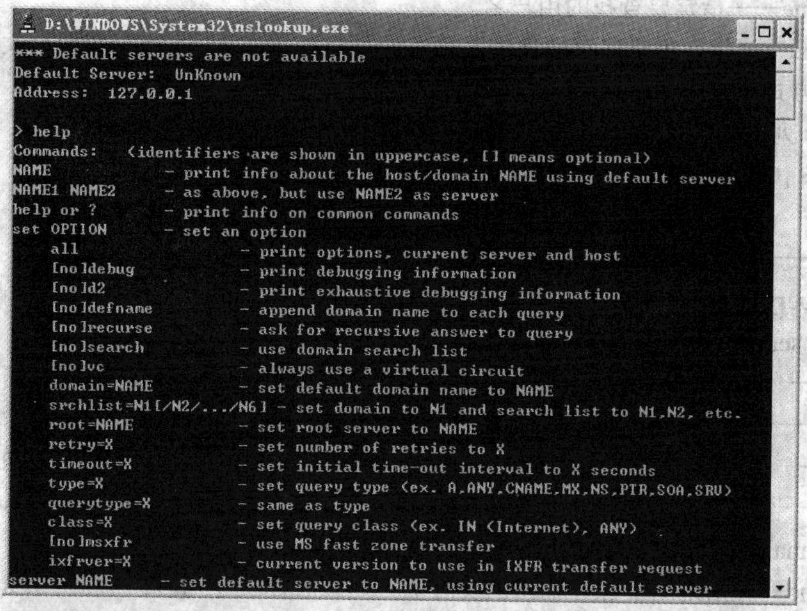

图 10-5　使用 nslookup 命令

如果 ComputerToFind 是 IP 地址，并且查询类型为 A 或 PTR 资源记录类型，则返回计算机的名称。如果 ComputerToFind 是一个名称，并且没有跟踪期，则向该名称添加默认 DNS 域名。此行为取决于下面 set 子命令的状态：domain、srchlist、defname 和 search。

如果输入连字符（-）代替 ComputerToFind，命令提示符更改为 nslookup 交互式模式。命令行长度必须少于 256 个字符。

nslookup 有两种模式：交互式和非交互式。

如果仅需要查找一块数据，则使用非交互式模式。对于第一个参数，输入要查找的计算机的名称或 IP 地址。对于第二个参数，输入 DNS 名称服务器的名称或 IP 地址。如果省略第二个参数，nslookup 使用默认的 DNS 名称服务器。

如果需要查找多块数据，则可以使用交互式模式。为第一个参数输入连字符（-），为第二个参数输入 DNS 名称服务器的名称或 IP 地址。或者省略两个参数，则 nslookup 使用默认的 DNS 名称服务器。下面是一些有关在交互式模式下工作的提示。

要随时中断交互式命令，请按快捷键 Ctrl+B。

要退出，请输入 exit。

要将内置命令当作计算机名，请在该命令前面放置转义字符（\）。

nslookup 的子命令较多，各个子命令有着不同的作用和用法，下面将一些常用的子命令的用法列出。

（1）exit：退出 nslookup。

语法：exit

（2）finger：与当前计算机上的指针服务器连接。

语法：finger [UserName] [{[>] FileName|[>>] FileName}]

参数：

UserName——指定要查找的用户名。

FileName——指定用于保存输出的文件名。可以使用大于号（>）和两个大于号（>>）字符按普通方式重定向输出。

（3）ls：列出域名系统（DNS）域的信息。

语法：ls [Option] DNSDomain [{[>] FileName|[>>] FileName}]

参数：

Option——下面是 Option 参数的选项。

① -t QueryType——列出指定类型的所有记录。有关 QueryType 的说明，请参阅"相关主题"中的 set querytype。

② -a——列出该 DNS 域中计算机的别名。该参数是 -t CNAME 的同义词。

③ /d——列出该 DNS 域的所有记录。该参数是 -t ANY 的同义词。

④ -h——列出该 DNS 域的 CPU 和操作系统信息。该参数是 -t HINFO 的同义词。

⑤ -s——列出该 DNS 域中计算机的知名服务。该参数是 -t WKS 的同义词。

DNSDomain——指定需要其信息的 DNS 域。

FileName——指定用于保存输出的文件名。可以使用大于号（>）和两个大于号（>>）字符按普通方式重定向输出。

默认输出包含计算机名及其 IP 地址。当输出定向到文件时，每从服务器接收到 50 条记录将打印散列符号。

（4）lserver：将默认服务器更改到指定的域名系统（DNS）域。

语法：lserver DNSDomain

参数：

DNSDomain——为默认的服务器指定新的 DNS 域。

lserver 命令使用初始服务器搜索关于指定 DNS 域的信息。该命令与使用当前默认服务器的 server 命令相反。

（5）root：将默认的服务器更改为域名系统（DNS）域名空间的根的服务器。

语法：root

通常使用 ns.nic.ddn.mil 名称服务器。该命令是 lserver ns.nic.ddn.mil 的同义词。可以使用 set root 命令更改根服务器的名称。

（6）server：将默认的服务器更改到指定的域名系统（DNS）域。

语法：server DNSDomain

参数：

DNSDomain——必须为默认的服务器指定新的 DNS 域。

server 命令使用当前默认的服务器来查找关于指定 DNS 域的信息。该命令与使用初始服务器的 lserver 命令相反。

（7）set：更改影响查找工作方式的配置设置。

语法：set KeyWord[=Value]

参数：

KeyWord——识别从 set 子命令派生的子命令。例如，子命令 set d2 包含一个 [no]d2 关键字。有关从 set 子命令派生的子命令列表，请参阅"相关主题"。

Value——为每个子命令指定 nslookup 配置设置值。

（8）set all：打印配置设置的当前值。

语法：set all

Set all 同时打印有关默认服务器和计算机（即主机）的信息。

（9）set class：更改查询类别。类别指定信息的协议组。

语法：set cl[ass]=Class

参数：

Class——默认类别为 IN。下面列出此命令的有效值。

IN——指定 Internet 类别。

CHAOS——指定 Chaos 类别。

HESIOD——指定 MIT Athena Hesiod 类别。

Any——指定任何以前列出的通配符。

（10）set defname：将默认的域名系统（DNS）域名附加到单个组件查找请求。单个组件是指不包含周期的组件。

语法：set [no]def[name]

参数：

nodef[name]——停止将默认的域名系统（DNS）域名附加到单个组件查找请求。

def[name]——将默认的域名系统（DNS）域名附加到单个组件查找请求。默认语法为 defname。

（11）set domain：将默认的域名系统（DNS）域名更改为指定名称。

语法：set do[main]=DomainName

参数：

DomainName——为默认的 DNS 域名指定新名称。默认域名为主机名。

根据 defname 和 search 的状态，将默认 DNS 域名追加到某一查找请求。如果默认 DNS 域的名称中包含至少两个组件，则 DNS 域搜索列表包含默认 DNS 域的父域。例如，如果默认的 DNS 域是 mfg.widgets.com，则搜索列表命名为 mfg.widgets.com 和 widgets.com。使用 set srchlist 命令指定另一个列表，并使用 set all 命令显示此列表。

（12）set port：将默认的 TCP/UDP 域名系统（DNS）名称服务器端口更改为指定值。

语法：set po[rt]=Port

参数：

Port——指定新的默认 TCP/UDP DNS 名称服务器端口值。默认端口为 53。

（13）set root：更改用于查询的根服务器的名称。

语法：set ro[ot]=RootServer

参数：

RootServer——为根服务器指定新名称。默认值为 ns.nic.ddn.mil。

set root 子命令影响 root 子命令。

（14）set timeout：更改等待对请求答复的初始秒数。

语法：set ti[meout]=Number

参数：

Number——指定等待答复的秒数。默认等待秒数为 5s。

如果在指定时段内没有收到对请求的答复，则超时加倍，并重新发送请求。可以使用 set retry 命令来控制重试次数。

10.2   常见网络故障

网络故障的原因多种多样，笼统地讲可以归纳为硬件问题和软件问题而来，划分将细致一些，可以将这些问题分为物理通信介质故障、网络通信设备故障、电源异常、协议失配以及配置文件选项等几个方面的问题。

10.2.1   物理通信介质故障

物理通信介质是网络数据传输的物理基础，一旦通信介质出现问题，无论如何都是无法创建各种连接的。因此当网络出现计算机无法登录到服务器、计算机无法通过局域网接入Internet、计算机在"网上邻居"中只能看到自己而看不到其他计算机从而无法使用其他计算机上的共享资源和共享打印机、网络中的部分计算机运行速度异常的缓慢等，管理员应该做的第一件事就是使用 ping 命令检查能否连接到其他机器，如果不能连接到其他机器，就需要检查通信介质是否存在断开的现象，或者连接接头是否连接正常。检查这种类型故障的方法较简单，即使用相应的设备检测介质的通断即可，如使用万用表或者电缆检测仪检测双绞线的通断。这种类型的故障在网络故障中较为常见，因为机械接插件是比较容易出现连接问题的，另外通信介质也比较容易由于物理损伤而导致连通问题，因此如果遇到上述问题，管理员应该首先考虑这些问题，当这些问题排除之后再进行进一步的分析排查。

10.2.2   电源异常

计算机的电源、网络设备的电源以及 UPS 电源的异常往往也会引起网络故障，例如当UPS 电源工作不正常时，计算机设备以及网络设备就有可能出现相应的异常，导致网络无法连接，或者网络连接速度缓慢。这种问题往往伴随着一些其他设备的故障，如 UPS 电源的稳压性能出现问题的时候，计算机显示器也会随之出现不稳定的现象，甚至主机出现自动重启的现象。对于这类问题及时维修和更换电源才是明智的做法。

10.2.3   网络通信设备故障

网络传输的另一个物理基础就是网络通信设备，主要包括：网络适配器（网卡）、集线器、交换机以及路由器等。这些设备出现的问题很多，由于这些设备工作的时候往往还与软件有一定的关系，因此出现的问题也比较复杂。正确的方法是：首先检查这些设备的软件设置是否正常，然后再根据实际情况检查硬件设备。

对于网卡来说，出现硬件问题的时候不多，主要是软件上的问题。首先，管理员应该观察一下网卡上的指示灯。目前的网卡都有 Power/Tx 指示灯，当网卡正常并且连接网线正常的时候，在开机状态下，这个指示灯是亮着的，如果有数据传送的话，指示灯会不断地闪烁。管理员可以根据指示灯的情况来判断是硬件问题还是软件问题。如果是软件问题，应先检查网卡驱动程序是否安装正常（在"控制面板"的"设备管理"中检查）、网卡的相关参数设置是否正确；如果是硬件问题，需要管理员检查网卡是否有虚焊或者脱焊的现象。

一般情况下集线器和交换机出现问题的几率不太大，但这并不等于不会出现问题。集线器或者交换机由于电源的故障导致其无法工作的情况较多，另外插槽出现问题的情况也较为普遍。

由于路由器本身就比较复杂，因此出现的问题也较为复杂，从硬件上来说，有很多的问题与一般单机出现的问题类似，因此处理起来可以参考单机的处理办法。另一方面主要是在路由器的设置上出现的问题，由于路由器的种类和品牌较多，不同种类和品牌的路由器配置的方法也有所不同，因此处理起来还要具体问题具体分析。

10.2.4　协议失配

网络协议是网络的灵魂，没有了网络协议，网络设备和计算机之间就无法通信，也就无法实现网络的各种功能。如果网络协议出现了问题，网络系统常常会出现这样一些问题：计算机无法登录到服务器、计算机在"网上邻居"中既看不到自己也无法在网络中访问其他计算机、计算机在"网上邻居"中能看到自己和其他成员但无法访问其他计算机、计算机无法通过局域网接入 Internet 等。

出现这些故障的原因主要是由于相关协议未安装，例如实现局域网通信，需安装 NetBEUI 协议；或者协议配置不正确，例如 TCP/IP 协议涉及到的基本参数有 4 个，包括 IP 地址、子网掩码、DNS 和网关，其中任何一个设置错误，都会导致发生故障。

如果出现了这些故障现象时，管理员应当按照以下步骤进行故障的定位。

首先，检查计算机是否安装 TCP/IP 和 NetBEUI 协议，如果没有，建议安装这两个协议，并把 TCP/IP 参数配置好，然后重新启动计算机。

其次，使用 ping 命令，测试与其他计算机的连接情况，然后，在"控制面板"的"网络"属性中，单击"文件及打印共享"按钮，在弹出的"文件及打印共享"对话框中检查一下，看看是否选中了"允许其他用户访问我的文件"和"允许其他计算机使用我的打印机"复选框，或者其中的一个。如果没有，全部选中或选中一个。否则将无法使用共享文件夹；

系统重新启动后，双击"网上邻居"图标，将显示网络中的其他计算机和共享资源。如果仍看不到其他计算机，则可以使用"查找"命令。

最后，在"网络"属性的"标识"中重新为该计算机命名，使其在网络中具有唯一性。

10.2.5　配置文件和选项

服务器、计算机都有配置选项，配置文件和配置选项设置不当，同样会导致网络故障。如服务器权限的设置不当，会导致资源无法共享；计算机网卡配置不当，会导致无法连接。当网络内所有的服务都无法实现时，应当检查集线器。

配置故障更多的时候是表现在不能实现网络所提供的各种服务上，如不能访问某一台计算机等。因此，在修改配置前，必须作好原有配置的记录，并最好进行备份。

配置故障通常表现为以下几种。

（1）计算机只能与某些计算机而不是全部计算机进行通信；

（2）计算机无法访问任何其他设备。

对于配置故障可以采取以下的排错步骤。

首先检查发生故障计算机的相关配置。如果发现错误，修改后，再测试相应的网络服务能否实现。如果没有发现错误，或相应的网络服务不能实现，则执行下述步骤。

测试系统内的其他计算机是否有相似的故障，如果有同样的故障，说明问题出在网络设备上，如集线器。反之，检查被访问计算机，对该访问计算机所提供的服务作认真的检查。

计算机的故障虽然多种多样，但并非无规律可循。随着理论知识和经验技术的积累，故障排除将变得越来越快、越来越简单。严格的网络管理是减少网络故障的重要手段；完善的技术档案是排除故障的重要参考；有效的测试和监视工具则是预防、排除故障的有力助手。

10.3　常见网络故障实例及解决办法

虽然网络故障的起因多种多样，但是在检查和排除错误的过程中往往可以采用较为通用的方法进行处理。

（1）检查网络的连通性。当出现一种网络应用故障时，如无法接入 Internet，首先应尝试使用其他网络应用，如查找网络中的其他计算机，或使用局域网中的 Web 浏览等。如果其他网络应用可正常使用，虽然无法接入 Internet，却能够在"网上邻居"中找到其他计算机，或可 ping 到其他计算机，即可排除连通性故障的原因。如果其他网络应用均无法实现，则继续下面的操作。

（2）检查网卡指示灯判断网卡的故障。首先查看网卡的指示灯是否正常。正常情况下，在不传送数据时，网卡的指示灯闪烁较慢，传送数据时，闪烁较快。无论是不亮，还是长亮不灭，都表明有故障存在。如果网卡的指示灯不正常，则需关掉计算机更换网卡。对于集线器的指示灯需要说明一点，凡是插有网线的端口，指示灯都亮。由于是集线器，所以，指示灯的作用只能指示该端口是否连接有终端设备，而不能显示通信状态。

（3）用 ping 命令排除网卡故障。使用 ping 命令，ping 本地的 IP 地址或计算机名（如 jsjjiaoyanshi），检查网卡和 IP 网络协议是否安装完好。如果能 ping 通，则说明该计算机的网卡和网络协议设置都没有问题，而问题出在计算机与网络的连接上。因此，应当检查网线和集线器及集线器的接口状态，如果无法 ping 通，只能说明 TCP/IP 协议有问题。这时可以在计算机的"控制面板"的"系统"中，查看网卡是否已经安装或是否出错。如果在系统中的硬件列表中没有发现网络适配器，或网络适配器前方有一个黄色的"！"，则说明网卡未安装正确。需将未知设备或带有黄色 "！"的网络适配器删除，刷新后，重新安装网卡。并为该网卡正确安装和配置网络协议，然后进行应用测试。如果网卡无法正确安装，则说明网卡可能损坏，必须换一块网卡重试。如果网卡安装正确则原因是协议未安装。

（4）如果确定网卡和协议都正确，网络还是不通，可初步断定是集线器和双绞线的问题。为了进一步进行确认，可再换一台计算机用同样的方法进行判断。如果其他计算机与本机连接正常，则故障一定出在先前的那台计算机和集线器的接口上。

（5）如果确定集线器有故障，应先检查集线器的指示灯是否正常，如果先前那台计算机与集线器连接的接口灯不亮，说明该集线器的接口有故障（集线器的指示灯表明插有网线的端口，指示灯亮，指示灯不能显示通信状态）。

（6）如果集线器没有问题，则检查计算机到集线器的那一段双绞线和所安装的网卡是否有故障。判断双绞线是否有问题可以通过"双绞线测试仪"或用两块三用表分别由两个人在双绞线的两端测试。主要测试双绞线的 1、2 和 3、6 四条线（其中 1、2 线用于发送，3、6 线用于接收）。如果发现有一根不通就要重新制作。

通过上面的故障压缩，就可以判断故障出在网卡、双绞线或集线器上。

（7）如果以上的排查都通过了，这时候就可以考虑是否是其他的问题了。

1）实例 1。

故障现象：

一台位于单位局域网内部的计算机，可以访问单位的服务器，能够访问 Internet，但无法访问网内某用户的计算机。

检查过程：

① 两台计算机都可以通过代理服务器访问 Internet，这说明网卡、网线等硬件设备和介质都没有问题。

② 使用 ping 命令分别从这台计算机对无法访问的计算机以及从无法访问的计算机到这台计算机进行检查，结果无法 ping 通。有可能两台计算机分属不同的子网，打开"网络"属性果然看到两台计算机在不同的子网内。

③ 这两台计算机分别属于不同的子网，但是却使用了同样的子网掩码。由于管理员为了省事将子网掩码的范围扩大，使得两台计算机都以为自己和对方处于同一个子网内，结果原来应该通过网关转发的数据包不再经过网关而直接进入广播寻址，最终导致数据包丢失，从而造成双方其他连接正常，但相互之间无法访问的问题。

从这个例子可以看出子网掩码的设置在局域网中的重要性。如果将子网掩码范围设置过大就会出现上面的问题。如果将子网掩码设置过小，就会出现将本来属于同一子网内的计算机之间的通信当作是跨越子网的传输，数据包都交给缺省网关处理，网关再将数据包发送到相应的主机，致使网关的负担加重，网络效率下降。

2）实例 2。

故障现象：

某学校的无盘工作站，在全部系统开机之后的 20 多分钟内，如果有计算机没有使用，所有的学生机在半个小时内全部与服务器断开。

检查过程：

首先考虑到应该与计算机的电源设置相关，于是检查服务器和工作站的电源设置。服务器的设置正常，工作站上的电源设置"系统待机"为"25 分钟之后"，如图 10-6 所示。

采取措施：

将"系统待机"项设置为"从不"，重新启动系统，一切正常。

由于工作站的电源设置的问题，导致工作站主机进入睡眠状态，由于无盘工作站与一般的单机不同，所以当工作站出现睡眠状态后，导致与无盘网络的某些组件发生冲突，从而导致了整个网络的问题。

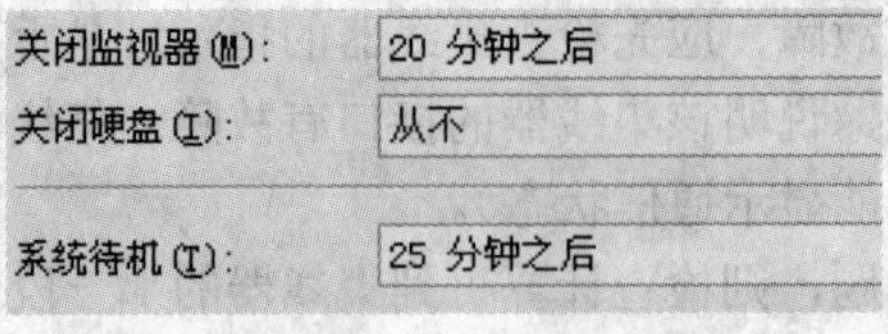

关闭监视器(M):	20 分钟之后
关闭硬盘(I):	从不
系统待机(T):	25 分钟之后

图 10-6　电源设置

3）实例 3。

故障现象：

某计算机安装了网卡之后重新启动计算机，发现软驱无法使用，在系统自检时无法发现，在 Windows98 中也无法读写。

原因分析：

出现这样的问题应该是和硬件资源的占用冲突相关。解决此类问题一般采用手工调整资源分配的手段。

采取措施：

① 首先在 Windows98 中打开"控制面板"，双击"系统"图标，打开"硬件"选项卡，在"设备管理器"选项区域中单击"设备管理器"按钮，打开"设备管理器"窗口。

② 双击"系统设备"，在打开的系统设备列表中双击"PCI BUS"，弹出"PCI BUS 属性"对话框，然后将此项前面的复选框内的对号去掉。

③ 右击网卡选择"属性"选项，打开"资源"选项卡，将"使用自动配置"项前的复选框内的对号去掉，然后单击"更改配置"按钮。

④ 在随后出现的对话框中重新选择一个未被使用的"输入/输出范围"的值。

⑤ 重新启动计算机，重复上述步骤的前两步，右击网卡选择"属性"选项，打开"资源"选项卡，此时会出现一个"手动配置"的按钮，单击该按钮为网卡选择一个合适中断号，再次重新启动计算机即可解决问题。

这个问题较为典型，经常会出现在一些较早的计算机中，由于这些计算机硬件设备的"即插即用"的功能上存在一定的缺陷，因此在安装了新硬件之后容易出现一些硬件冲突的问题，遇到此类问题一般的解决方法就是手动配置。

4）实例 4。

故障现象：

某办公局域网内，有两台关键的服务器，一台是主服务器，另一台是备份服务器，中间通过心跳线连接。在某台主机改动配置文件后的一次重启后，网络设置没作任何改动，而心跳功能却不能实现了，即两台机器不能通过心跳线互相连通。

采取手段：

① 首先恢复配置文件再重启，故障依旧，两台机器都可正常运行，心跳线却依然有问题。看来不是改动配置文件所引起的故障。

② 由于心跳线是通过网卡相连来检测服务器状态的，所以要重点查看每台机器心跳线连接的网卡状态及配置，可经检查网卡状态并没有问题，网卡灯也是亮的。难道是网线没插好或是有问题？用一根确认正常的网线替换原网线，可是两个服务器之间的心跳线还是不通，

至此已基本排除了硬件方面的问题，估计还是网卡的设置有问题。

③ 进入两台机器的网卡状态选项，将两台机器的网卡状态一项一项地进行比较。突然发现两个网卡的速率及状态不一样，一个是 100 Mbps 全双工，而另一个则是 10 Mbps 半双工，而其他选项全部相同。难道是这个原因？把两台机器的网卡状态统一设置为 100 Mbps 全双工，再用 ping 命令检测连接状态，结果显示连接正常，问题竟然解决了。再重新设置配置文件，这次强制网卡状态为 100 Mbps 全双工，重新启动机器，服务器工作一切正常。

本次故障的原因其实比较简单，只是表现出来的现象稍微复杂一些。该服务器使用的是一个 10/100 Mbps 自适应以太网卡，设计速度为 100 Mbps。机器重启后，网卡自动选择状态。由于两边网卡所选择的工作状态不一致，导致网络不通。

现在常见的网卡有 10 Mbps、100 Mbps 和 10/100 Mbps 自适应网卡。当使用 10 Mbps 或 100 Mbps 这两种两个相同固定速率的网卡连接时，一般不会产生什么大问题，可当使用 10/100 Mbps 自适应以太网卡时，有时会产生一些莫名其妙的问题。建议大家在使用这类网卡时最好设置一个初始的速率，且最好两边速率相同，而不要使用自适应。速率设置的问题常常会导致网络时通时不通。

补充介绍：

心跳线是用于连接 A、B 两台服务器的网线。在这两台服务器中，A 为工作机，B 为备份机，它们之间通过一根心跳线来连接。一般在服务器上都配有两块网卡，其中一块专门用于两台服务器（节点）间的通信。安装在服务器上的软件通过心跳线来实时监测对方的运行状态。一旦正在工作的主机 A 因为各种硬件故障，如电源失效、主要部件失效或者启动盘失效等导致系统发生故障，心跳线会反映给互为备份的另外一台主机，主机 B 可以立即投入工作。这样可以最大限度地保证网络的正常运行。这也称为"心跳检测"。心跳线主要利用一条 RS-233 检测链路来完成，采用 ping 方式检测验证系统 Down 机检测的准确性。

5）实例 5。

故障现象：

在安装了 Windows XP 后，常常出现检测不到 Modem 或在使用 Modem 建立连接时出现问题的故障。

故障分析：

在 Windows XP 中 Modem 的此类问题常见于与另一 COM 端口发生冲突。

采取措施：

① 首先打开"添加/删除硬件向导"以确定 Windows XP 是否识别了 COM 端口。如果向导检测到 COM 端口冲突，则 Modem 和物理 COM 端口可能配置使用了同一 COM 号。如果是这样，那么需要将 Modem 设置到另一个未使用的 COM 端口上，或者禁用物理 COM 端口亦可。

② 在解决了 COM 端口冲突后，一定要重新启动 Windows，试用 Modem 是否已恢复正常。

③ 如果"设备管理器"不能正确识别 COM 端口，那么可试着手动添加端口；而要检查端口配置和重复端口，可先打开"设置管理器"，双击"端口（COM 和 LPT）"以查看 COM 端口列表；右击要配置的端口，然后选择"属性"选项，确认端口和资源设置正确。如果使用了重复的 COM 端口，右击，然后选择"卸载"命令。

④ 此外，错误的 COM 端口设置也可能影响 Modem 的正常工作，可先检查 Modem 的 COM 端口当前的 IRQ 和输入/输出设置，然后比较这些设置和 Modem 说明书中的推荐设置是否一致。要检查 COM 端口设置，可打开"设备管理器"，双击"端口（COM 和 LPT）"查看 COM 端口列表；右击 Modem 使用的 COM 端口，显示"通讯端口属性"对话框，打开"资源"选项卡以查看当前 COM 端口设置。选择合适的 COM 端口。

如果想使用其他 COM 端口设置，那么可取消选中"使用自动设置"复选框，单击"更改设置"按钮，在"值"文本框中输入希望使用的端口设置既可。

6）实例 6。

故障现象：

某局域网内计算机连接正常，共享功能正常，但是当复制的文件超过百兆以后，就会出现"网络资源不足"的提示，此后"网上邻居"都无法找到。

故障分析：

对于大量的资料复制往往需要比较频繁的数据读写，这就需要一个相对平稳的传输环境，如果整个网络的线路都处在一个干扰较大环境当中，势必影响到这个工作过程，使得网络出现故障。由于集线器、交换机和路由器等网络设备对于外界的干扰不是很敏感，因此，主要的问题就是网卡和网线了。

对于网卡来说，如果安装在主机机箱里面的时候，比较靠近显卡、声卡，这些板卡之间会有较大的电磁干扰，因此容易造成数据传输过程中的各种信息和数据的丢失和错误。同样对于网线来说，如果网线的屏蔽作用较差也会使得网络在传输过程中出现各种各样的差错。

采取措施：

对于网卡来说，可以将网卡插入到距离显卡、声卡较远的插槽内，尽量减少相互之间的干扰。网线尽量选择具有良好屏蔽作用的网线。最后值得说明的一点就是，在各种网络设备的附近尽量不要放置电视机、音响等电器。

本章小结

本章主要介绍了在网络使用过程中出现的各样的网络故障以及解决网络故障经常使用的各种工具，最后介绍了解决这些网络故障的一般方法，结合具体实例体现出这些方法的一般规律性和特殊性。

习　题

1. 常见的网络故障有哪些类型？
2. 经常使用的硬件检测工具有哪些？各有什么作用？
3. 造成连接性故障的原因有哪些？
4. 协议失配的解决措施是什么？
5. 检测和排除网络故障的一般方法是什么？

附录 A 网络系统集成工程项目投标书范例

本附录给出了一个完整的某民族学院网络系统集成项目投标书实例，以使大家对网络系统集成项目有一个全面的了解。

一、需求分析与网络建设目标

1. 项目概况

某民族学院的领导们充分认识到 21 世纪将是信息化的时代，为了使民族学院的教育与管理工作能够适应本世纪的挑战，具备长远的发展后劲，从战略高度提出了建设民族学院校园网的设想，将现代化数据通信手段和信息技术以及大量高附加值的信息基础设施引进校园，用以提高教育水平以及管理效率。

相信随着校园网的开通，多媒体教学、办公自动化、信息资源共享和交流手段的实现，尤其是与 CERNET 的互连互通，会极大地提高民族学院的层次，为今后在激烈的教育市场竞争中取胜打下坚实的基础。

2. 需求分析

（1）项目依据。

根据民族学院网络系统建设总目标的要求和经费的承受能力，在充分调研的基础上，结合目前技术的发展状态和发展方向，制定了民族学院校园网的整体设计方案。通过校园网的整体设计，希望确定校园网的技术框架，未来具体的建设内容则可以在整体设计的基础上不断扩展和增加。

（2）初步分析。

民族学院校园网信息点与应用分布情况见附表 1-1。

表 1-1 民族学院校园网信息点与应用分布

建筑物	信息点数	主要应用
实验楼	33	微机网络教室、课件制作、实验室、网管中心、Internet 服务
综合楼	50	图书馆、电教室、VOD、Internet 服务
教学楼	60	教学、教务管理、Internet 服务
女生宿舍楼	36	VOD、Internet 服务
总务楼	18	后勤管理、Internet 服务
家属楼	60	Internet 服务
多功能厅	40	教学、会议、VOD、Internet 服务

3. 校园网建设总目标

民族学院校园网建设的总目标是运用网络信息技术的最新成果，建设高效实用的校园网络信息系统。具体地说，就是以校园网大楼综合布线为基础，建立高速、实用的校园网平台，为学校教师的教学研究、课件制作、教学演示，为学生的交互式学习、练习、考试和评价以及信息交流提供良好的网络环境，最终形成一个教育资源中心，并成为面向民族教学的、先进的计算机远程教育信息网络系统。

（1）一期校园网建设目标。

将先进的多媒体计算机技术首先运用于教学第一线，充分利用学校现有的基建设施，并对其进行改造及优化，把旧的电脑教室改造成为具有影像及声音同步传输、指定控制、示范教学、对话及辅导等现代化多媒体教学功能的教室，而多媒体课件制作系统软件可以使教师自行编辑课件及实现电子备课功能。第一期校园网设计内容包括以下几个方面。

① 建立学校教学办公的布线及网络系统。

② 建立多媒体教学资源中心和网络管理中心。

③ 建立多媒体教室广播教学系统和视频点播。

④ 实现教师制作课件及备课电子化。

⑤ 接入 Internet 网和 CERNET 网，以利用网上丰富的教学资源。

（2）二期校园网建设目标。

在一期的基础上实施校园内全面联网，实现基于 Intranet 的校园办公自动化管理，充分利用网络进行课堂教学、教师备课，实现资料共享，集中管理信息发布，逐步实现教、学、考的全面电子化。建立学校网站，设计自己的主页，更方便地向外界展示学校，实现基于 Internet 的授权信息查询，开展远程网上教育和校际交流等。第二期校园网设计内容包括以下几个方面。

① 校园办公自动化系统。校园网需要运行一个较大型的校务管理系统（MIS 系统），建设几个大型数据库，如教务管理、学籍管理、人事管理、财务管理、图书情报管理及多媒体素材库等。这些数据库分布在各个不同的部门服务器上，并和中心服务器一起构成一个完整的分布式系统。MIS 系统需在这个分布式数据库上进行高速数据交换和信息互通。

② 校园网站。指建立学校自己在 Internet 上的主页。

二、网络系统设计策略

1. 网络设计宗旨

关于校园网的建设，需要考虑到以下的一些因素：系统的先进程度、系统的稳定性、可扩展性、网络系统的维护成本、应用系统与网络系统的配合度、与外界互联网络的连通、建设成本的可接受程度。下面根据我们在校园网建设方面的经验提出一些建议。

（1）选择高带宽的网络设计。

校园网络应用的具体要求决定了采取高带宽网络的必然性。多媒体教学课件包含了大量的声音、图像和动画信息，需要更高的网络通信能力（网络通信带宽）的支持。

众所周知，早期基于 386 或者 486 CPU 处理器的计算机由于其内部的通信总线采用了 ISA 技术，与 10 Mbps 的网络带宽是相互匹配的，即计算机的处理速度与网络的通信能力是相当的。但是，如果将目前已经成为主流的基于 Pentium Ⅲ技术的计算机或服务器仍然连到 10 Mbps 的以太网络环境，Pentium CPU 的强大计算能力将受到 10 Mbps 网络带宽的制约，即网络将成为校园网络系统的瓶颈。这是因为，基于 Pentium CPU 的计算机或服务器，其内部通信总线采用的是先进的 PCI 技术。显然，只有带宽为 100 Mbps 的快速以太网络技术才能满足采用奔腾 CPU 的计算机和服务联网的需求。

总结上述分析，校园网络应尽可能地采用最新的高带宽网络技术。对于台式计算机建议采用 10/100 Mbps 自适应网卡，因为目前市场上的主流计算机型很大一部分已经是基于 Pentium Ⅲ CPU 的了。而对于校园网络的主服务器，比如数据库服务器，文件服务器以及 Web 服务器等，在有条件的情况下最好采用 1 000 Mbps（Gigabit 千兆以太网络技术）的网络联接，以为网络的核心服务器提供更高的网络带宽。

（2）选择可扩充的网络架构。

校园网络的用户数量，联网的计算机或服务器的数量是逐步增加的，网络技术也是日新月异，新产品新技术不断涌现。校园网络建立在资金相对紧张的前提下，建议尽量采用当今最新的网络技术，并且要分步实施，校园网络的建设应该是一个循序渐进的过程。这就要求要选择具有良好可扩充性能的网络互联设备，这样才能充分保护现有的投资。

（3）充分共享网络资源。

联网的核心目的是共享计算机资源。通过网络不仅可以实现文件共享、数据共享，还可通过网络实现对一些网络外围设备的共享，比如打印机共享、Internet 访问共享、存储设备共享等。比如对于一个多媒体教室的网络应用，完全可以通过有关设备实现网络打印资源共享，Internet 访问和电子邮件共享，以及网络存储资源共享。

（4）网络的可管理性，降低网络运行及维护成本。

降低网络运营和维护成本也是在网络设计过程中应该考虑的一个重要环节。只有在网络设计时选用支持网络管理的相关设备，才能为将来降低网络运行及维护成本打下坚实的基础。

（5）网络系统与应用系统的整合程度。

作为教育信息产业的专业公司，我们在多媒体教室（纯软件版本）、课件制作系统、试题编制系统、自动出题系统、网络考试系统、学籍管理系统、图书馆系统、图书资料管理系统、排课系统、政教教务系统、电子白板系统、教育论坛、教师档案管理、校长办公系统、VOD 系统等应用软件方面有很多合作伙伴，基本能满足学校在校园信息化建设方面的需求，而且还能根据客户的需求对相应的软件系统做进一步的开发。

软件系统应建立在网络的基础上，并大量引入 Internet/Intranet 的概念，与硬件平台完美地整合，并在技术上具有独到之处。

（6）网络建设成本的可接受程度。

考虑到目前我国的实际情况，很多学校在校园网的建设方面希望成本较低，为此，我们选用性价比高的网络产品，并根据学校不同的需求定制各种方案。

2. 网络建设目标

（1）紧密结合实际，以服务教育为中心。

民族学院的主要工作都是围绕教育进行的，因此建立校园网就要确立以教育为中心的思想，不仅提供教育、管理所必须的通信支撑，同时还要重点开发教学应用。

（2）以方便、灵活的可扩展平台为基础。

可扩展性是适应未来发展的根本，民族学院校园网要分期实施，其扩展性主要表现在网络的可扩展性、服务的可扩展性方面。所有这些必须建立在方便、灵活的可扩展平台的基础上。

（3）技术先进，适应发展潮流，遵循业界标准和规范。

民族学院校园网是一个复杂的多应用的系统，必须保证技术在一定时期内的先进性，同时遵循严格的标准化规范。

（4）系统易于管理和维护。

民族学院校园网所面对的是大量的具有不同需求的用户，同时未来校园网将成为全学校信息化的基础，因此必须保证网络平台及服务平台上的各种系统安全可靠、易于管理、易于维护。

三、网络设计方案

1．网络系统集成的内容

（1）网络基础平台。

网络基础平台是提供计算机网络通信的物理线路基础。对于民族学院而言，应包括骨干光缆铺设，楼内综合布线系统，以及拨号线路的申请与提供。

（2）网络平台。

在网络基础平台的基础上，建设支撑校园网数据传输的计算机网络，这是民族学院校园网建设的核心。网络平台应当提供便于扩展、易于管理、可靠性高、性能好、性价比好的网络系统。

（3）Internet/Intranet 基础环境。

TCP/IP 已经成为未来数据通信的基础技术，而基于 TCP/IP 的 Internet/Intranet 技术成为校园网应用的标准模式，采用这种模式可以为未来应用的可扩展性和可移植性奠定基础。Internet/Intranet 基础环境提供基于 TCP/IP 的整个数据交换的逻辑支撑，它的好坏直接影响到管理、使用的方便性，扩展的可行性。

（4）应用信息平台。

为整个校园网提供统一简便的开发和应用环境、信息交互和搜索平台，如数据库系统、公用的流程管理、数据交换等，这些都是各个不同的专有应用系统中具有共性的部分。将这些功能抽取出来，不仅减少了软件的重复开发，而且有助于数据和信息的统一管理。有助于利用信息技术逐步推动现代化管理的形成。

拥有统一的应用信息平台，是保证校园网长期稳定的重要核心。

（5）专有应用系统。

包括多媒体教学、办公自动化、VOD 视频点播和组播、课件制作管理、图书馆系统等。是我们看得见、摸得着的具体应用。

（6）网络基础平台——综合布线系统。

综合布线是信息网络的基础。它主要是针对建筑的计算机与通信的需求而设计的，具体是指在建筑物内和在各个建筑物之间布设的物理介质传输网络。通过这个网络实现不同类型的信息传输。国际电子工业协会/电信工业协会及我国标准化组织制定提出了规范化的布线标准。所有符合这些标准的布线系统，应对所有应用系统开放，不仅完全满足当时的信息通信需要，而且对未来的发展有着极强的灵活性和可扩展性。

计算机网络的应用已经深入到社会生活的各个方面。当计算机网络的可靠性得不到保障时，所造成的损失无法计算。根据统计资料，在计算机网络的诸多环节中，其物理连接有最高的故障率，约占整个网络故障的 70%～80%。因此，有效地提高网络连接的可靠性是解决网络安全的一个重要环节。而综合布线系统就是针对网络中存在的各种问题设计的。

综合布线系统可以根据设备的应用情况来调整内部跳线和互连机制，达到为不同设备服务的目的。网络的星形拓扑结构，使一个网络节点的故障不会影响到其他的节点。综合布线系统以其仅占总建筑费用 5% 的投资获得未来 5-10 年的各类信息传输平台的优越投资组合，获得了具有长远战略眼光的各界业主的关注。

民族学院校园网所涉及的网络基础平台包括：骨干光缆系统、楼宇内布线系统和其他线路部分。

2. 网络基础平台——综合布线系统

（1）综合布线系统的设计思想。

为适应校园网的未来发展和需要，校园网的综合布线系统时是具有如下典型特征的系统。

① 传输信息类型的完备性。

具有传输语言、数据、图形、视频信号等多种类型信息的能力。

② 介质传输速率的高效性。

能满足千兆以太网（Gigabits Ethernet）和 100 Mbps 快速以太网的数据吞吐能力，并且要充分设计冗余。

③ 系统的独立性和开放性。

能满足不同厂商设备的接入要求，能提供一个开放的、兼容性强的系统环境。

④ 系统的灵活性和可扩展性。

系统应采用模块化设计，各个子系统之间均为模块化连接，能够方便而快速地实现系统扩展和应用变更。

⑤ 系统的可靠性和经济性。

结构化的整体设计保证系统在一定的投资规模下具有最高的利用率，使先进性、实用性、经济性等几方面得到统一；同时，完全按照国际和国家标准设计和安装，为系统的质量提供了可靠的保障。最少保证在未来 15 年内的稳定性。

（2）综合布线的设计依据。

综合布线的设计依据如下：

《TIA/EIA-568 标准》（民用建筑线缆电气标准）

《TIA/EIA-569 标准》（民用建筑通信通道和空间标准）

《AMP NETCONNECT OPEN CABLING SYSTEM　设计总则》

《CECS 72：97 建筑与建筑综合布线系统工程设计规范》

《CECS 89：97 建筑与建筑综合布线系统工程施工和验收规范》

《电信网光纤数字传输系统工程实施及验收暂行技术规定》

（3）骨干光缆工程。

需要设计并铺设从校园网络中心位置到校园内其他楼宇（共 6 座楼）的骨干光缆系统，要求光缆的数量、类型能够满足目前网络设计的要求，最好能够兼顾到未来可能的发展趋势，留出适当合理的余量。

另外，由于网络技术路线决定采用千兆以太网，那么根据千兆以太网的规范对骨干光缆工程的材料选择提出了要求：目前千兆以太网都采用光纤连接，两种类型，分别是 SX 和 LX。SX 采用 62.5 微米内径的多模光纤，传输距离 275 米；LX 采用 62.5 微米内径的单模光纤，传输距离 3 公里。如有楼宇到校园网络中心的距离超过 275 米，则必须采用单模光缆铺设（单模光缆端口费用高昂）。同时为了提高网络的可靠性和性能并兼容今后的发展，光缆芯数均采用 6 芯。

另外，为了长久的发展，校园网骨干光缆工程还包括了地下管孔建设。工程内容包括道路开挖、管孔建设、人孔/手孔建设、土方回填、光缆牵引/入楼、光缆端接和测试等。

（4）楼宇内布线系统。

参照国际布线标准，校园网楼宇内布线系统采用物理星形拓扑结构，即每个工作点通过传输媒介分别直接连入各个区域的管理子系统的配线间，这样可以保证当一个站点出现故障时，不影响整个系统的运行。

① 楼内垂直干线系统。结合网络设计方案的要求，主要考虑网络系统高速的速率传输，以及工作站点到交换机之间的实际路由距离及信息点数量，校园内大多数建筑物可以采用一个配线间，这样就可以省去楼内垂直系统。

② 水平布线系统。为满足 100 Mbps 以上的传输速度和未来多种应用系统的需要，水平布线全部采用超 5 类非屏蔽双绞线。信息插座和接插件选用美国知名原产厂家的产品，水平干线铺设在吊顶内，并应在各层的承重墙或楼顶板上进行，不明露的部分采用金属线槽；进入房间的支线设计采用塑料线槽，管槽安装要符合电信安装标准。

③ 工作区子系统。工作区子系统提供从水平子系统的信息插座到用户工作站设备之间的连接。它包括工作站连线、适配器和扩展线等。主要包括连接线和各种转换接头，校园网水平布线系统全部采用双绞线，为了保证质量，最好采用成品线，但为了节约费用，也可以用户自己手工制作 RJ—45 跳线。

3. 网络平台

（1）网络平台设计的思想。

网络平台为民族学院校园网提供数据通信基础，通过对民族学院的实地调研，民族学院的网络平台设计应当遵从以下原则。

① 开放性：在网络结构上真正实现开放，基于国际开放式标准，坚持统一规范的原则，从而为未来的业务发展奠定基础。

② 先进性：采用先进成熟的技术满足当前的业务需求，使业务或生产系统具有较强的运作能力。

③ 投资保护：尽可能保留并延长已有系统的投资，减少以往在资金与技术投入方面的浪费。

④ 高的性能价格比：以较高的性能价格比构建系统，使资金的投入产出达到最大值，能以较低的成本、较少的人员投入来维持系统运转，提高效率和生产能力。

⑤ 灵活性与可扩展性：具有良好的扩展性，能够根据管理要求，方便扩展网络覆盖范围、网络容量和网络各层次节点的功能。提供技术升级、设备更新的灵活性，尤其是网络平台应能够适应民族学院部门搬迁等应用环境变化的要求。

⑥ 高带宽：民族学院的网络系统应能够支撑其教学、办公系统的应用和 VOD 系统，要求网络具有较高的带宽。同时，高速的网络也是目前网络应用发展趋势的需要。越来越多的应用系统将依赖网络而运行，应用系统对网络的要求也越来越高，这些都要求网络必须是一个高速的网络。

⑦ 可靠性：该网络将支撑民族学院的许多关键教学和管理应用的联机运行，因而要求系统具有较高的可靠性。全系统的可靠性主要体现在网络设备的可靠性，尤其是 GBE 主干交换机的可靠性，以及线路的可靠性。如果经费支持，可以采用双线路、双模块等方法来提高整个系统的冗余性，避免单点故障，以达到提高网络可靠性的目的。

（2）网络平台技术路线选择——主干网技术分析比较。

十年前，计算机应用的结构还以主机为核心，现在以客户机/服务器、浏览器/服务器为模式的分布式计算结构使网络成为信息处理的中枢神经；同时随着 CPU 处理速度的提高，PCI 总线的使用，PC 机已具备 166 Mbps 的传输速度。所有这些都对网络带宽提出了更高的要求，这种需求促进了网络技术的繁荣和飞速发展。今天有许多 100 Mbps 以上的传输技术可以选择，如 100Base—T，100VG—AnyLAN，FDDI，ATM 等，究竟哪一种最适合民族学院网络平台的需要，为搞清楚这个问题，我们先看一下几种主干网技术的特征。

1）FDDI。

FDDI 在 100 Mbps 传输技术上最成熟，但其销量增长最平缓。它的高性能优势被昂贵的价格相抵冲。其优点有以下几个。

① 令牌传递模式和一些带宽分配的优先机制使它可以适应一部分多媒体通信的需要。

② 双环及双连接等优秀的容错技术。

③ 网络可延伸达 200 km，支持 500 个工作站。

但是 FDDI 也有许多弱点，主要包括以下几条。

① 居高不下的价格限制了它走向桌面的应用，无论安装和管理都不简单。

② 基于带宽共享的传输技术从本质上限制了大量多媒体通信同时进行的可能性。

③ 交换式产品虽然可以实现，但成本无法接受。

2）交换式快速以太网（100Base—FX）。

其区别于传统的以太网的两个特征是：在网络传输速度上由 10 Mbps 提高到 100 Mbps，将传统的采用共享的方案改造成交换传输，在共享型通信中，一个时刻只能有一对机器通信，交换型则可以有多对机器同时进行通信。

由于在这两个方面的改进，使以太网的通信能力大大的增加，而在技术上的实际改进不大，因为快速交换以太网和传统以太网采用了基本相同的通信标准。

100Base—FX 快速以太网技术采用光缆作为传输介质，以其经济和高效的特点成为平滑升级到千兆以太网或 ATM 结构的较好过渡方案。它保留了 10Base—T 的布线规则和 CSMD/CD 介质访问方式，具有以下特色。

① 从传统 10Base—T 以太网的升级较容易，投资少，与现有以太网的集成也很简单；

② 工业支持强，竞争激烈，使产品价格相对较低；

③ 安装和配置简单，现有的管理工具依然可用；

④ 支持交换方式，有全双工 200 Mbps 方式通信的产品。

不足在于以下几个方面。

① 多媒体的应用质量不理想。

② 基于碰撞检测原理的总线竞争方式使 100 Mbps 的带宽在通信量增大时损失很快。

3）ATM。

ATM 自诞生之日起有过很多的名字，如异步分时复用、快速分组交换、宽带 ISDN 等。其设计目标是单一的网络多种应用，在公用网、广域网、局域网上采用相同的技术。ATM 产品可以分为 4 个领域：一是针对电讯服务商的广域网访问；二是广域网主干；三是局域网主干；四是 ATM 到桌面。ATM 用于局域主干和桌面的产品的主要标准都已经建立，各个厂商都推出了相应的产品。

ATM 目前还存在一些不足，如协议较为复杂，部分标准尚在统一和完善之中；另外价格较高，与传统通信协议如 SNA、DECNET、NetWare 等的互操作能力有限。因此目前 ATM 主要应用在主干网上，工作站与服务器之间的通信通过局域网仿真来实现。

尤其在目前，随着 Internet 的发展，IP 技术已经成为一种事实的工业标准，这已经成为一种公认的事实，但是在 ATM 技术上架构 IP，需要采用 LANE 或 MPOA 技术，这使得技术上比较复杂，管理非常麻烦，同时使得 ATM 的效率大打折扣，性价比较差。

4）千兆以太网。

1000Base—X 千兆以太网技术也是继承了传统以太网的技术特性，因此除了传输速率有明显提高外，别的诸如服务的优先级、多媒体支持等能力等也都出台了相应的标准，如 802.3x，802.1p，802.1q 等。同时各个厂商的千兆以太网产品逐步形成了许多大型的用户群，在实践中得到了验证。

另外，千兆以太网在技术上与传统以太网相似，与 IP 技术能够很好地融合，在 IP 为主的网络中以太网的劣势几乎变得微不足道，其优势却非常突出，例如容易管理和配置，同时支持 VLAN 的 IEEE 802.1q 标准已经形成。支持 QoS 的 IEEE 802.1p 也已形成，支持多媒体传输有了保证。另外在三层交换技术的支持下，能够保持很高的效率，目前已经基本上公认为局域网骨干的主要技术。

综上所述，局域网的主干技术的出现与发展也是有时间区别，依出现的先后，局域网主干技术经历了共享以太网（令牌环网）、FDDI、交换以太网、快速以太网、ATM 和千兆以太网。

根据以上对各种网络技术特点的分析以及民族学院校园网的特点，设计民族学院的网络平台主干采用千兆以太网技术。

（3）二级网络技术选择。

民族学院校园网采用两层结构，即只有接入层，没有分布层。我们设计民族学院二级单位网络为快速以太网络＋交换以太网的结构，各二级网络通过千兆以太网连接骨干核心交换机，向下通过 10 Mbps / 100 Mbps 自适应线路连接各个信息点。

4. 网络设备选型

（1）选型策略。

主要从以下几点出发考虑设备的选型问题。

① 尽量选取同一厂家的设备，这样在设备可互连性、技术支持、价格等方面都有优势。

② 在网络的层次结构中，主干设备选择应预留一定的能力，以便于将来扩展，而低端设备则够用即可。因为低端设备更新较快，且易于扩展。

③ 选择的设备要满足用户的需要。主要是要符合整体网络设计的要求以及实际的端口数的要求。

④ 选择行业内有名的设备厂商，以获得性能价格比更优的设备以及更好的售后保证。

（2）网络设备的选择。

如前所述，网络技术路线已经选择千兆以太网。目前来讲，千兆以太网的生产制造厂商很多，如传统的 Cisco、3Com、Bay，新兴的 FoundryNet、Exetrem、Lucent 等。显然，Cisco 公司的产品是所有网络集成商的首选，这是因为 Cisco 技术先进、产品质量可靠，又有过硬的技术支持队伍，但由于费用无法支持，因此选用了性价比较高的 3Com 公司的产品。

（3）核心交换机。

选用 3Com SuperStack II Switch 9300 12 端口 SX（产品号：3C93012）。

（4）接入层交换机。

对于二级网络的设备，选用 3Com SuperStack II Switch 3900 36 端口（3C39036）或 3Com SuperStack II Switch3900 24 端口（3C39024），这两款均可提供 1～2 路 1000BASE—SX 光纤链路上联。

5. 网络方案描述

民族学院校园网网络方案由骨干网方案和各楼或楼群网络方案组成，下面就对这些方案作一些简单的介绍。

（1）星形结构骨干网。

经过反复论证，骨干网结构设计为星形结构。星形骨干网由 1 台 3Com SuperStack II Switch9300 交换机组成，它提供 12 个 GE 接口。各楼分布层交换机 3Com SuperStack II Switch3900 则至少有 1 个 SuperStack II Switch 3900 1000BASE—SX 模块（3C39001），分别连接到核心交换机的 GE 端口上；网络中心配置一台 SuperStack II Switch 3900 交换机连接实验楼的 33 个点。核心交换机除连接 6 个楼的分层交换机外，剩下的 6 个 GE 接口，既可供将来扩充网络，还可供安装千兆网卡的服务器，以供给猝发式高带宽应用（如 VOD）来使用。安装百兆网卡的服务器可以连接到网络中心 SuperStack II Switch3900 交换机的 10/100 Mbps 自适应口上。

（2）楼宇内接入网络。

民族学院校园内直接用 GE 连到网络中心（实验楼）的楼宇有：综合楼、教学楼、女生宿舍楼、总务楼、家属楼、多功能厅等。各个楼内根据信息点的数量采用相应规格的 SuperStack II Switch 3900 交换，其中女生宿舍楼使用两套 24 口交换机，多功能厅使用 1 套 24 口交换机，其余使用 2 套 36 口交换机。楼内设备间均采用背板堆叠方式互连。每个 3900 提供 24～36 个 10 M/100 Mbps 的端口到桌面。

（3）远程接入网络。

通过 CERNET 的外网光纤接入民族学院校园内。今后可考虑直接连接到核心交换机，也可以通过路由器连接，路由器除提供路由服务外，还可控制网络风暴，设置防火墙抵御黑客袭击等。

（4）网络管理。

民族学院校园内网络设备的管理选用 3Com Transcend for NT，运行在 NT 平台上。由于网络设备采用一家的产品，它能够完成几乎所有的 LAN 网络管理任务，如配置、报警、监控等。

6. 网络应用平台

民族学院校园网络应当也必须按照国内国际流行的开放式网络互联的应用方式来构造自己的网络应用，并采用 TCP/IP 协议来规划和分割网络，将以教学为核心的应用软件和管理软件建立在统一的 Internet/Intranet 平台基础上。

（1）硬件服务器的选择与配置。

民族学院校园网络必须保证内部与外部（CERNET）的沟通。本方案采用针对 WWW 站点和 E-mail 服务、信息资源共享、文件服务（FTP）以及今后的 VOD/组播服务来配置服务器的策略，具体配置见附表 1–2。

附表 1–2　硬件服务器配置

序号	服务器用途	配　　置
1	DB、Web、E-mail、FTP	曙光天阔 PⅢ800CPU，512MB RAM，18GHD
2	VOD 组播	曙光天阔 PⅢ800CPU*2，512MB RAM，36GHD*3 RAID
3	图书馆服务与业务管理	曙光天阔 PⅢ800CPU，256MB RAM，18GHD

（2）软件环境配置。

软件环境是搭建网络基础应用平台的必备配置。包括服务器操作系统、数据库系统以及 Internet 应用服务器平台等，见附表 1–3。

附表 1–3　软件服务配置

序号	服务器软件平台
1	网络操作系统：Microsoft Windows NT Server SP5
2	数据库（DB）管理系统：Microsoft SQL Server 7.0
3	Web 服务：Microsoft Internet Information Server 4.0
4	POP3（E-mail）服务：Microsoft Exchange Server 5.0

7. 网络拓扑结构

网络拓扑结构如附图 1 所示。

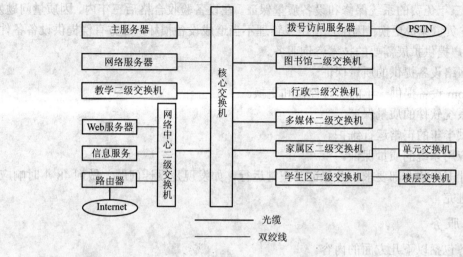

附图 1 网络拓扑结构

四、工程进度表

详见附表 1-4。

附表 1-4 工程进度表

阶段	工作内容	时间进度
初步调研	用户调查，项目调研，系统规划	1 周
需求分析	现状分析，功能需求，性能要求，成本/效益分析，需求报告	2 周
初步设计	确定网络规模，建立网络模型，拿出初步方案	1 周
详细调研	用户详细情况调查，系统分析，用户业务分析	2 周
系统详细设计	网络协议体系确定，拓扑设计，选择网络操作系统，选定通信媒体，结构化布线设计，确定详细方案	1 周
系统集成设计	计算机系统设计，系统软件选择，网络最终方案确定，硬件选型设备和配置，确定系统集成详细方案	2 周
应用系统设计	设备定货，软件定货，安装前检查，设备验收，软件安装，网络分调，应用系统开发安装，调试，系统联调，系统验收	6 周
系统维护和服务	系统培训，网络培训，应用系统培训，预防性维护，故障问题处理	3 周

五、售后服务及培训许诺

本公司负责为民族学院网络系统提供全面的技术服务和技术培训，对系统竣工后的质量保证提供完善的措施。

1. 质量保证

（1）综合布线系统提供的质量保证。

① 提供三年免费的系统保修和设备质量保证。在设备验收合格后三年内，因质量问题发生故障，乙方负责免费更换；因用户使用或管理不当造成设备损坏，乙方有偿提供设备备件。

② 为用户提供扩展需要的技术咨询服务。

（2）对网络设备提供的质量保证。

所有 3Com 设备提供一年的免费保修和更换。

（3）对系统软件的质量保证。

保证提供半年的正常运行维护。

（4）对应用系统的质量保证。

达到设计书中的全部要求，并保证其正常运行，如发现是设计问题，做到 48 小时响应，并将尽快改进完善。

2. 技术服务

技术服务包括以下几方面的内容。

① 应用系统需求详细分析；

② 定期举办双方会谈；

③ 工程实施动态管理；

④ 应用软件现场开发调试；

⑤ 协助整理用户历史数据；

⑥ 协助建立完善的系统管理制度；

⑦ 随时提供应用系统的咨询和服务。

3. 技术培训

（1）培训内容。

本公司在教学网络工程完成过程中及整个网络完工后，将为民族学院培训 1 名系统管理员和 1 名数据库管理员。培训的主要包括以下内容。

① 计算机局域网的基本原理；

② 计算机多媒体教学网软件；

③ 计算机网络日常管理与维护；

④ Windows NT 操作系统；

⑤ 网络基础应用平台的搭建及主要 Internet 服务的开通和管理。

（2）培训对象。

为保证本项目的顺利实施，以及在项目建设结束后能使网络系统充分发挥作用，需要对以下人员进行培训。

① 对民族学院的有关领导进行培训，以使他们对信息技术发展的最新水平以及该网络系统中所涉及的新技术有所了解，并能利用该网络系统提供的先进手段更有效地掌握有关信息、处理有关问题。

② 对民族学院一些部门的技术人员进行有关该网络系统中各软硬件系统的技术培训。在培训结束后，这些人员应当能够独立完成该网络系统的日常维护操作。

③ 对相关人员提供应用系统的使用培训，确保他们能正确使用所需要的应用软件（除设计书中的软件外，其他方面软件也要尽力提供帮助）。

（3）培训地点、时间与方式。

培训地点初步定在用户现场，用户应提供培训场地，系统集成商将选派富有网络工程经验和培训经验的工程师对有关人员进行培训。

培训时间应该尽早安排，以确保在有关设备或软件系统的安装工作开始之前相应的培训课程已经结束。各类培训课程的期限需根据具体的课程内容来定。

培训方式可采用课堂授课与上机实习，或现场操作指导。

六、设备与费用清单

1. 一期工程报价

（1）硬件费用。见附表1-5。

附表1-5　硬件费用报价表

设备名称与配置	数量	单价	合计（元）
交换机：Cisco Catalyst 6000 （1*1 000 FX+36*100BASE—T+2 个插槽）	1 台	35 000	35 000
AMP 超 5 类室内综合布线	100 点	850	85 000
网卡：3COM 3C985-SX 10/100Mbps，PCI，RJ—45	103 个	270	27 810
网管高档微机（Pentium Ⅳ1.7G/256M-PC133/40G/CD–ROM/TNT2 64M/17 英寸/多媒体）	1 台	12 000	12 000
路由器：Cisco 7500	2 台	14 000	28 000
打印机：HP LaserJet 2100	2 台	3 600	7 200
稳压电源：25KVA	2 台	3 000	6 000
UPS	4 台	1 000	4 000
其他			5 000
合计			210 010

（2）工程费用。见附表1-6。

附表1-6　工程费用

项　　目	费用（元）
系统集成费（硬件费用的 9%～13%）	21 000
合计	21 000
总计	231 010

2. 二期工程报价

（1）硬件费用。见附表 1-7。

附表 1-7　硬件费用报价表

设备名称与配置	数量	单价（元）	合计（元）
交换机：SuperStack II Switch 9300 （1*1 000 FX+36*100BASE—T+2 个插槽）	1 台	35 000	35 000
交换机：SuperStack II Switch 33000 （24*10/100Base—TX（3C16980）	2 台	13 500	27 000
AMP 超 5 类室内综合布线	200 点	850	170 000
光缆：6 芯室外光纤	200m	30	6 000
SC-SC 接口 3 米尾纤（陶瓷）	1 根	400	400
校园网（DB、Web、E-mail、FTP）主服务器： HP LH 6000 PIII800 CPU，512M RAM，18G HD*2 SCSI，RAID	1 台	46 700	46 700
VOD 视频点播/组播服务器（含专用硬件软件）： 联想万全 2200C PIII800 CPU*2，512M RAM，36G HD *3 RAID，SCSI	1 台	160 000	160 000
图书馆服务与业务管理系统： 联想万全 2200C PIII 800 CPU*2，512M RAM，36G HD SCSI	1 台	36 500	36 500
图书馆管理系统	1 套	120 000	120 000
网卡：3COM 3C985-SX 10/100Mbps，PCI，RJ—45	66 个	270	17 820
合计			619 420

（2）工程费用。见附表 1-8。

附表 1-8　工程费用

项　　目	费用（元）
系统集成费（硬件费用的 13%）	80 524
合计	80 524
合计	699 944

七、投标单位资质材料

1. 飞腾公司简介（略）
2. 飞腾公司从事网络工程项目的成功案例（略）
3. 参与本项目的网络工程技术人员名单（略）
4. 联系办法（略）

附录 B　Cisco 公司常用网络设备产品介绍

1. Catalyst 2950 系列交换机

Cisco Catalyst 2950 系列包括 Cisco Catalyst 2950T—24、2950—24、2950—12 和 2950C—24 交换机。Cisco Catalyst 2950—24 交换机有 24 个 10/100 端口；2950—12 有 12 个 10/100 端口；2950T—24 有 24 个 10/100 端口和 2 个固定 10/100/1000 Base—T 上行链路端口；2950C—24 有 24 个 10/100 端口和 2 个固定 100 Base—FX 上行链路端口。每个交换机占用一个机柜单元（RU），这样它们方便地配置到桌面和安装在配线间内（如附图 2 所示）。

由于 Cisco Catalyst 2950 具备 8.8 Gbps 的交换背板和最大 4.4 Gbps 的数据吞吐率，所以在它把终端工作站和用户连接到公司的 LAN 上时可以在各个端口提供线速连接性能。

附图 2　Catalyst 2950 系列 10/100/1000 交换机

Cisco Catalyst 2950 交换机支持性能增强特性，如 Fast Ether Channel（快速以太通道）和 Gigabit Ether Channel（千兆位以太通道）技术，可在 Catalyst 2950 交换机、路由器和服务器之间提供最大 4 Gbps 的高性能带宽。

2. Cisco Catalyst 3550 系列交换机

Cisco Catalyst 3550 系列智能化以太网交换机是一个新型的、可堆叠的、多层企业级交换机系列，可以提供高水平的可用性、可扩展性、安全性和控制能力，从而提高网络的运行效率。因为具有多种快速以太网和千兆以太网配置，因此 Catalyst 3550 系列既可以作为一个功能强大的接入层交换机，用于中型企业的布线室；也可以作为一个骨干网交换机，用于中型网络。客户有史以来第一次可以在整个网络中部署智能化的服务，例如先进的服务质量（QoS），速度限制，Cisco 安全访问控制列表，多播管理和高性能的 IP 路由同时保持了传统 LAN 交换的简便性。Catalyst 3550 系列中内嵌了 Cisco 集群管理套件（CMS）软件，该软件使用户可以利用一个标准的 Web 浏览器同时配置和诊断多个 Catalyst 桌面交换机并为其排除故障。Cisco CMS 软件提供了新的配置向导，它可以大幅度简化整合式应用和网络级服务的部署。

Catalyst 3550 系列智能以太网交换机具有下面两种快速以太网配置。

（1）Catalyst 3550—24 交换机 24 个 10/100 端口和两个基于千兆接口转换器（GBIC）的千兆以太网接口；

（2）Catalyst 3550—48 交换机 48 个 10/100 端口和两个基于 GBIC 的千兆以太网接口；

两个内置的千兆以太网端口可以支持多种 GBIC 收发器，包括 Cisco GigaStack GBIC、1000Base—T、1000Base—SX、1000Base—LX/LH 和 1000Base—ZX GBIC。基于双 GBIC 的千兆以太网实施方案可以为客户提供高度的部署灵活性，使客户可以在目前先部署一种堆栈和上行链路配置，然后可以在将来移植这种配置。高水平的堆栈弹性还可以通过下列技术实现：两个冗余千兆以太网上行链路，一条冗余的 GagaStack^{TM}GBIC 回送线路，用于高速上行链路和堆栈互联故障恢复的 UplinkFast 和 CrossStack UplinkFast 技术，用于上行链路负载均衡的 Per VLAN 生成树+（PVST+）。这样的千兆以太网灵活性使 Catalyst 3550 系列成为针对以太网优化的 Cisco Catalyst 6500 系列核心 LAN 交换机最理想的 LAN 边缘补充产品。

　　Catalyst 3550—24（如附图 3 所示）和 3550—48（如附图 4 所示）中含有标准多层软件镜像（SMI）或者增强型多层软件镜像（EMI）。EMI 提供了一组更加丰富的企业级功能，包括基于硬件的 IP 单播和多播路由，虚拟 LAN（VLAN）间的路由，路由访问控制列表（RACL）和热备用路由器协议（HSRP）。在刚开始部署时，增强型多层软件镜像升级工具包为用户提供了升级到 EMI 的灵活性。

附图 3　Catalyst 3550—24 智能化以太网交换机

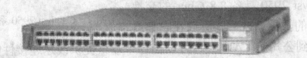

附图 4　Catalyst 3550—48 智能化以太网交换机

3. Cisco Catalyst 4000 交换机

Cisco Catalyst 4000 系列产品为布线室和数据中心提供高性能、中等密度的、10/100/1 000 Mbps 以太网模块交换平台。利用业界领先的 5 500/5 000 系列的软件代码库，提供客户在布线室所需要的丰富的和经实践证明的特性，以获得企业联网的解决方案。如附图 5 所示。新的 Catalyst 4006 系统，经济有效的模块化 6 插槽机箱，为企业或分支机构的每一个用户提供汇合配线间的好处。新的 Catalyst 4006 功能包括可伸缩的交换、多达 240 个端口的 10/100 密度、多协议第三层 IP、IPX 和 IP 多点传送交换。新的 Catalyst 4908G—L3 交换机，在一个固定配置产品包中提供园区主干网所需的高性能第三层。新的 Catalyst 4908G—L3 功能包括：带有千兆位接口转换器（GBIC）支持的 1 000 Base—X 千兆位以太网的 8 个端口。服务质量（QoS）——带有 WRR（加权循环）调度的多个队列，12 Mbps 第三层交换以及 IP、IPX 和 IP Multicast 的路由。

附图 5　Cisco Catalyst 4000 交换机

4. Cisco Catalyst 4500 交换机

　　Cisco Catalyst 4500 系列能够为无阻碍的第 2/3/4 层交换提供集成式弹性，因而能进一步加强对融合网络的控制。可用性高的融合语音/视频/数据网络能够为正在部署基于互联网企业应用的企业和城域以太网客户提供业务弹性。

作为新一代 Cisco Catalyst 4000 系列平台，Cisco Catalyst 4500 系列包括三种新型 Cisco Catalyst 机箱：Cisco Catalyst 4507R（7 个插槽）、Cisco Catalyst 4506（6 个插槽）和 Cisco Catalyst 4503（3 个插槽）。Cisco Catalyst 4500 系列中提供的集成式弹性增强包括 1+1 超级引擎冗余（只对 Cisco Catalyst 4507R）、集成式 IP 电话电源、基于软件的容错以及 1+1 电源冗余。硬件和软件中的集成式冗余性能够缩短停机时间，从而提高生产率、利润率和客户成功率。

作为 Cisco AVVID（集成语音、视频和融合数据体系结构）的关键组件，Cisco Catalyst 4500 能够通过智能网络服务将控制扩展到网络边缘，包括高级服务质量（QoS）、可预测性能、高级安全性、全面管理和集成式弹性。由于 Cisco Catalyst 4500 系列提供与 Cisco Catalyst 4000 系列线卡和超级引擎的兼容性，因而能够在融合网络中延长 Cisco Catalyst 4000 系列的部署窗口。由于这种方式能减少重复运作开支，降低拥有成本，因而能提高投资回报（ROI）。

5. CISCO Catalyst 6000 系列交换机

Catalyst 6000 系列交换机为园区网提供了一组高性能、多层交换的解决方案，专为需要千兆扩展、高度适用、多层交换的主从分布而服务器集中的应用环境设计。Catalyst 6000 系列作为 Catalyst 5000 系列和 8500 系列交换机的补充，继续提供主要配线间和网络主干的解决方案，以满足企业的内部网络（Intranet），苛刻要求网络服务（如 ERP）和网络语音应用。结合 Cisco IOS 广阔的服务功能，Catalyst 6000 系列具备强大的网络管理性，用户机动性、安全性、高度实用性和对多媒体的支持。

6. Cisco IGX 8400 系列交换机

Cisco IGX 8400 系列广域交换机提供了对目前企业的数据、语音、传真和视频应用进行传送所需的主干网。IGX 8400 系列中现已面世的产品有配备 8 槽的 IGX8400、配备 16 槽的 IGX 8420 和配备 32 槽的 IGX8430，它们具有最强的灵活性，可满足企业的广泛需求。IGX8400 系列交换机能与其他 Cisco WAN 交换、访问和 CPE 产品完全集成，提供一种端到端的网络解决方案以获取最高的运行效率并降低成本。

7. Cisco 2600 系列路由器

Cisco Systems 通过 Cisco 2600 系列将企业级的通用性、集成和功能扩展到了出支机构。随着新服务和应用的面市，Cisco 2600 系列的模块化体系结构能够提供适应网络技术变化所需的通用性。Cisco 2600 系列配置了强大的 RISC 处理器，能够支持当今不断发展的网络中所需的高级服务质量（QoS）、安全和网络集成特性。通过将多个独立设备的功能集成到一个单元之中，Cisco 2600 系列降低了管理远程网络的复杂性。Cisco 2600 系列与 Cisco 1600、1700 和 3600 系列共享模块化接口，为 Internet、内部网访问、多服务语音/数据集成、模拟和数字拨号访问服务、VPN 访问、ATM 访问集中、VLAN 以及路由带宽管理等应用提供经济有效的解决方案。

8. Cisco 3600 系列路由器

Cisco 3600 系列是一个适合大中型企业 Internet 服务供应商的模块化、多功能访问平台家族。Cisco 3600 系列拥有 70 多个模块化接口选项，提供语音/数据集成、虚拟专网（VPN）、拨号访问和多协议数据路由解决方案。通过利用 Cisco 的语音/传真网络模块，Cisco 3600 系列允许客户在单个网络上合并语音、传真和数据流量。高性能的模块化体系结构保护了客户的网络技术投资，并将多个设备的功能集成到一个可管理的解决方案之中。3600 捆绑还可用于抓住特定的 RAS 机遇。

9. Cisco 3700 系列路由器

Cisco 3700 系列应用服务路由器（Application Service Router）是一系列全新的模块化路由器，可实现新的电子商务应用在集成化分支机构访问平台中的灵活、可扩展的部署。如附图 6 所示。对于那些计划从传统基础设施对服务进行升级并将新的应用从核心网络分布到企业边缘的客户而言，Cisco 3700 系列为远程交换局访问提供了一套新的功能强大的解决方案。Cisco 3700 系列的部署可帮助客户更快地降低电子商务应用的成本并从中受益，降低客户基础设施的总拥有成本，并可改进网络利用率和增强网络的竞争能力。Cisco 3700 系列支持 Cisco AVVID（语音、视频和集成数据体系结构），而 Cisco AVVID 则是一种覆盖整个企业的、基于各种标准的网络体系结构，它可以为将各种商业和技术战略组合成一个聚合模型奠定基础。

Cisco 3700 系列是对现有 Cisco 1700/2600/3600 模块化多服务路由器的补充，这些模块化多服务路由器都经过了优化，可以支持种类最多的连接选项。Cisco 3700 系列是那些要求在企业边缘实现最高水平集成的地点和解决方案的理想选择。

10. Cisco 10000 系列路由器

Cisco 10000 系列是思科主要的电信运营商边缘汇聚路由器之一。如附图 7 所示。它为租用专线、ATM、帧中继和宽带汇聚提供了单一解决方案，并为客户提供了高性能 IP 服务、最高平台可扩展性和高可用性。

附图 6　Cisco 3700 系列应用服务路由器

附图 7　Cisco 10000 路由器

11. Cisco 12000 系列路由器

Cisco 12000 系列千兆比特交换路由器（GSR）是 Cisco 为支持服务供应商和企业 IP 骨干网核心而设计和开发的重要的路由选择产品。Cisco 12000 系列有三种型号：Cisco 12008、12012 和 12016（5Tbps GSR 太比特系统）。

Cisco 12008 配有 8 个插槽，最多可以支持 84 个 DS3、28 个 OC—3c/STM—1c 和 28 个 OC—

12c/STM—4c 或 7 个 OC—48c/STM—16c 接口。

Cisco12012 配有 12 个插槽，最多可以支持 132 个 DS3、44 个 OC—3c/STM—1c 和 44 个 OC—12c/STM—4c 或 11 个 OC—48c/STM—16c 接口。

Cisco 12016（最新推出的 5—Tbps GSR 太比特系统）有 16 个插槽，最多可以支持 180 个 DS3、60 个 OC—3c/STM—1c 和 60 个 OC—12c/STM—4c 或 15 个 OC—48c/STM—16c 接口，将来还能支持 15 个 OC—192c/STM—64c 接口。

Cisco 12000 系列 GSR 产品的结构设计旨在满足当今 IP 核心骨干网的高带宽、高性能、多业务和多可靠性的要求。